美国著名奥数教练蒂图·安德雷斯库系列丛书(第二辑)

108个代数问题：来自AwesomeMath全年课程

108 Algebra Problems：From the AwesomeMath Year-Round Program

[美] 蒂图·安德雷斯库(Titu Andreescu)
[美] 阿迪亚·加内什(Adithya Ganesh) 著
李 鹏 译

哈爾濱工業大學出版社
HARBIN INSTITUTE OF TECHNOLOGY PRESS

黑版贸审字 08－2017－028 号

内容简介

本书是美国著名数学竞赛专家 Titu Andreescu 教授及其团队精心编写的试题集系列中的一本.

本书从解题的视角来举例说明初等代数中的基本策略和技巧,书中涵盖了初等代数的众多经典论题,包括因式分解、二次函数、方程和方程组、Vieta 定理、指数和对数、无理式、复数、不等式、连加和连乘、多项式以及三角代换等主题. 为了让读者能够对每章中讨论的策略和技巧进行实践,除例题之外,作者精选了 108 个不同的问题,包括 54 个入门问题和 54 个高级问题,给出了所有这些问题的解答,并对不同的方法进行了比较.

本书适合于热爱数学的广大教师和学生使用,也可供从事数学竞赛工作的相关人员参考.

图书在版编目(CIP)数据

108 个代数问题:来自 AwesomeMath 全年课程/(美)蒂图·安德雷斯库(Titu Andreescu),(美)阿迪亚·加内什(Adithya Ganesh)著;李鹏译. —哈尔滨:哈尔滨工业大学出版社,2019.1(2024.5 重印)

书名原文:108 Algebra Problems: From the AwesomeMath Year-Round Program

ISBN 978-7-5603-7592-2

Ⅰ.①1… Ⅱ.①蒂… ②阿… ③李… Ⅲ.①初等代数-问题解答 Ⅳ.①O122－44

中国版本图书馆 CIP 数据核字(2018)第 183881 号

策划编辑 刘培杰 张永芹
责任编辑 张永芹 杜莹雪
封面设计 孙茵艾
出版发行 哈尔滨工业大学出版社
社　　址 哈尔滨市南岗区复华四道街 10 号 邮编 150006
传　　真 0451-86414749
网　　址 http://hitpress.hit.edu.cn
印　　刷 哈尔滨博奇印刷有限公司
开　　本 787 mm×1 092 mm 1/16 印张 15.75 字数 309 千字
版　　次 2019 年 1 月第 1 版 2024 年 5 月第 4 次印刷
书　　号 ISBN 978-7-5603-7592-2
定　　价 68.00 元

目 录

1 序言 · 1
2 让我们来做因式分解 · 2
3 二次函数 · 16
4 方程组 · 28
5 Vieta 定理和对称 · 38
6 指数和对数 · 53
7 无理式 · 62
8 复数 · 72
9 更多不等式 · 85
10 连加和连乘 · 96
11 多项式 · 104
12 三角代换和更多主题 · 115
13 入门问题 · 129
14 高级问题 · 136
15 入门问题的解答 · 144
16 高级问题的解答 · 175
编辑手记 · 220

1 序言

本书的目的是从解题的视角来举例说明初等代数中的基本策略和技巧. 特别是在代数学中, 仅仅知道定理的内容是不够的, 大家需要熟练掌握并知道如何应用这些定理. 为了完全展现这门学科的知识, 我们提供了大量的例题, 而在答案背后的解题动机和核心思想则通过这些例题讲解出来. 我们准备了各种难度的问题, 可以满足从初学者直到具有丰富经验的解题者的需要. 这里讨论的解题方法无论是在数学奥林匹克竞赛的解题中还是在数学的其他诸多领域中都是非常重要的.

本书涵盖了初等代数的众多经典论题, 包括因式分解、二次函数、无理式、Vieta 定理、方程和方程组、不等式、连加和连乘、多项式. 本书还扩展了该系列先前的著作《105 个代数问题: 来自 AwesomeMath 夏季课程》[1] 的内容, 其特色在于增加了更多的高级主题, 包括指数和对数、复数、三角学. 关于三角代换和更多主题的特殊章节似乎探索了带有自然的几何学和三角学解释的代数问题.

为了让读者能够对每章中讨论的策略和技巧进行实践, 我们准备了 108 个不同的问题, 包括 54 个入门问题和 54 个高级问题. 书中给出了所有这些问题的解答, 并对不同的方法进行了比较.

我们要真诚地感谢 Richard Stong 博士和 Mircea Becheanu 博士, 他们帮助我们修改最初的手稿, 他们还发现了若干错误并完善了大量的解答.

让我们一起享受这些问题吧!

[1] Andreescu T. 105 Algebra Problems from the AwesomeMath Summer Program [M]. Plano: XYZ Press, 2013.——译者注

2　让我们来做因式分解

对代数表达式进行因式分解是一种基本的技巧, 它使得我们能够求解广泛类型的方程、不等式和方程组. 作为一个熟悉的例子, 因式分解经常用来求二次方程 $ax^2+bx+c=0$ 的解, 这里 a,b,c 为实数且 $a\neq 0$.

我们首先回想一些最基本的恒等式, 从熟悉的平方差恒等式开始. 设 a 和 b 为实数, 则我们有

$$a^2-b^2=(a-b)(a+b),$$

这很容易通过将等式右边展开而得出. 对于指数是 3 的情形, 有一个相似的立方差恒等式:

$$a^3-b^3=(a-b)(a^2+ab+b^2).$$

事实上, 我们可以将其推广: 对于所有实数 a 和 b 以及正整数 n, 我们有

$$a^n-b^n=(a-b)(a^{n-1}+a^{n-2}b+\cdots+ab^{n-2}+b^{n-1}).$$

看出此式的一个方法是注意到当 $a=b$ 时 $a^n-b^n=0$, 这表明 $a-b$ 是一个因子. 若 n 是奇数, 我们可以用 $-b$ 代替 b 来得到 n 次方和的因式分解. 实际上, 若对于某个正整数 k, $n=2k+1$, 则我们有

$$a^{2k+1}+b^{2k+1}=(a+b)(a^{2k}-a^{2k-1}b+a^{2k-2}b^2-\cdots-ab^{2k-1}+b^{2k}).$$

取 $k=1$ 的特殊情形就给出了熟悉的立方和恒等式:

$$a^3+b^3=(a+b)(a^2-ab+b^2).$$

我们最后来看下面这个有用的代数恒等式:

$$a^3+b^3+c^3-3abc=(a+b+c)(a^2+b^2+c^2-ab-bc-ca).$$

当然, 我们原则上可以简单地将等式右边展开来证明它. 然而, 假设我们被要求对表达式 $a^3+b^3+c^3-3abc$ 因式分解. 那么为此, 考虑根为 a,b,c 的多项式 $P(x)$:

$$P(x)=(x-a)(x-b)(x-c)=x^3-(a+b+c)x^2+(ab+bc+ca)x-abc.$$

由于 a,b,c 是根, 注意到 $P(a)=P(b)=P(c)=0$ 给出了下面三个方程:

$$\begin{aligned}
a^3-(a+b+c)a^2+(ab+bc+ca)a-abc&=0,\\
b^3-(a+b+c)b^2+(ab+bc+ca)b-abc&=0,\\
c^3-(a+b+c)c^2+(ab+bc+ca)c-abc&=0.
\end{aligned}$$

现在将这三个式子相加并把 $a^3+b^3+c^3-3abc$ 分离在等式的一侧, 我们得到

$$\begin{aligned}a^3+b^3+c^3-3abc &= (a+b+c)(a^2+b^2+c^2)-(ab+bc+ca)(a+b+c)\\ &= (a+b+c)(a^2+b^2+c^2-ab-bc-ca).\end{aligned}$$

我们注意到 $a^2+b^2+c^2-ab-bc-ca=\frac{1}{2}[(a-b)^2+(b-c)^2+(c-a)^2]\geq 0$, 其等号成立当且仅当 $a=b=c$. 因此 $a^3+b^3+c^3=3abc$ 当且仅当 $a=b=c$ 或 $a+b+c=0$. 本书的前篇《105 个代数问题: 来自 AwesomeMath 夏季课程》有一个小节, 其中的大量问题都是用这个恒等式解决的.

我们现在转向例题来探索这些思想如何在实践中发挥作用.

例 2.1 将下列表达式因式分解:

(a) $x^4-3x^2y^2+y^4$;

(b) $(x+y)(x-y)-4(y+1)$;

(c) $4(x^2+x-y^2)+1$;

(d) $x(x-4y)+4(y^2-1)$;

(e) $x^2-y^2+2(x+3y-4)$.

解 (a) 我们将首先试着凑平方, 写

$$x^4-3x^2y^2+y^4=x^4-2x^2y^2+y^4-x^2y^2=(x^2-y^2)^2-(xy)^2.$$

使用公式 $a^2-b^2=(a-b)(a+b)$, 现在容易得出因式分解

$$x^4-3x^2y^2+y^4=(x^2-y^2-xy)(x^2-y^2+xy).$$

(b) 我们从展开所给的表达式并分离变量开始:

$$(x+y)(x-y)-4(y+1)=x^2-y^2-4y-4=x^2-(y^2+4y+4).$$

表达式 y^2+4y+4 应该看起来很熟悉, 它是 $(y+2)^2$. 因此使用公式 $a^2-b^2=(a-b)(a+b)$, 我们得到

$$(x+y)(x-y)-4(y+1)=x^2-(y+2)^2=(x-y-2)(x+y+2).$$

(c) 再次从展开并分离变量开始:

$$4(x^2+x-y^2)+1=4x^2+4x-4y^2+1=(4x^2+4x+1)-4y^2.$$

我们认出了 $(2x+1)^2$ 的展开式, 从而

$$4(x^2+x-y^2)+1=(2x+1)^2-(2y)^2=(2x-2y+1)(2x+2y+1).$$

(d) 我们沿用与前面的例题相同的策略, 得到

$$x(x-4y)+4(y^2-1)=x^2-4xy+4y^2-4=(x-2y)^2-4=(x-2y+2)(x-2y-2).$$

(e) 这仍然是另一个分离变量并使用基本代数恒等式的例子, 我们得到一个快速且自然的解:

$$\begin{aligned}x^2-y^2+2(x+3y-4)&=x^2+2x+1-y^2+6y-9\\&=(x+1)^2-(y-3)^2\\&=(x+1-y+3)(x+1+y-3)\\&=(x-y+4)(x+y-2).\end{aligned}$$

例 2.2 将下列表达式因式分解:

(a) $x^3+9x^2+27x+19$;

(b) x^3+3x^2+3x-7;

(c) $(x-y)(x^2+xy+y^2+3)+3(x^2+y^2)+2$.

解 (a) 式子中有多个可以被 3 整除的系数, 因此公式

$$(a+b)^3=a^3+3a^2b+3ab^2+b^3$$

可能会有用. 我们试着来凑立方使之凑成某个形如 $(x+a)^3$ 的表达式. 从上面的公式 (令 $b=x$) 可以看出, 要使得 $(x+a)^3$ 接近于题目给出的表达式, 对 a 的一个合理的选择是 $a=3$, 这是因为

$$(x+3)^3=x^3+9x^2+27x+27.$$

因此我们看出

$$x^3+9x^2+27x+19=(x+3)^3-8=(x+3)^3-2^3.$$

我们使用立方差恒等式得到

$$(x+3)^3-2^3=(x+3-2)((x+3)^2+2(x+3)+4),$$

再由简单的计算给出

$$(x+3)^2+2(x+3)+4=x^2+6x+9+2x+6+4=x^2+8x+19,$$

这个式子无法再分解了, 因为它的判别式为负. 将所有这些合在一起便得到

$$x^3+9x^2+27x+19=(x+1)(x^2+8x+19).$$

(b) 我们沿用与 (a) 相同的策略, 得到

$$\begin{aligned}x^3+3x^2+3x-7&=x^3+3x^2+3x+1-8\\&=(x+1)^3-2^3\\&=(x+1-2)((x+1)^2+2(x+1)+4)\\&=(x-1)(x^2+4x+7).\end{aligned}$$

(c) 考虑恒等式

$$(x-y)(x^2+xy+y^2)=x^3-y^3$$

可以使 $(x-y)(x^2+xy+y^2+3)$ 这一项非常漂亮地简化. 因此题目中的表达式等于

$$x^3-y^3+3x-3y+3x^2+3y^2+2.$$

我们分离变量, 得到

$$x^3+3x^2+3x-y^3+3y^2-3y+2.$$

我们容易认出 $(x+1)^3$ 和 $(1-y)^3$ 的展开式. 从而表达式等于

$$(x+1)^3+(1-y)^3=(x+1+1-y)((x+1)^2-(x+1)(1-y)+(1-y)^2).$$

展开并化简第二个因式最终得到因式分解

$$(x-y)(x^2+xy+y^2+3)+3(x^2+y^2)+2=(x-y+2)(x^2+y^2+xy+x-y+1).$$

例 2.3 将 a^4+4b^4 因式分解.

解 注意到这两项在 $(a^2+2b^2)^2$ 的展开式中, 我们将表达式写成

$$a^4+4b^4=(a^2+2b^2)^2-4a^2b^2,$$

由于 $4a^2b^2=(2ab)^2$, 我们可以使用平方差恒等式, 得到

$$(a^2+2b^2)^2-(2ab)^2=(a^2+2b^2-2ab)(a^2+2b^2+2ab).$$

这个恒等式被称为 *Sophie Germain* 恒等式.

例 2.4 $2012\cdot 503^{2011}+2013^4$ 是素数吗?

解 将表达式重写为

$$2013^4+4\cdot 503^{2012}=2013^4+4\cdot(503^{503})^4.$$

由 Sophie Germain 恒等式, $a^4+4b^4=(a^2+2b^2-2ab)(a^2+2b^2+2ab)$, 这里 $a=2013$ 且 $b=503^{503}$, 这就分解为

$$(2013^2+2(503^{503})^2-2(2013\cdot 503^{503}))(2013^2+2(503^{503})^2+2(2013\cdot 503^{503})).$$

由于两个因子都是大于 1 的正整数, 所以这个数为合数.

例 2.5 将下面的表达式因式分解:

$$2(a^2b^2+b^2c^2+c^2a^2)-(a^4+b^4+c^4).$$

解 看到表达式中有 a^4,b^4,c^4 和 $2a^2b^2,2b^2c^2,2a^2c^2$ 这些项, 我们来试着凑平方. 事实上, 试过几次之后, 我们发现所给表达式等价于

$$4b^2c^2-(a^2-b^2-c^2)^2.$$

接着观察到 $4b^2c^2=(2bc)^2$ 并且使用平方差公式, 得到

$$\begin{aligned}&4b^2c^2-(a^2-b^2-c^2)^2\\=&(2bc)^2-(a^2-b^2-c^2)^2\\=&(2bc-a^2+b^2+c^2)(2bc+a^2-b^2-c^2).\end{aligned}$$

事情还没有彻底做完, 因为我们仍然可以将上式继续分解, 通过将各项重新排列并且凑平方得到

$$2bc-a^2+b^2+c^2=(b+c)^2-a^2=(b+c-a)(b+c+a)$$

和

$$2bc+a^2-b^2-c^2=a^2-(b-c)^2=(a-b+c)(a+b-c).$$

将所有这些合在一起便得到

$$4b^2c^2-(a^2-b^2-c^2)^2=(b+c-a)(b+c+a)(a-b+c)(a+b-c).$$

上面的例题事实上和几何中的一个经典问题有着密切的联系: 将一个三角形的面积 K 纯粹地用三边边长 a,b,c 表示. 设三边 a,b,c 的对角分别为 $\angle A,\angle B,\angle C$. 那么

$$K=\frac{bc\sin A}{2},$$

所以由余弦定理,

$$K^2=\frac{b^2c^2(1-\cos^2 A)}{4}=\frac{b^2c^2}{4}\left(1-\left(\frac{b^2+c^2-a^2}{2bc}\right)^2\right)$$
$$=\frac{4b^2c^2-(a^2-b^2-c^2)^2}{16}.$$

从而由上面的例题重新得到了著名的 Heron 公式

$$16K^2=(a+b+c)(b+c-a)(c+a-b)(a+b-c).$$

例 2.6 求满足

$$\begin{cases}x^2+11=xy+y^4,\\ y^2-30=xy\end{cases}$$

的所有整数对 (x,y).

解 最简单的解题方法就是注意到 y 一定被 30 整除, 这可从第二个方程看出. 通过检验 30 的所有因子, 我们用第二个方程得到相应的 x 值, 然后检验这些值是否满足第一个方程. 这个方法需要分很多的情形, 因此需要相当大的计算量.

考虑一个更间接、更漂亮的方法, 让我们把两个方程加起来, 得到

$$x^2+y^2-19=2xy+y^4,$$

它等价于

$$(x-y)^2-(y^2)^2=19.$$

这可作为平方差分解成

$$(y^2-(x-y))(y^2+(x-y))=-19.$$

现在由于 19 是素数, 方程处于一个很好的形式. 两个因子 $y^2-(x-y)$ 和 $y^2+(x-y)$ 一定是整数对 $(19,-1)$, $(-1,19)$, $(-19,1)$ 或 $(1,-19)$ 之一. 注意到两个因子的和是非负的:

$$y^2-(x-y)+y^2+(x-y)=2y^2\geq 0,$$

我们可以排除其中一半的情形. 因此两个因子一定是 $(19,-1)$ 或 $(-1,19)$. 在这两种情形中, 注意到因子的和是 $2y^2$, 这给出

$$2y^2=19-1=18,$$

则 $y=\pm 3$. 将这两个可能的 y 值代入方程组, 得到解

$$(x,y)=(-7,3)\quad \text{或}\quad (7,-3).$$

例 2.7 将下面的表达式因式分解:

$$(x^2y+y^2z+z^2x)+(xy^2+yz^2+zx^2)+2xyz.$$

解 我们观察到令 $x=-y$ 可以使得表达式等于 0, 这是因为这样做给出

$$y^3+y^2z-z^2y-y^3+yz^2+zy^2-2y^2z=0.$$

类似地, 令 $y=-z$ 和 $z=-x$ 也使得表达式等于 0.

这得出 $x+y, y+z$ 和 $z+x$ 是该式的因子. 看一下所给表达式各项的次数, 我们可以推出它的形式为 $k(x+y)(y+z)(z+x)$. 取特殊情形 $x=y=z=1$ 得到 $8k=8$, 即 $k=1$. 因此, 表达式分解为 $(x+y)(y+z)(z+x)$.

例 2.8 化简下列表达式:

(a) $\dfrac{1}{x-1}-\dfrac{3}{x^3-1}$;

(b) $\dfrac{x^4-2x^3-x^2+2x+1}{x^4-2x^3+x^2-1}$.

解 (a) 注意到由于

$$x^3-1=(x-1)(x^2+x+1),$$

因子 $x-1$ 同时出现在两个分母中. 因此

$$\frac{1}{x-1}-\frac{3}{x^3-1}=\frac{1}{x-1}\left(1-\frac{3}{x^2+x+1}\right).$$

现在就没什么神秘可言了, 我们计算

$$1-\frac{3}{x^2+x+1}=\frac{x^2+x-2}{x^2+x+1},$$

并且观察出 (通过解方程 $x^2+x-2=0$) 分子可以因式分解为 $(x-1)(x+2)$. 所以

$$\frac{1}{x-1}-\frac{3}{x^3-1}=\frac{1}{x-1}\cdot\frac{(x-1)(x+2)}{x^2+x+1}=\frac{x+2}{x^2+x+1}.$$

很明显, 这个表达式不能再进一步化简了, 因为 $x+2$ 不是分母的一个因子 (由于 -2 不是 x^2+x+1 的一个根).

(b) 很容易分析分式的分母, 这是由于我们可以简单地认出

$$x^4-2x^3+x^2=x^2(x^2-2x+1)=x^2(x-1)^2.$$

于是我们可以将分母看成一个平方差来分解:

$$x^4-2x^3+x^2-1=(x^2-x)^2-1^2=(x^2-x-1)(x^2-x+1).$$

现在很自然地要问, 分子是否可以整除 x^2-x-1 或 x^2-x+1, 如若不然, 我们能够化简表达式的机会就非常小了. 使用长除法表明, 确实有

$$x^4-2x^3-x^2+2x+1=(x^2-x-1)^2,$$

因此

$$\frac{x^4-2x^3-x^2+2x+1}{x^4-2x^3+x^2-1}=\frac{(x^2-x-1)^2}{(x^2-x-1)(x^2-x+1)}=\frac{x^2-x-1}{x^2-x+1}.$$

这里还有另外一种处理分子的方法: 观察到它有相当多的项是与分母相同的, 因此我们有

$$\begin{aligned}&x^4-2x^3+x^2-1+(-2x^2+2x+2)\\=&(x^2-x-1)(x^2-x+1)-2(x^2-x-1)\\=&(x^2-x-1)(x^2-x+1-2)=(x^2-x-1)^2.\end{aligned}$$

例 2.9 求

$$x^4-4x^3-4x^2+16x-8$$

的根的绝对值之和.

解 将要在第 5 章讨论的 Vieta 定理很容易地告诉我们这些根的和是 4. 然而, 要想得到题目中需要的这些根的绝对值之和却不是那么容易的事.

为了化简这个四次式, 我们来试着凑平方. 事实上, 注意到前三项 $x^4-4x^3-4x^2$ 看起来与 $x^4-4x^3+4x^2=x^2(x-2)^2$ 相似, 我们可以将表达式重新写为

$$\begin{aligned}x^4-4x^3-4x^2+16x-8&=(x^4-4x^3+4x^2)-(8x^2-16x+8)\\&=x^2(x-2)^2-8(x-1)^2\\&=(x^2-2x)^2-(2\sqrt{2}x-2\sqrt{2})^2,\end{aligned}$$

这样我们就可以使用平方差公式了. 那么表达式等于

$$(x^2-(2+2\sqrt{2})x+2\sqrt{2})(x^2-(2-2\sqrt{2})x-2\sqrt{2}).$$

我们可以通过再次凑平方重复这样一个相似的过程, 使用事实 $(1+\sqrt{2})^2=3+2\sqrt{2}$ 得到

$$\begin{aligned}x^2-(2+2\sqrt{2})x+2\sqrt{2}&=x^2-(2+2\sqrt{2})x+3+2\sqrt{2}-3\\&=(x-(1+\sqrt{2}))^2-(\sqrt{3})^2\\&=(x-1-\sqrt{2}+\sqrt{3})(x-1-\sqrt{2}-\sqrt{3}).\end{aligned}$$

类似地处理另一个因子, 我们有

$$x^2-(2-2\sqrt{2})x-2\sqrt{2}=(x-1+\sqrt{2}+\sqrt{3})(x-1+\sqrt{2}-\sqrt{3}).$$

因此, 表达式的根为 $1+\sqrt{2}+\sqrt{3}, 1+\sqrt{2}-\sqrt{3}, 1-\sqrt{2}+\sqrt{3}$ 和 $1-\sqrt{2}-\sqrt{3}$. 使用近似值 $\sqrt{2}\approx 1.414$ 和 $\sqrt{3}\approx 1.732$, 容易看出只有 $1-\sqrt{2}-\sqrt{3}$ 是负根. 所以, 需要求的和为

$$\begin{aligned}&(1+\sqrt{2}+\sqrt{3})+(1+\sqrt{2}-\sqrt{3})+(1-\sqrt{2}+\sqrt{3})+(-1)(1-\sqrt{2}-\sqrt{3})\\=&2+2\sqrt{2}+2\sqrt{3}.\end{aligned}$$

例 2.10 证明对于任何正整数 n, $(n+1)^5+n$ 不是一个素数.

解 令 $n+1=m$. 那么它的项数就要比我们展开 $(n+1)^5$ 后得到的项数少多了.

$$(n+1)^5+n=m^5+m-1.$$

我们试着将它因式分解来证明这个量总是合数.

$$m^5+m-1=m^5+m^2-m^2+m-1=m^2(m^3+1)-m^2+m-1.$$

可以看出, 在最后一个表达式中我们得到了一个立方和. 将其因式分解, 我们得出 m^2-m+1 项是公因子:

$$\begin{aligned}&m^2(m^3+1)-m^2+m-1\\=&m^2(m+1)(m^2-m+1)-(m^2-m+1)\\=&(m^2-m+1)(m^3+m^2-1).\end{aligned}$$

为了完成证明, 我们需要验证这两个因子都不是 1, 因为在这种情形下乘积可能会是素数. 由于 n 是正整数, 我们有 $m=n+1\geq 2$. 对于第一个因子, $m^2-m+1=1$ 推出 $m^2-m=m(m-1)=0$, 因此第一个因子当 $m=0$ 或 1 时等于 1, 而这不可能发生.

对于第二个因子, $m^3+m^2-1=1$ 推出 $m^3+m^2-2=0$. 由于 1 是该多项式的一个根, 我们知道 $m-1$ 是它的一个因子, 于是得到 $m^3+m^2-2=(m-1)(m^2+2m+2)=0$. 其中的二次式没有实根, 因为它的判别式 Δ 是负的: $\Delta=2^2-4\cdot 2<0$. 因此第二个因子仅当 $m=1$ 时等于 1, 而这不可能发生. 所以两个因子都不等于 1, 我们得到了希望的结果.

例 2.11 化简分式

$$\frac{a^5+(a-1)^4}{(a-1)^5-a^4}.$$

解 我们称所给的分式为 $F(a)$. 对表达式加一个量 a 使得 $(a-1)^4$ 成为公因子:

$$a+F(a)=\frac{a(a-1)^5+(a-1)^4}{(a-1)^5-a^4}.$$

从分子中提取 $(a-1)^4$ 给出

$$\frac{a(a-1)^5+(a-1)^4}{(a-1)^5-a^4}=\frac{(a-1)^4(a^2-a+1)}{(a-1)^5-a^4}.$$

分母显然不能被 $a-1$ 整除, 所以我们尝试将 a^2-a+1 作为因子. 事实上, 由长除法, 我们得到 $(a-1)^5-a^4=(a^2-a+1)(a^3-5a^2+4a-1)$. 因此

$$a+F(a)=\frac{(a-1)^4}{a^3-5a^2+4a-1}.$$

解出 $F(a)$, 我们得到

$$\begin{aligned}F(a)=\frac{(a-1)^4}{a^3-5a^2+4a-1}-a&=\frac{a^4-4a^3+6a^2-4a+1}{a^3-5a^2+4a-1}-a\\&=\frac{a^3+2a^2-3a+1}{a^3-5a^2+4a-1}.\end{aligned}$$

例 2.12 设 a,b,c 是互不相同的实数, 满足

$$a^2(1-b+c)+b^2(1-c+a)+c^2(1-a+b)=ab+bc+ca.$$

证明

$$\frac{1}{(a-b)^2}+\frac{1}{(b-c)^2}+\frac{1}{(c-a)^2}=1.$$

解 首先, 观察到

$$\begin{aligned}&\left(\frac{1}{a-b}+\frac{1}{b-c}+\frac{1}{c-a}\right)^2\\&=\frac{1}{(a-b)^2}+\frac{1}{(b-c)^2}+\frac{1}{(c-a)^2}\\&\quad+2\left(\frac{1}{(a-b)(b-c)}+\frac{1}{(b-c)(c-a)}+\frac{1}{(c-a)(a-b)}\right)\\&=\frac{1}{(a-b)^2}+\frac{1}{(b-c)^2}+\frac{1}{(c-a)^2}+2\cdot\frac{c-a+a-b+b-c}{(a-b)(b-c)(c-a)}\\&=\frac{1}{(a-b)^2}+\frac{1}{(b-c)^2}+\frac{1}{(c-a)^2}.\end{aligned}$$

现在只需证明

$$\frac{1}{a-b}+\frac{1}{b-c}+\frac{1}{c-a}=1 \quad 或 \quad \frac{1}{a-b}+\frac{1}{b-c}+\frac{1}{c-a}=-1.$$

我们现在来证明上面的第一个等式等价于题目中所给的条件. 事实上, 所给的条件可以写成

$$a^2(-b+c)+b^2(-c+a)+c^2(-a+b)=-a^2-b^2-c^2+ab+bc+ca,$$

它可以通过因式分解变为

$$(a-b)(b-c)(c-a)=(b-c)(c-a)+(c-a)(a-b)+(a-b)(b-c).$$

这等价于

$$1=\frac{1}{a-b}+\frac{1}{b-c}+\frac{1}{c-a},$$

正如我们所需要的.

例 2.13 将下列表达式因式分解:

(a) $(x-y)^3+(y-z)^3+(z-x)^3$;

(b) $(x-a)^3(b-c)^3+(x-b)^3(c-a)^3+(x-c)^3(a-b)^3$.

解 (a) 因为 $(x-y)+(y-z)+(z-x)=0$, 我们可以从当 $a+b+c=0$ 时 $a^3+b^3+c^3=3abc$ 这一事实立刻得到因式分解 $(x-y)^3+(y-z)^3+(z-x)^3=3(x-y)(y-z)(z-x)$.

另一种方法, 观察到将 $x=y$ 代入可以使得表达式等于 0. 类似地, 将 $y=z$ 或 $z=x$ 代入同样使该式为 0. 我们记

$$(x-y)^3+(y-z)^3+(z-x)^3=a(x-y)(y-z)(z-x),$$

其中 a 为某个常数. 将等式两边对应项的系数置为相等, 我们得到 $3xy^2=axy^2$, 这显示出 $a=3$. 为了验证, 我们将等式的右边展开, 得出其确实等于左边. 因此

$$(x-y)^3+(y-z)^3+(z-x)^3=3(x-y)(y-z)(z-x).$$

(b) 设 $a'=(x-a)(b-c)$, $b'=(x-b)(c-a)$, $c'=(x-c)(a-b)$. 将它们展开后可以验证 $a'+b'+c'=0$. 从而

$$a'^3+b'^3+c'^3=3a'b'c',$$

或

$$\begin{aligned}&(x-a)^3(b-c)^3+(x-b)^3(c-a)^3+(x-c)^3(a-b)^3\\=&3(a-b)(b-c)(c-a)(x-a)(x-b)(x-c).\end{aligned}$$

例 2.14 设 a, b, c 为互不相同的非零实数. 如果

$$\frac{a^2-bc}{a(1-bc)}, \quad \frac{b^2-ca}{b(1-ca)}, \quad \frac{c^2-ab}{c(1-ab)}$$

中的两个分式相等, 证明这三个分式都相等, 并且它们的共同值为 $a+b+c=\frac{1}{a}+\frac{1}{b}+\frac{1}{c}$.

解 我们使用比例的一个基本性质: 如果 $\frac{x}{y}=\frac{z}{w}$ 且 $y \neq w$, 那么 $\frac{x}{y}=\frac{z}{w}=\frac{x-z}{y-w}$. 因此, 若我们不失一般性假设

$$\frac{a^2-bc}{a(1-bc)}=\frac{b^2-ca}{b(1-ca)},$$

则

$$\frac{a^2-bc}{a(1-bc)}=\frac{b^2-ca}{b(1-ca)}=\frac{a^2-bc-b^2+ca}{a-abc-b+abc}.$$

我们认出了平方差 a^2-b^2, 将分子写为 $a^2-bc-b^2+ca=(a-b)(a+b)+c(a-b)$ 可以使得我们将其因式分解, 于是有:

$$\frac{a^2-bc}{a(1-bc)}=\frac{a^2-bc-b^2+ca}{a-abc-b+abc}=\frac{(a-b)(a+b+c)}{a-b}=a+b+c.$$

由上式的最左边和最右边相等, 我们得到 $a^2-bc=a(1-bc)(a+b+c)$, 推出

$$-bc-ca-ab=-abc(a+b+c).$$

等式两边同时除以 $-abc$ 给出

$$\frac{1}{a}+\frac{1}{b}+\frac{1}{c}=a+b+c.$$

我们几乎做完了. 我们已经证明了前两个分式等于 $a+b+c=\frac{1}{a}+\frac{1}{b}+\frac{1}{c}$, 现在要来证明第三个分式也等于这个共同的值. 观察到

$$\begin{aligned}\frac{c^2-ab}{c(1-ab)}-a-b-c&=\frac{c^2-ab-ac-bc-c^2+abc(a+b+c)}{c(1-ab)}\\&=\frac{-(ab+bc+ca)+abc(a+b+c)}{c(1-bc)}=0,\end{aligned}$$

上式的最后一步由 $-bc-ca-ab=-abc(a+b+c)$ 推出, 这个事实我们前面已经证明了. 所以,

$$\frac{c^2-ab}{c(1-ab)}=a+b+c=\frac{1}{a}+\frac{1}{b}+\frac{1}{c},$$

它也等于另外两个分式, 正如我们所需要的.

例 2.15 证明对于任何正整数 m 和 n, 数

$$8m^6+27m^3n^3+27n^6$$

都是合数.

解 看到有两项可以被 3 整除, 并且有很多立方, 我们想起了恒等式 $x^3+y^3+z^3-3xyz=(x+y+z)(x^2+y^2+z^2-xy-yz-zx)$. 我们试着用某种方式重写这个表达式, 使得可以用上这个因式分解. 将前两项写成立方的形式并将 $27m^3n^3$ 拆开, 我们有

$$\begin{aligned}&8m^6+27m^3n^3+27n^6\\=&(2m^2)^3+(3n^2)^3-27m^3n^3+54m^3n^3\\=&(2m^2)^3+(3n^2)^3+(-3mn)^3-3(2m^2)(3n^2)(-3mn).\end{aligned}$$

现在, 这个式子就形如 $x^3+y^3+z^3-3xyz$ 了, 那么我们就可以使用上面提到的恒等式, 这里 $x=2m^2$, $y=3n^2$, $z=-3mn$. 这给出了

$$\begin{aligned}&(2m^2)^3+(3n^2)^3+(-3mn)^3-3(2m^2)(3n^2)(-3mn)\\=&(2m^2+3n^2-3mn)(4m^4+9n^4+9m^2n^2-6m^2n^2+9mn^3+6m^3n).\end{aligned}$$

因此, $2m^2+3n^2-3mn$ 总是 $8m^6+27m^3n^3+27n^6$ 的一个因子. 为了完成证明, 我们使用 m 和 n 都是正整数这一事实, 现在只需要证明 $1<2m^2+3n^2-3mn<8m^6+27m^3n^3+27n^6$. 这保证了乘积不会因为等于 1 乘以一个素数而成为素数. 事实上, 因为 $3mn>0$, 我们有

$$2m^2+3n^2-3mn<2m^2+3n^2<8m^6+27m^3n^3+27n^6.$$

另一方面,

$$2m^2+3n^2-3mn=2(m-n)^2+n^2+mn>1.$$

于是我们得到 $8m^6+27m^3n^3+27n^6$ 是合数.

例 2.16 将

$$\frac{x^{24}}{24}+8\cdot 3^{11}$$

写成四个非常数的有理系数多项式的积.

解 去分母后, 我们需要将

$$x^{24}+24\cdot 8\cdot 3^{11}=x^{24}+2^6\cdot 3^{12}$$

因式分解. 使用立方差公式, 我们可以将其写成

$$x^{24}+2^6\cdot 3^{12}=(x^8)^3+(2^2\cdot 3^4)^3=(x^8+2^2\cdot 3^4)(x^{16}-2^2\cdot 3^4x^8+2^4\cdot 3^8).$$

回忆 Sophie Germain 恒等式 $a^4+4b^4=(a^2+2b^2-2ab)(a^2+2b^2+2ab)$. 我们可以应用 Sophie Germain 恒等式对八次多项式因子进行因式分解, 其中 $a=x^2$, $b=3$:

$$x^{24}+2^6\cdot 3^{12}=(x^4-6x^2+18)(x^4+6x^2+18)(x^{16}-2^2\cdot 3^4x^8+2^4\cdot 3^8).$$

但题目要求还要多一个因子, 我们可以从十六次多项式得到. 一种方法是注意到最初的多项式可以使用 Sophie Germain 恒等式直接进行分解, 其中 $a=x^6$, $b=2\cdot 3^3$. 我们得到

$$\begin{aligned}x^{24}+2^6\cdot 3^{12}&=(x^6)^4+4\cdot(2\cdot 3^3)^4\\&=(x^{12}-2^2\cdot 3^3x^6+2^3\cdot 3^6)(x^{12}+2^2\cdot 3^3x^6+2^3\cdot 3^6).\end{aligned}$$

现在, 前面得到的四次多项式因子是这些十二次多项式的因子. 使用长除法得到

$$(x^{12}-2^2\cdot 3^3x^6+2^3\cdot 3^6)=(x^4+6x^2+18)(x^8-6x^6+18x^4-108x^2+324)$$

和

$$(x^{12}+2^2\cdot 3^3x^6+2^3\cdot 3^6)=(x^4-6x^2+18)(x^8+6x^6+18x^4+108x^2+324).$$

因此

$$\frac{x^{24}}{24}+8\cdot 3^{11}=\frac{1}{24}(x^{24}+2^6\cdot 3^{12})=\frac{1}{24}A(x)B(x)C(x)D(x),$$

其中

$$A(x)=x^4-6x^2+18,\quad B(x)=x^4+6x^2+18,$$

$$C(x)=x^8-6x^6+18x^4-108x^2+324,\quad D(x)=x^8+6x^6+18x^4+108x^2+324.$$

3 二次函数

回想二次多项式 $f(x) = ax^2 + bx + c$ (其中 $a \neq 0$) 的判别式是 $\Delta = b^2 - 4ac$.

$$ax^2 + bx + c = 0$$

的根由公式

$$x_1 = \frac{-b - \sqrt{\Delta}}{2a},\ x_2 = \frac{-b + \sqrt{\Delta}}{2a}$$

给出.

判别式 Δ 告诉了我们关于二次函数的解的个数和符号的信息. 特别地,

(a) 若 $\Delta > 0$, 则 $f(x) = 0$ 有两个实数解 x_1, x_2. 如果首项系数是正的, 即 $a > 0$, 那么 $f(x) \geq 0$ 当且仅当 $x \in (-\infty, x_1] \cup [x_2, \infty)$.

(b) 若 $\Delta = 0$, 则 $f(x) = 0$ 有一个实数解 x_1. 如果 $a > 0$, 那么对所有 $x \in \mathbb{R}$, $f(x) \geq 0$.

(c) 若 $\Delta < 0$, 则 $f(x) = 0$ 没有实数解. 如果 $a > 0$, 那么对所有 $x \in \mathbb{R}$, $f(x) > 0$.

对于三次和四次多项式的根, 这样的公式是存在的, 但是它们要复杂得多, 也很不实用. 抽象代数的一个重要结果 (Abel–Ruffini 定理) 告诉我们: 对于五次和更高次多项式的根, 不存在可以用初等函数表示的一般公式. 因此我们经常很务实地试着将高次方程化简为 (可能是多个) 二次方程.

例 3.1 在实数域内解方程

$$\frac{2x}{2x^2 - 5x + 3} + \frac{13x}{2x^2 + x + 3} = 6.$$

解 我们寻找一种做代换的方法. 由于很显然 $x \neq 0$, 我们可以将分子和分母同时除以 x, 在每个分式中生成一个共同具有的项 $2x + \frac{3}{x}$:

$$\frac{2}{2x + \dfrac{3}{x} - 5} + \frac{13}{2x + \dfrac{3}{x} + 1} = 6.$$

那么, 做代换 $y = 2x + \frac{3}{x}$ 得到方程

$$\frac{2}{y - 5} + \frac{13}{y + 1} = 6.$$

现在我们可以通过去分母得到一个二次方程

$$2(y + 1) + 13(y - 5) = 6(y - 5)(y + 1),$$

将所有项移到一边得到

$$6y^2-39y+33=3(y-1)(2y-11)=0,$$

这推出 $y=1$ 或 $y=\frac{11}{2}$. 我们现在来解 x. 当 $y=1$ 时, 我们有 $2x+\frac{3}{x}=1$, 这等价于

$$2x^2-x+3=0.$$

这个二次方程的判别式为 $\Delta=1^2-4\cdot2\cdot3<0$, 所以它没有实数解. 当 $y=\frac{11}{2}$ 时, 我们有 $2x+\frac{3}{x}=\frac{11}{2}$, 化简为

$$4x^2-11x+6=(x-2)(4x-3)=0.$$

因此我们得到解 $x=2$ 和 $x=\frac{3}{4}$.

例 3.2 在实数域内解方程

$$x^3+(x+1)^3+(x+2)^3+(x+3)^3=0.$$

解 方程是 4 个立方之和. 那么试一下立方和的因式分解 $a^3+b^3=(a+b)(a^2-ab+b^2)$ 是比较明智的, 但重要的是需要考虑一下如何配对. 为了得到一个共同具有的项, 我们将 x^3 和 $(x+3)^3$ 配对, $(x+1)^3$ 和 $(x+2)^3$ 配对. 这样做给出了一个共有的项 $2x+3$. 特别地, 方程等价于

$$(2x+3)(x^2-x(x+3)+(x+3)^2)+(2x+3)((x+1)^2-(x+1)(x+2)+(x+2)^2)=0.$$

经过简单的计算, 它化简为

$$2(2x+3)(x^2+3x+6)=0.$$

二次式 x^2+3x+6 的判别式为 $\Delta=3^2-4\cdot6<0$, 因此它是严格正的并且没有实根. 满足方程的唯一方式就是当 $2x+3=0$ 时, 这给出了唯一的实数解 $x=-\frac{3}{2}$.

例 3.3 两个正实数 a 和 b $(a<b)$ 的调和平均与它们的几何平均的比值是 $12:13$. 求 $a:b$.

解 题目给出

$$\frac{\frac{2ab}{a+b}}{\sqrt{ab}}=\frac{12}{13},$$

这等价于 $\frac{a+b}{\sqrt{ab}}=\frac{13}{6}$. 我们想要解出 $\frac{a}{b}$, 因此需要将方程以某种方式重写, 使得我们可以做合适的代换. 观察到该方程等价于

$$6\left(\sqrt{\frac{a}{b}}+\sqrt{\frac{b}{a}}\right)=13,$$

于是很明显我们可以做代换 $t=\sqrt{\frac{a}{b}}$. 那么我们有

$$6\left(t+\frac{1}{t}\right)=13,$$

它可以化简为一个关于 t 的二次方程:

$$(2t-3)(3t-2)=0.$$

这推出 $t=\frac{3}{2}$ 或 $t=\frac{2}{3}$. 由于 $a<b$, 我们得到 $\frac{a}{b}=\frac{4}{9}$, 从而 $a:b=4:9$.

例 3.4 解方程

$$\frac{x^2}{a}+\frac{ab^2}{x^2}=2\sqrt{2ab}\left(\frac{x}{a}-\frac{b}{x}\right),$$

其中 a,b 为正实数.

解 题目中的方程促使我们使用代换 $y=\frac{x}{a}-\frac{b}{x}$, 这是由于它的平方,

$$y^2=\left(\frac{x}{a}-\frac{b}{x}\right)^2=\frac{x^2}{a^2}+\frac{b^2}{x^2}-2\cdot\frac{b}{a},$$

看起来很像等号左边的部分.

我们从等号左边的部分提取 a, 得到

$$\frac{x^2}{a}+\frac{ab^2}{x^2}=a\left(\frac{x^2}{a^2}+\frac{b^2}{x^2}\right)=a\left(\frac{x}{a}-\frac{b}{x}\right)^2+2b.$$

现在我们可以通过做代换 $y=\frac{x}{a}-\frac{b}{x}$ 得到一个关于 y 的二次方程. 该方程简化为

$$ay^2-2y\sqrt{2ab}+2b=(y\sqrt{a}-\sqrt{2b})^2=0.$$

解出 y, 我们得到 $y=\frac{\sqrt{2ab}}{a}$. 然后将 y 的定义代入以解出 x:

$$\frac{x}{a}-\frac{b}{x}=\frac{\sqrt{2ab}}{a}.$$

去分母后, 我们得到一个关于 x 的二次方程:

$$x^2-x\sqrt{2ab}-ab=0.$$

由二次方程的求根公式, 我们容易得出

$$x=\frac{\sqrt{2ab}\pm\sqrt{6ab}}{2}.$$

例 3.5 求出使得三次方程

$$x^3+ax^2+ax+1=0$$

只有实根的所有实数 a.

解 很明显, $x=-1$ 是方程的一个根. 我们提取因子 $x+1$, 得到一个等价的方程

$$(x+1)(x^2+(a-1)x+1)=0.$$

为了使这个方程只有实根, 其中的二次因子的判别式 Δ 一定要为非负的. 特别地, 我们必须有 $\Delta=(a-1)^2-4\geq 0$, 化简为 $(a-3)(a+1)\geq 0$.

因此, 当 $a\in(-\infty,-1]\cup[3,\infty)$ 时, 三次方程只有实根.

例 3.6 设 a,b,c 为互不相同的正实数. 证明: 在方程

$$x^2-2ax+bc=0,\quad x^2-2bx+ac=0,\quad x^2-2cx+ab=0$$

中至少有一个没有实根.

解 由对称性, 我们可以不失一般性假设 $a>b>c$. 那么我们有 $c^2-ab<0$. 这就迫使第三个方程的判别式为负, 因为 $\Delta=4c^2-4ab=4(c^2-ab)<0$. 于是这个方程没有实根, 从而完成了证明.

例 3.7 设 a,a',b,b' 为非零实数, 满足对每个 $x\in\mathbb{R}$, $ax^2+2bx+c\geq 0$ 且 $a'x^2+2b'x+c'\geq 0$. 证明对每个 $x\in\mathbb{R}$, $aa'x^2+2bb'x+cc'\geq 0$.

解 我们有 $a,a'>0$, 因此 $aa'>0$. 由于前两个二次表达式是非负的, 所以它们的判别式是非正的, 即有 $b^2-ac\leq 0$ 和 $b'^2-a'c'\leq 0$, 化简为 $b^2\leq ac$ 和 $b'^2\leq a'c'$. 将这两个不等式相乘, 我们得到 $(bb')^2\leq aa'cc'$, 它表明第三个二次方程的判别式是非正的, 即 $4((bb')^2-aa'cc')\leq 0$. 这意味着 $aa'x^2+2bb'x+cc'$ 总是非负的, 正如我们所需要的.

例 3.8 设 a,b,c 为实数. 证明 $x^2+(a-b)x+(b-c)=0$, $x^2+(b-c)x+(c-a)=0$, $x^2+(c-a)x+(a-b)=0$ 这三个方程中至少有一个有实根.

解 让我们用反证法来证明, 假设这三个方程都没有实根. 那么每个方程的判别式一定是负的, 这得到了不等式

$$(a-b)^2 < 4(b-c), \quad (b-c)^2 < 4(c-a), \quad (c-a)^2 < 4(a-b).$$

将这些关系式相加, 我们得到

$$(a-b)^2 + (b-c)^2 + (c-a)^2 < 0,$$

这明显是不可能的. 这个矛盾就说明我们的假设是错误的, 于是我们得到了所需的结果.

例 3.9 设 $f(x) = ax^2 + bx + c$. 假设 $f(x) = x$ 没有实根, 证明方程 $f(f(x)) = x$ 也没有实根.

解 由于 $f(f(x))$ 是一个四次方程, 我们不能用判别式的理论来证明 $f(f(x)) = x$ 没有实根. 虽然对于高次多项式存在着与二次判别式类似的专门公式 (四次判别式有 16 项), 但这里我们将给出一个令人惊讶的简单证明.

或者对于所有的 x 有 $f(x) > x$, 或者对于所有的 x 有 $f(x) < x$, 因为如若不然将迫使方程 $f(x) = x$ 有一个实根. 首先, 假设对于每个 x 有 $f(x) > x$. 那么对于所有的 x 有 $f(f(x)) > f(x) > x$, 推出方程 $f(f(x)) = x$ 没有实根. 类似地, 若对于所有的 x 有 $f(x) < x$, 那么对于所有的 x 有 $f(f(x)) < f(x) < x$, 推出方程 $f(f(x)) = x$ 没有实根.

例 3.10 若 a, b, c 为一个三角形的三边边长, 证明方程

$$b^2x^2 + (b^2 + c^2 - a^2)x + c^2 = 0$$

没有实根.

解 我们试着证明该方程的判别式为负. 事实上, 它的判别式为

$$\begin{aligned}(b^2+c^2-a^2)^2 - 4b^2c^2 &= (b^2+c^2-a^2+2bc)(b^2+c^2-a^2-2bc) \\ &= ((b+c)^2-a^2)((b-c)^2-a^2) \\ &= (b+c+a)(b+c-a)(b-c-a)(b-c+a),\end{aligned}$$

这里我们反复地应用了平方差恒等式. 因为 a, b, c 为一个三角形的三边边长, 所有的因子除了第三个都是正的, 而第三个因子是负的, 所以这个积为负. 由于判别式为负, 这个方程没有实根. (回想我们这里分解的表达式在本质上和例 2.5 中的相同.)

例 3.11 假设二次函数 $f(x)=x^2+ax+b$ 有整数值零点, 并且具有性质: 存在整数 n, 使得 $f(n)=13$. 证明 $f(n+1)$ 或 $f(n-1)$ 等于 28.

解 用 r_1,r_2 表示 $f(x)$ 的根, 我们可以将 $f(x)$ 写为

$$f(x)=(x-r_1)(x-r_2),$$

因此

$$f(n)=(n-r_1)(n-r_2)=13.$$

这就有希望了, 由于 13 是素数, 只有很少几种情况使得上式可以成立: 因为 $n-r_1$ 和 $n-r_2$ 是可以被素数 13 整除的整数, 所以其中一个是 ±1, 另一个是 ±13 (它们的符号相同). 如果一个是 1 且另一个是 13, 那么

$$f(n+1)=(n-r_1+1)(n-r_2+1)=2\cdot14=28.$$

如果一个是 -1 且另一个是 -13, 那么

$$f(n-1)=(n-r_1-1)(n-r_2-1)=(-2)\cdot(-14)=28.$$

例 3.12 对于方程 $x^2+p_1x+q_1=0$ 和 $x^2+p_2x+q_2=0$, 其中 p_1,p_2,q_1,q_2 为实数, 证明: 如果 $2(q_1+q_2)=p_1p_2$, 那么这两个方程中至少有一个有实根.

解 第一个方程的判别式是 $\Delta_1=p_1^2-4q_1$, 第二个方程的判别式是 $\Delta_2=p_2^2-4q_2$. 如果我们能够证明它们的和 $\Delta_1+\Delta_2$ 是非负的, 那么就可以得出至少有一个判别式是非负的. 事实上, 我们有

$$\Delta_1+\Delta_2=p_1^2+p_2^2-4(q_1+q_2)=p_1^2+p_2^2-2p_1p_2=(p_1-p_2)^2\geq0.$$

因此至少有一个判别式是非负的, 这表明至少有一个方程有实根.

例 3.13 设 a,b,c 为实数. 证明方程组

$$\begin{cases}ax_1^2+bx_1+c=x_2,\\ax_2^2+bx_2+c=x_3,\\\vdots\\ax_{n-1}^2+bx_{n-1}+c=x_n,\\ax_n^2+bx_n+c=x_1\end{cases}$$

(a) 若 $(b-1)^2-4ac<0$, 则没有实数解;

(b) 若 $(b-1)^2-4ac=0$, 则有唯一的实数解;

(c) 若 $(b-1)^2-4ac>0$, 则有多于一个实数解.

解 题目中的三个条件和二次函数的判别式很相像, 这里我们一定要把它们利用起来. 将这些方程加在一起则引出了某种对称, 我们得到

$$\sum_{i=1}^{n}[ax_i^2+(b-1)x_i+c]=0.$$

设二次函数 $ax^2+(b-1)x+c$ 的判别式为 Δ. 将第 i 个表达式 $ax_i^2+(b-1)x_i+c$ 记为 E_i.

(a) 若 $\Delta<0$, 则任何一个二次方程 $ax_i^2+(b-1)x_i+c=0$ 都没有实数解. 因此对于所有 i, 或者 $E_i<0$ 或者 $E_i>0$. 在每一种情形, 这些方程的和都不可能是 0, 因此方程组没有实数解.

(b) 若 $\Delta=0$, $ax^2+(b-1)x+c=0$ 恰好有一个实数解, 并且对于所有 i, 或者 $E_i\geq 0$ 或者 $E_i\leq 0$. 将 $ax^2+(b-1)x+c=0$ 的解记为 r. 唯一可以使得和式 $\sum_{i=1}^{n}E_i$ 等于 0 的情形是若对于所有 i, $E_i=0$. 由于只有唯一的一个 x_i 使得 $E_i=0$, 所以唯一的解即为 $(x_1,x_2,\cdots,x_n)=(r,r,\cdots,r)$.

(c) 若 $\Delta>0$, $ax^2+(b-1)x+c=0$ 有两个实数解. 将这两个根记为 r_1, r_2. 若对于所有 i 有 $x_i=r_1$, 则 $ax_i^2+bx_i+c=ar_1^2+br_1+c=r_1=x_{i+1}$. 因此 $(x_1,x_2,\cdots,x_n)=(r_1,r_1,\cdots,r_1)$ 是一个解. 类似的理由可以证明 $(x_1,x_2,\cdots,x_n)=(r_2,r_2,\cdots,r_2)$ 也是一个解. 这就说明了方程组有多于一个实数解.

例 3.14 是否存在整系数二次多项式 $f(x)=ax^2+bx+c$ 和 $g(x)=(a+1)x^2+(b+1)x+(c+1)$, 它们都有两个整数根?

解 解题的关键是观察到 $a+1$ 和 a 具有不同的奇偶性; 若一个是奇数, 则另一个必定是偶数, 反之亦然. 我们使用反证法, 为了导出矛盾, 假设存在二次多项式 $f(x),g(x)$ 满足题目所给条件. 假设 a 是偶数. 由 Vieta 定理, $f(x)$ 的根之和为 $-\frac{b}{a}$, 其根之积为 $\frac{c}{a}$. 由于 $f(x)$ 被假设有整数根, a 一定整除 b 和 c, 因此 b 和 c 是偶数. 那么 $(a+1)x^2+(b+1)x+(c+1)$ 的系数都是奇数. 假设 x_0 是 $(a+1)x^2+(b+1)x+(c+1)$ 的一个整数根. 由 Vieta 定理, $(a+1)x^2+(b+1)x+(c+1)$ 的任何根一定整除 $c+1$, 从而是奇数, 这说明 x_0 是奇数. 但是将 x_0 代入 $g(x)$ 后得到的是三个奇数的和, 于是其本身也是一个奇数. 由于 x_0 是一个根, 代入后本应该得到数字 0, 一个偶数, 这就得出了矛盾.

现在, 假设 a 是奇数, 那么 $a+1$ 是偶数. 通过进行同样的论证, 我们可以得出 $b+1$ 和 $c+1$ 也都是偶数. 因此 a, b 和 c 都是奇数. 上面的论证表明, ax^2+bx+c 不可能有整数根, 这也得出了矛盾.

将两种情形汇总到一起, 我们得出这样的一对二次多项式并不存在.

例 3.15 设 $a > 2$ 为实数. 解方程

$$x^3 - 2ax^2 + (a^2 + 1)x + 2 - 2a = 0.$$

解 一般情况下解三次方程是一项困难的工作, 但检视这个方程可以看出, a 的最高次项的次数为 2, 即为二次的. 于是解题技巧就是将其看作关于 a 的二次方程. 我们重新安排各项, 将方程变形为

$$xa^2 - (2x^2 + 2)a + x^3 + x + 2 = 0.$$

它的判别式是 $\Delta = (2x^2 + 2)^2 - 4x(x^3 + x + 2) = 4(x - 1)^2$, 并且由二次方程的求根公式, 我们得到 $a = \frac{2x^2+2\pm\sqrt{\Delta}}{2x}$, 它等价于

$$a = x + 1 \quad \text{或} \quad a = \frac{x^2 - x + 2}{x}.$$

由第一个方程, 我们有 $x = a - 1$. 第二个方程化简为二次方程 $x^2 - (a + 1)x + 2 = 0, x \neq 0$. 解得

$$x = \frac{a + 1 \pm \sqrt{(a + 1)^2 - 8}}{2} = \frac{a + 1 \pm \sqrt{a^2 + 2a - 7}}{2}.$$

由于 $a > 2$, 根号内的表达式为正, 这两个根都是实根.

例 3.16 将下列表达式因式分解:

(a) $6(x^2 - y^2 + z^2) + 5xy + 5yz + 12zx$;

(b) $6(x^2 - y^2 + z^2) + 9xy - 5yz + 20zx$.

解 (a) 通过凑平方, 表达式等价于

$$6(x^2 + z^2 + 2zx) + 5(x + z)y - 6y^2 = 6(x + z)^2 + 5(x + z)y - 6y^2.$$

将其理解为关于 $x + z$ 的二次式, 我们可以进行如下的分解:

$$(2(x + z) + 3y)(3(x + z) - 2y) = (2x + 3y + 2z)(3x - 2y + 3z).$$

(b) 尽管两个小题的表达式看起来很相似, 但这里我们没有那么幸运. 将表达式看作关于 x 的二次式, 它可以分解为 $6(x - x_1)(x - x_2)$, 其中 x_1, x_2 是下面关于 x 的方程的根:

$$6x^2 + (9y + 20z)x - 6y^2 - 5yz + 6z^2 = 0.$$

判别式

$$\Delta=(9y+20z)^2-24(-6y^2-5yz+6z^2)=225y^2+480yz+256z^2,$$

这是一个完全平方: $\Delta=(15y+16z)^2$. 由二次方程的求根公式,

$$x_{1,2}=\frac{-(9y+20z)\pm(15y+16z)}{12}.$$

化简得到 $x_1=\frac{6y-4z}{12}=\frac{3y-2z}{6}$, $x_2=\frac{-24y-36z}{12}=-2y-3z$. 因此, 我们的因式分解为

$$6(x-x_1)(x-x_2)=6\left(x-\frac{3y-2z}{6}\right)(x-(-2y-3z))=(6x-3y+2z)(x+2y+3z).$$

例 3.17 对于所有实数 x 和 y, 求满足

$$x^2+my^2-4my+6y-6x+2m+8\geq 0$$

的所有实数 m.

解 这道题看起来相当复杂. 该不等式的一个好的地方是 x 和 y 的最高次项的次数都为 2, 这就允许我们使用二次函数的一些性质. 将不等式的左边理解为关于 x 的二次函数. 重新安排各项, 我们有

$$x^2-6x+my^2-4my+6y+2m+8\geq 0.$$

由于左边是非负的, 并且首项系数为正, 这可推出这个关于 x 的二次函数的判别式 Δ 一定是非正的. 特别地, 对于所有 y, 我们一定有

$$\Delta=6^2-4(my^2-4my+6y+2m+8)\leq 0.$$

这仍然是一个很复杂的情形. 但是 y 的最高次项的次数再一次为 2, 因此我们可以使用相同的策略并且将判别式理解为关于 y 的二次函数. 由于二次函数对于所有 y 是非正的, 那么它的首项系数一定为负, 这推出 $m>0$. 我们重新安排这个关于 y 的二次函数的各项, 得到

$$\Delta=4\left(-my^2+2y(2m-3)-2m+1\right)\leq 0.$$

我们重复前面的过程, 计算上式的大括号中关于 y 的非正二次函数的判别式. 记这个新的判别式函数为 Δ', 它应该是非正的. 因此

$$\Delta'=4((2m-3)^2-m(2m-1))\leq 0.$$

这等价于一个关于 m 的二次不等式, 化简得

$$2m^2-11m+9=2(m-1)\left(m-\frac{9}{2}\right)\leq 0,$$

所以 $m\in\left[1,\frac{9}{2}\right]$, 它与前面得到的 $m>0$ 相符.

例 3.18 求使得方程

$$x(x-1)(x-2)(x-3)=m$$

的所有根都是实数的参数 m 的实数值.

解 将 x 与 $x-3$ 相乘、$x-1$ 与 $x-2$ 相乘, 我们可以保持方程的对称性, 得到

$$(x^2-3x)(x^2-3x+2)=m.$$

做代换 $x^2-3x=y$, 我们得到二次方程

$$y^2+2y-m=0.$$

若其判别式 Δ_1 非负, 即

$$\Delta_1=2^2-4(-m)=4(1+m)\geq 0,$$

则这个方程有实根, 上式等价于 $m\geq -1$. 回到代换的式子, 要使二次方程 $x^2-3x-y=0$ 有实根, 它的判别式 Δ_2 一定是非负的, 即

$$\Delta_2=9+4y\geq 0.$$

这表明 $y^2+2y-m=0$ 的两个根应该都不小于 $-\frac{9}{4}$. 而这需要它的较小的那个根不小于 $-\frac{9}{4}$ 才能成立. 由二次方程的求根公式, 我们得到不等式 $-1-\sqrt{1+m}\geq -\frac{9}{4}$, 它等价于 $m\leq \frac{9}{16}$. 将其与之前的 $m\geq -1$ 合在一起, 我们得到 $-1\leq m\leq \frac{9}{16}$.

例 3.19 求

$$x^4+4x^2y-11x^2+4xy-8x+8y^2-40y+52=0$$

的所有实数解 (x,y).

解 本题的情形与例 3.17 相似, 尽管我们有一个复杂的表达式, 但式中 y 的最高次项的次数为 2. 因此我们将它理解为一个关于 y 的二次方程:

$$8y^2+y(4x^2+4x-40)+(x^4-11x^2-8x+52)=0.$$

要使得这个方程有实数解, 其关于 y 的判别式 Δ 必须为非负的. 于是我们有

$$\begin{aligned}\Delta &= (4x^2+4x-40)^2 - 4\cdot 8\cdot(x^4-11x^2-8x+52)\\ &= -16x^4+32x^3+48x^2-64x-64\\ &= 16(-x^4+2x^3+3x^2-4x-4)\\ &= -16(x-2)^2(x+1)^2 \geq 0.\end{aligned}$$

由于 $\Delta \geq 0$, 那么只能是 $x=2$ 或 $x=-1$.

当 $x=-1$ 时, 方程化简为

$$8y^2-40y+50 = 8\left(y-\frac{5}{2}\right)^2 = 0,$$

得到 $y=\frac{5}{2}$. 当 $x=2$ 时, 方程化简为

$$8y^2-16y+8 = 8(y-1)^2 = 0,$$

得到 $y=1$. 因此 $(x,y)=(2,1)$ 或 $\left(-1,\frac{5}{2}\right)$.

例 3.20 证明: 若 $x,y,z\in[0,1]$, 则

$$x^2+y^2+z^2 \leq x^2y+y^2z+z^2x+1.$$

解 解题的关键是下面的二次函数性质: 首项系数为正的二次函数在任何区间 $[\alpha,\beta]$ 中有最大值, 并且该最大值在某个端点取到. 这可以通过画图清晰地看出.

将所有项移到不等式左边, 我们可以将这个表达式理解为关于 x 的二次函数, 即 $P(x)=x^2(1-y)-z^2x+y^2+z^2-y^2z-1$. 我们想要证明, 在区间 $x,y,z\in[0,1]$ 上 $P(x)\leq 0$. 最大值一定在区间的端点上取到, 因此 $x\in\{0,1\}$. 我们可以对 y 和 z 做同样的分析并得到 $x,y,z\in\{0,1\}$, 然后检验这些情形. 于是不等式得到证明.

例 3.21 对于满足 $x+y+z=1$ 的所有非负实数三元组 (x,y,z), 求

$$\frac{1}{x^2-4x+9}+\frac{1}{y^2-4y+9}+\frac{1}{z^2-4z+9}$$

的最大值.

解 我们将试着求出每个分式的上界. 由于题目中给出了条件 $x+y+z=1$, 这促使我们来求一个线性的上界 $ax+b$, 那么将这些项相加后就允许我们应用这个条件了.

特别地, 假设

$$\frac{1}{x^2-4x+9} \leq ax+b,$$

其中 a,b 为实数. 代入 $x=0$ 和 $x=1$ 得到

$$\frac{1}{9}\le b,\quad \frac{1}{6}\le a+b.$$

事实上, 取 a,b 使得上面的不等式组的等号成立是可以做到的, 即 $b=\frac{1}{9}$, $a=\frac{1}{18}$. 特别地, 下面的不等式成立:

$$\frac{1}{x^2-4x+9}\le\frac{x+2}{18},$$

通过去分母, 这个不等式等价于

$$(x^2-4x+9)(x+2)\ge 18 \Leftrightarrow x^3-2x^2+x\ge 0 \Leftrightarrow x(x-1)^2\ge 0.$$

上面的不等式显然成立, 因为由题目中的条件 x 是非负的, 并且 $(x-1)^2\ge 0$ 是一个平方数.

将求出的这个不等式与其他两项的类似不等式相加, 我们得到

$$\frac{1}{x^2-4x+9}+\frac{1}{y^2-4y+9}+\frac{1}{z^2-4z+9}\le\frac{x+y+z+6}{18}=\frac{7}{18}.$$

因此, 最大值为 $\frac{7}{18}$, 当 $x=0,y=0,z=1$ (或其他排列) 时达到. 值得注意的是, 等号成立并不发生在三个变量都相等时.

4 方程组

我们现在转向各式各样的方程组. 将所给的关系式用正确的方式联合起来常常使得我们可以找到更简单的表达式, 它们可以被漂亮地分解或凑成平方和, 我们将给出一些例子. 当然, 这经常是说的比做的容易. 这样做没有什么一般的方法, 而经验连同试错法 (trial-and-error) 这一剂良药在此将对我们有用. 跟随着目标来阐明解题思想和技术的例子对于求解一大批这个类型的问题是很有帮助的.

例 4.1 求方程组

$$\begin{cases} x-y=2016, \\ \dfrac{x+y}{2}-\sqrt{xy}=72 \end{cases}$$

的实数解.

解 注意到第二个方程等价于

$$(\sqrt{x}-\sqrt{y})^2=144.$$

第一个方程表明 $\sqrt{x}\geq\sqrt{y}$. 因此我们可以取上式的平方根, (由于左边是正的) 得到

$$\sqrt{x}-\sqrt{y}=12.$$

用它去除第一个方程, 我们得到

$$\sqrt{x}+\sqrt{y}=168.$$

解关于 $\sqrt{x}$ 和 $\sqrt{y}$ 的线性方程组, 我们得到 $(\sqrt{x},\sqrt{y})=(90,78)$, 这推出 $(x,y)=(8100,6084)$.

例 4.2 求方程组

$$\begin{cases} x^2+7=5y-6z, \\ y^2+7=10z+3x, \\ z^2+7=-x+3y \end{cases}$$

的实数解.

解 将三个方程相加, 我们得到

$$x^2+y^2+z^2+21=2x+8y+4z,$$

它可以写成

$$(x-1)^2+(y-4)^2+(z-2)^2=0.$$

一个平方和等于零, 则它的每一个平方项必须为零, 由此推出 $(x,y,z)=(1,4,2)$ 是方程组的唯一解.

例 4.3 设 n 为正整数. 根据数值 n, 求使得方程组

$$\begin{cases} x_1+x_2+\cdots+x_n=a, \\ x_1^2+x_2^2+\cdots+x_n^2=a \end{cases}$$

没有整数解的最小正整数 a.

解 由于我们要寻找 x_i 为整数的解, 注意到若 $x_i \neq 0,1$, 则 $x_i^2>x_i$, 于是我们得到矛盾:

$$a=x_1^2+x_2^2+\cdots+x_n^2>x_1+x_2+\cdots+x_n=a.$$

因此我们看出任何 x_i 只能是 0 或 1. 显然, 方程组对于 $a=1,\cdots,n$ 有整数解, 我们取 $x_1=\cdots=x_a=1$ 和 $x_{a+1}=\cdots=x_n=0$ 即可. 每个方程的左边的最大值显然是 n, 这当 $x_1=x_2=\cdots=x_n=1$ 时达到. 现在容易看出, 由于

$$x_1+x_2+\cdots+x_n \leq x_1^2+x_2^2+\cdots+x_n^2 \leq n<a=n+1,$$

使得方程组没有整数解的最小正整数 a 是 $n+1$.

例 4.4 求方程组

$$\begin{cases} x^2+xy+xz=20, \\ y^2+yx+yz=30, \\ z^2+xz+zy=50 \end{cases}$$

的实数解.

解 1 关键的步骤是将各方程的左边因式分解并将方程组写成

$$\begin{cases} xS=20, \\ yS=30, \\ zS=50, \end{cases}$$

其中 $S=x+y+z$. 用第二个和第三个方程分别除以第一个方程得到

$$\frac{y}{x}=\frac{3}{2} \quad 和 \quad \frac{z}{x}=\frac{5}{2}.$$

因此 $y=\frac{3}{2}x$, $z=\frac{5}{2}x$. 将它们代入第一个方程得到

$$x^2+\frac{3}{2}x^2+\frac{5}{2}x^2=20,$$

即 $5x^2=20$. 于是 $x=\pm 2$, 将其代回关系式 $y=\frac{3}{2}x$ 和 $z=\frac{5}{2}x$ 得到两个解 $(x,y,z)=(2,3,5)$ 和 $(x,y,z)=(-2,-3,-5)$.

解 2 这里是另一种解法: 将三个方程相加得到

$$x^2+y^2+z^2+2(xy+yz+xz)=100.$$

我们认出左边就是 $(x+y+z)^2$. 因此 $x+y+z=\pm 10$. 然后, 将方程组写成

$$\begin{cases}x(x+y+z)=20,\\ y(x+y+z)=30,\\ z(x+y+z)=50,\end{cases}$$

并且考虑到我们已经知道 $x+y+z=\pm 10$, 于是得出解为 $(x,y,z)=(2,3,5)$ 和 $(x,y,z)=(-2,-3,-5)$.

例 4.5 求方程组

$$\begin{cases}x(yz-1)=3,\\ y(zx-1)=4,\\ z(xy-1)=5\end{cases}$$

的复数解.

解 用第二个方程减去第一个方程, 得到 $x-y=1$; 再用第三个方程减去第二个方程, 得到 $y-z=1$. 于是我们有 $y=z+1$, 由得到的第一个关系式推出 $x=z+2$. 第三个方程就变为

$$z(z^2+3z+1)=5.$$

将上式的所有项都移到左边, 我们整理得到 $z^3+3z^2+z-5=0$. 注意到这个三次方程以 1 为其一个根, 这等价于

$$(z-1)(z^2+4z+5)=0,$$

它的解为 $z_1=1$ 和 $z_{2,3}=-2\pm\mathrm{i}$. 使用前面得到的关系式, 我们得到方程组的解

$$(x,y,z)\in\{(3,2,1),(\mathrm{i},-1+\mathrm{i},-2+\mathrm{i}),(-\mathrm{i},-1-\mathrm{i},-2-\mathrm{i})\}.$$

例 4.6 求方程组

$$\begin{cases}\dfrac{x}{y}+\dfrac{y}{x}=\dfrac{9}{z},\\[2mm] \dfrac{y}{z}+\dfrac{z}{y}=\dfrac{16}{x},\\[2mm] \dfrac{z}{x}+\dfrac{x}{z}=-\dfrac{25}{y}\end{cases}$$

的非零复数解.

解 我们注意到各方程右边的系数 9, 16 和 -25 加在一起等于 0. 这提示我们要将方程组写成能够把三个方程相加的形式. 事实上, 方程组可以写成

$$\begin{cases}z^2x^2+y^2z^2=9xyz,\\ x^2y^2+z^2x^2=16xyz,\\ y^2z^2+x^2y^2=-25xyz.\end{cases}$$

那么将三个方程相加得到 $2(x^2y^2+y^2z^2+z^2x^2)=0$, 于是方程组可以化简为

$$\begin{cases}-x^2y^2=9xyz,\\ -y^2z^2=16xyz,\\ -z^2x^2=-25xyz.\end{cases}$$

由于 x,y,z 是非零的, 方程组等价于

$$\begin{cases}-xy=9z,\\ -yz=16x,\\ -zx=-25y.\end{cases}$$

把上面方程组中的方程两两相乘得到 $y^2=9\cdot16$, $z^2=16\cdot(-25)$, $x^2=9\cdot(-25)$, 这给出了解

$$(x,y,z)\in\{(-15\,\mathrm{i},-12,-20\,\mathrm{i}),(-15\,\mathrm{i},12,20\,\mathrm{i}),(15\,\mathrm{i},-12,20\,\mathrm{i}),(15\,\mathrm{i},12,-20\,\mathrm{i})\}.$$

例 4.7 设 a,b,c 为满足 $a^2+b^2=c^2$ 的非零实数. 求方程组

$$\begin{cases}x^2+y^2=z^2,\\ (x+a)^2+(y+b)^2=(z+c)^2\end{cases}$$

的解.

解 用第二个方程减去第一个方程, 得到

$$2ax + a^2 + 2by + b^2 = 2cz + c^2.$$

应用题目中所给的条件并将方程两边都除以 2, 上式化简为

$$ax + by = cz.$$

将两边平方, 这等价于

$$(ax + by)^2 = c^2z^2 = (a^2 + b^2)(x^2 + y^2).$$

将上式展开, 我们得到

$$a^2x^2 + 2abxy + b^2y^2 = a^2x^2 + a^2y^2 + b^2x^2 + b^2y^2.$$

消去两边相同的项, 这其实就是

$$a^2y^2 - 2abxy + b^2x^2 = (ay - bx)^2 = 0.$$

因此 $ay = bx$, 或 $\frac{x}{a} = \frac{y}{b} = k$, 其中 k 为某个实数. 那么 $x = ak$ 且 $y = bk$. 使用条件 $x^2 + y^2 = z^2$, 我们有

$$x^2 + y^2 = a^2k^2 + b^2k^2 = z^2,$$

注意到 $a^2 + b^2 = c^2$, 上式化简为

$$c^2k^2 = z^2,$$

这推出 $\frac{z}{c} = \pm k$. 若 $\frac{z}{c} = k$, 容易验证任何满足 $\frac{x}{a} = \frac{y}{b} = \frac{z}{c} = k$ (k 为某个实数) 的有序三元组 (x, y, z) 都是方程组的解. 若 $\frac{z}{c} = -k$, 容易验证方程组的第一个方程当 $\frac{x}{a} = \frac{y}{b} = k$ 时仍然成立. 对于方程组的第二个方程, 将右边展开给出 $c^2(k^2 - 2k + 1) = c^2(k + 1)^2 - 4c^2k$. 现在使用条件 $a^2 + b^2 = c^2$, 于是第二个方程化简为 $4c^2k = 0$. 由于根据题设 c 是非零实数, 我们不能得出 $c = 0$. 那么只能是 $k = 0$, 但是这已经包含在 $\frac{x}{a} = \frac{y}{b} = \frac{z}{c} = k$ 所描述的情形中了 (即 $x = y = z = k = 0$). 因此方程组的解是满足 $\frac{x}{a} = \frac{y}{b} = \frac{z}{c} = k$ (k 为某个实数) 的所有 (x, y, z) 的集合.

例 4.8 设 a 为实数. 求满足

$$\begin{cases} x_1^2 + ax_1 + \left(\dfrac{a-1}{2}\right)^2 = x_2, \\ x_2^2 + ax_2 + \left(\dfrac{a-1}{2}\right)^2 = x_3, \\ \vdots \\ x_n^2 + ax_n + \left(\dfrac{a-1}{2}\right)^2 = x_1 \end{cases}$$

的所有实数 $x_1, x_2, \cdots, x_n$.

解 将这些方程加在一起就产生了对称性, 这使得我们可以把 x_i 归为一类, 于是方程组可以写成

$$\sum_{i=1}^{n}\left(x_i^2+(a-1)x_i^2+\left(\frac{a-1}{2}\right)^2\right)=0.$$

注意到这实际上是一个平方和:

$$\left(x_1+\frac{a-1}{2}\right)^2+\left(x_2+\frac{a-1}{2}\right)^2+\cdots+\left(x_n+\frac{a-1}{2}\right)^2=0.$$

一个平方和等于零, 则它的每一个平方项必须为零. 因此 $x_1=x_2=\cdots=x_n=-\frac{a-1}{2}$.

例 4.9 求方程组

$$\begin{cases}3x^2+2xy-2y^2=1,\\3y^2+2yz-2z^2=-3,\\3z^2+2zx-2x^2=2\end{cases}$$

的实数解.

解 我们利用各方程右边的数字之和为 0 这一事实. 那么将三个方程相加得到

$$x^2+y^2+z^2+2xy+2yz+2zx=0,$$

即为 $(x+y+z)^2=0$, 所以 $x+y+z=0$. 因此我们可以将原方程组化简为有两个未知数和两个方程的方程组. 将关系式 $x=-y-z$ 代入方程组的第一个方程, 我们得到

$$3(y^2+2yz+z^2)-2y(y+z)-2y^2=1,$$

化简为

$$-y^2+4yz+3z^2=1.$$

于是我们得到新方程组

$$\begin{cases}-y^2+4yz+3z^2=1,\\3y^2+2yz-2z^2=-3.\end{cases}$$

将第一个方程乘以 3 并与第二个方程相加, 我们得到

$$-3y^2+12yz+9z^2+3y^2+2yz-2z^2=0,$$

即

$$7z^2+14yz=0.$$

因此 $z=0$ 或 $z=-2y$. 若 $z=0$, 由新方程组的第一个方程得出 $y^2+1=0$, 没有实数解. 从而 $z=-2y$, 由此推出 $x=-y-z=y$, 方程组就化简为 $3y^2=1$. 那么 $y=\pm\sqrt{\frac{1}{3}}$, 并且由此得到方程组的两个实数解

$$(x,y)=\left(\frac{1}{\sqrt{3}},\frac{1}{\sqrt{3}},-\frac{2}{\sqrt{3}}\right),\left(-\frac{1}{\sqrt{3}},-\frac{1}{\sqrt{3}},\frac{2}{\sqrt{3}}\right).$$

例 4.10 求方程组

$$\begin{cases}xy-\dfrac{z}{3}=xyz+1,\\ yz-\dfrac{x}{3}=xyz-1,\\ zx-\dfrac{y}{3}=xyz-9\end{cases}$$

的整数解.

解 由于题目中要求的是整数解, 我们来尝试因式分解. 事实上, 观察到

$$(x-z)(1+3y)=3\left(xy-\frac{z}{3}\right)-3\left(yz-\frac{x}{3}\right)=6.$$

由于 $x-z$ 和 $1+3y$ 都是整数, 我们有

$$(x-z,1+3y)\in\{(-6,-1),(-3,-2),(-2,-3),(-1,-6),(6,1),(3,2),(2,3),(1,6)\}.$$

但是注意到 y 是整数, 这些情形的大部分要被舍弃. 特别地, 我们只剩下

$$(x-z,1+3y)\in\{(-3,-2),(6,1)\},$$

由此推出 $y\in\{0,-1\}$.

若 $y=0$, 则由第一个方程得到 $z=-3$, 由第二个方程得到 $x=3$. 经过验证, 我们得出 $(x,y,z)=(3,0,-3)$ 确实是方程组的解. 若 $y=-1$, 那么有 $x-z=-3$, 并且第一个和第二个方程化简为 $3x^2+5x-6=0$, 它没有实数解. 因此, $(x,y,z)=(3,0,-3)$ 是所给方程组的唯一整数解.

例 4.11 求方程组

$$\begin{cases}(x^2+1)(y^2+1)=2(xy+1)(x+y),\\ (y^2+1)(z^2+1)=3(yz+1)(y+z),\\ (z^2+1)(x^2+1)=6(zx+1)(z+x)\end{cases}$$

的复数解.

解 若 x, y, z 等于 i 或 $-$i, 我们得到 8 个解 $(x, y, z) = (\pm\mathrm{i}, \pm\mathrm{i}, \pm\mathrm{i})$. 否则, 我们如下进行. 将第一个方程写成

$$\frac{x(y^2+1)+y(x^2+1)}{(x^2+1)(y^2+1)} = \frac{x}{x^2+1} + \frac{y}{y^2+1} = \frac{1}{2}.$$

对其他两个方程也重复这个过程, 于是方程组等价于

$$\begin{cases} \dfrac{x}{x^2+1} + \dfrac{y}{y^2+1} = \dfrac{1}{2}, \\ \dfrac{y}{y^2+1} + \dfrac{z}{z^2+1} = \dfrac{1}{3}, \\ \dfrac{z}{z^2+1} + \dfrac{x}{x^2+1} = \dfrac{1}{6}. \end{cases}$$

将三个方程相加后除以 2, 我们得到

$$\frac{x}{x^2+1} + \frac{y}{y^2+1} + \frac{z}{z^2+1} = \frac{1}{2}.$$

用这个方程分别减去前面的三个方程, 我们得到

$$\frac{x}{x^2+1} = \frac{1}{6}, \quad \frac{y}{y^2+1} = \frac{1}{3}, \quad \frac{z}{z^2+1} = 0.$$

解这三个二次方程, 我们得到了下面的 4 个解:

$$(x, y, z) = \left(3 \pm 2\sqrt{2}, \frac{3}{2} \pm \frac{\sqrt{5}}{2}, 0\right).$$

例 4.12 设 (a, b, c, d, e, f) 为满足方程组

$$\begin{cases} 2a^2 - 6b^2 - 7c^2 + 9d^2 = -1, \\ 9a^2 + 7b^2 + 6c^2 + 2d^2 = e, \\ 9a^2 - 7b^2 - 6c^2 + 2d^2 = f, \\ 2a^2 + 6b^2 + 7c^2 + 9d^2 = ef \end{cases}$$

的正实数六元组. 证明 $a^2 - b^2 - c^2 + d^2 = 0$ 当且仅当 $7 \cdot \frac{a}{b} = \frac{c}{d}$.

解 将第二个方程和第三个方程相乘、第一个方程和第四个方程相乘, 并把得到的积相加. 这使得我们可以用平方差恒等式计算如下:

$$\begin{aligned} 0 = ef + (-1)ef &= (9a^2 + 2d^2)^2 - (7b^2 + 6c^2)^2 + (2a^2 + 9d^2)^2 - (6b^2 + 7c^2)^2 \\ &= 85(a^2 + b^2 + c^2 + d^2)(a^2 - b^2 - c^2 + d^2) - 98a^2d^2 + 2b^2c^2. \end{aligned}$$

由于 $a, b, c, d > 0$, $a^2 + b^2 + c^2 + d^2 \neq 0$. 因此 $a^2 - b^2 - c^2 + d^2 = 0$ 当且仅当 $98a^2d^2 = 2b^2c^2$, 即 $7 \cdot \frac{a}{b} = \frac{c}{d}$.

例 4.13 求方程组

$$\begin{cases} x^2+xy+y^2=3, \\ y^2+yz+z^2=7, \\ z^2+zx+x^2=13 \end{cases}$$

的实数解.

解 用第二个方程减去第一个方程, 并且用第三个方程减去第二个方程, 我们有

$$z^2-x^2+y(z-x)=4 \quad 和 \quad x^2-y^2+z(x-y)=6.$$

将这两个方程因式分解, 我们得到

$$(z-x)(z+x+y)=4 \quad 和 \quad (x-y)(x+y+z)=6,$$

这推出 $x+y+z\neq 0$ 和 $3(z-x)=2(x-y)$. 整理后我们得到 $2y=5x-3z$, 将其代入 $4(x^2+xy+y^2)=4\cdot 3$ 有

$$4x^2+2x(5x-3z)+(5x-3z)^2=12.$$

这个方程化简为 $13x^2-12xz+3z^2=4$. 将其与方程组的最后一个方程联立, 我们得到

$$13(13x^2-12xz+3z^2)-4(z^2+zx+x^2)=0.$$

这等价于

$$165x^2-160xz+35z^2=0,$$

因式分解为

$$5(11x-7z)(3x-z)=0.$$

若 $z=3x$, 方程组的最后一个方程就变为 $9x^2+3x^2+x^2=13$, 从而推出 $x=1,z=3,y=-2$ 或 $x=-1,z=-3,y=2$.

若 $z=\frac{11}{7}x$, 则 $\frac{121}{49}x^2+\frac{11}{7}x^2+x^2=13$, 从而推出 $x=\frac{7\sqrt{19}}{19},z=\frac{11\sqrt{19}}{19},y=\frac{\sqrt{19}}{19}$ 或 $x=-\frac{7\sqrt{19}}{19},z=-\frac{11\sqrt{19}}{19},y=-\frac{\sqrt{19}}{19}$. 所有 4 组解都满足题目所给的方程组.

例 4.14 求方程组

$$\begin{cases} \left(x^2+x+\frac{1}{2}\right)\left(y^2-y+\frac{1}{2}\right)=z^2, \\ \left(y^2+y+\frac{1}{2}\right)\left(z^2-z+\frac{1}{2}\right)=x^2, \\ \left(z^2+z+\frac{1}{2}\right)\left(x^2-x+\frac{1}{2}\right)=y^2 \end{cases}$$

的实数解.

解 注意到下面的平方差恒等式:

$$\left(x^2+x+\frac{1}{2}\right)\cdot\left(x^2-x+\frac{1}{2}\right)=\left(x^2+\frac{1}{2}\right)^2-x^2=x^4+\frac{1}{4}.$$

现在, 将所有的方程相乘, 我们得到

$$\left(x^4+\frac{1}{4}\right)\left(y^4+\frac{1}{4}\right)\left(z^4+\frac{1}{4}\right)=x^2y^2z^2.$$

另一方面, 由算术平均–几何平均不等式,

$$x^4+\frac{1}{4}\geq x^2,\quad y^4+\frac{1}{4}\geq y^2,\quad z^4+\frac{1}{4}\geq z^2.$$

将这些不等式相乘, 我们得到

$$\left(x^4+\frac{1}{4}\right)\left(y^4+\frac{1}{4}\right)\left(z^4+\frac{1}{4}\right)\geq x^2y^2z^2.$$

由于根据题设我们有等式成立, 于是上面所有的不等式在本题中实际上都是等式. 而算术平均–几何平均不等式当所有变量都相等时取等号, 因此我们有 $x^4=y^4=z^4=\frac{1}{4}$, 这推出

$$x^2=y^2=z^2=\frac{1}{2}.$$

方程组于是变为

$$\begin{cases}(1+x)(1-y)=\dfrac{1}{2},\\(1+y)(1-z)=\dfrac{1}{2},\\(1+z)(1-x)=\dfrac{1}{2}.\end{cases}$$

由于 $x^2=\frac{1}{2}$, 由上面方程组的第一个方程, 我们有

$$(1+x)(1-y)=\frac{1}{2}=1-x^2=(1-x)(1+x),$$

并且由于 $x\neq-1$ (因为 $x^2=\frac{1}{2}$), 我们导出 $1-y=1-x$, 所以 $x=y$. 类似地 $y=z$, 所以 $x=y=z$. 那么原方程组化简为 $x^2=\frac{1}{2}$, 它有两个解,

$$(x,y,z)=\left(\frac{\sqrt{2}}{2},\frac{\sqrt{2}}{2},\frac{\sqrt{2}}{2}\right)\quad 和\quad (x,y,z)=\left(-\frac{\sqrt{2}}{2},-\frac{\sqrt{2}}{2},-\frac{\sqrt{2}}{2}\right).$$

5 Vieta 定理和对称

Vieta 定理指的是将多项式的系数与它的根的所谓对称和相联系的一组方程. 其最简单的情形适用于二次方程. 设 r_1, r_2 为二次方程 $x^2+bx+c=0$ 的两个根. 那么我们可以将其因式分解为

$$x^2+bx+c=(x-r_1)(x-r_2).$$

将右边展开, 我们得到

$$x^2+bx+c=x^2-(r_1+r_2)x+r_1r_2.$$

现在我们可以将方程两边的系数进行匹配. 这就把二次方程的系数与它的根的和与积联系起来. 将方程两边的 x 项的系数置为相等, 我们得到 $r_1+r_2=-b$. 类似地, 将常数项置为相等, 我们得到 $r_1r_2=c$.

当多项式是三次的时候会发生什么呢? 考虑多项式 x^3+ax^2+bx+c, 设它的根为 r_1, r_2, r_3. 那么我们可以写出

$$\begin{aligned}
&x^3+ax^2+bx+c \\
&=(x-r_1)(x-r_2)(x-r_3) \\
&=x^3-(r_1+r_2+r_3)x^2+(r_1r_2+r_1r_3+r_2r_3)x-r_1r_2r_3.
\end{aligned}$$

像之前一样将对应的系数置为相等, 我们就得到关系式

$$r_1+r_2+r_3=-a, \quad r_1r_2+r_1r_3+r_2r_3=b, \quad r_1r_2r_3=-c.$$

当然, 如果首项系数不是 1, 我们可以将它提取出来, 然后再应用关系式. 在陈述一般情形之前, 我们鼓励读者试验一下高次多项式并猜想一个一般公式.

一般地, 设 $P(x)$ 为一个 n 次多项式:

$$P(x)=a_nx^n+a_{n-1}x^{n-1}+\cdots+a_1x+a_0,$$

其中 $a_n \neq 0$. 那么, 若 $r_1, r_2, \cdots, r_n$ 是 $P(x)$ 的根, 我们可以写

$$\begin{aligned}
P(x)&=a_n(x-r_1)(x-r_2)\cdots(x-r_n) \\
&=a_nx^n-a_n(r_1+r_2+\cdots+r_n)x^{n-1} \\
&\quad+a_n(r_1r_2+r_1r_3+\cdots+r_{n-1}r_n)x^{n-2}-\cdots+a_n(-1)^n r_1r_2\cdots r_n, \qquad (1)
\end{aligned}$$

其中 x^{n-k} 的系数为所有可能的 k 个根的乘积之和. 更严格地, 对于任何 $1 \le k \le n$, 定义第 k 个对称和 $S_k(r_1, r_2, \cdots, r_n)$ 为

$$
\begin{aligned}
S_k(r_1, r_2, \cdots, r_n) &= \sum \text{所有可能的 } k \text{ 个 } r_i \text{ 的乘积} \\
&= \sum_{1 \le i_1 < i_2 < \cdots < i_k \le n} r_{i_1} r_{i_2} \cdots r_{i_k}.
\end{aligned}
$$

一般地, $S_k(r_1, r_2, \cdots, r_n)$ 有 $\binom{n}{k}$ 项, 这可以从定义直接得出. 当变量 $r_1, \cdots, r_n$ 在文中的意义清晰明确时, 我们通常将其简写为 S_k.

例如,

$$
S_2(r_1, r_2, r_3) = r_1 r_2 + r_1 r_3 + r_2 r_3
$$

以及

$$
S_2(r_1, r_2, r_3, r_4) = r_1 r_2 + r_1 r_3 + r_1 r_4 + r_2 r_3 + r_2 r_4 + r_3 r_4.
$$

像之前做的一样, 将 (1) 中的系数与多项式中对应的系数置为相等, 我们就得到了 Vieta 定理:

定理 5.1 (Vieta 定理) 设 $r_1, r_2, \cdots, r_n$ 为多项式 $P(x) = a_n x^n + a_{n-1} x^{n-1} + \cdots + a_1 x + a_0$ 的根, 其中 $a_n \neq 0$. 那么对于 $1 \le k \le n$, 我们有

$$
S_k(r_1, r_2, \ldots, r_n) = (-1)^k \frac{a_{n-k}}{a_n}.
$$

现在, 设 k 为任意正整数, 定义第 k 个乘方和 $P_k(r_1, r_2, \cdots, r_n)$ 为

$$
P_k(r_1, r_2, \cdots, r_n) = \sum_{j=1}^{n} r_j^k = r_1^k + r_2^k + \cdots + r_n^k.
$$

我们可以使用 Vieta 定理证明 Newton 恒等式, 它把乘方和与对称和联系了起来. 这些恒等式在解许多方程组时都很有用. 事实上, 我们在第 2 章中证明过的

$$
a^3 + b^3 + c^3 - 3abc = (a + b + c)(a^2 + b^2 + c^2 - ab - bc - ca)
$$

可以由 Newton 恒等式容易地证明. 我们将重访把每个根代入多项式、再把所得的表达式加在一起的想法, 在第 2 章中我们用它证明了这个不等式.

定理 5.2 (Newton 恒等式) 设 $P_k = r_1^k + r_2^k + \cdots + r_n^k$, 并且令 S_k 如前面的定义一样, 表示 $r_1, r_2, \cdots, r_n$ 的第 k 个对称多项式. 那么对于每个 $1 \le k \le n$, 我们有

$$
P_k - S_1 P_{k-1} + S_2 P_{k-2} - \cdots + (-1)^{k-1} S_{k-1} P_1 + (-1)^k S_k \cdot k = 0;
$$

对于每个 $k > n$, 我们有

$$
P_k - S_1 P_{k-1} + S_2 P_{k-2} - \cdots + (-1)^{n-1} S_{n-1} P_{k-n+1} + (-1)^n S_n P_{k-n} = 0.
$$

我们将提供对于 $k \geq n$ 的证明, 因为这是我们将在例题中使用的证明的类型. 设 $r_1, r_2, \cdots, r_n$ 为多项式 $P(x)$ 的根. 由 Vieta 定理, 我们知道这个多项式的系数, 并且可以写

$$P(x) = x^n - S_1 x^{n-1} + S_2 x^{n-2} - \cdots + (-1)^{n-1} S_{n-1} x + (-1)^n S_n.$$

对于每个 r_i, 我们知道 $P(r_i) = 0$, 这推出

$$P(r_i) = r_i^n - S_1 r_i^{n-1} + S_2 r_i^{n-2} - \cdots + (-1)^{n-1} S_{n-1} r_i + (-1)^n S_n = 0.$$

将这个方程乘以 r_i^{k-n}, 我们得到

$$r_i^{k-n} P(r_i) = r_i^k - S_1 r_i^{k-1} + S_2 r_i^{k-2} - \cdots + (-1)^{n-1} S_{n-1} r_i^{k-n+1} + (-1)^n S_n r_i^{k-n} = 0.$$

将这个方程对于 $1 \leq i \leq n$ 的各式加在一起, 我们得出

$$\sum_{i=1}^{n} r_i^{k-n} P(r_i) = 0,$$

它可以等价地写为

$$P_k - S_1 P_{k-1} + S_2 P_{k-2} - \cdots + (-1)^{n-1} S_{n-1} P_{k-n+1} + (-1)^n S_n P_{k-n} = 0,$$

这正是我们所需要的.

我们现在转向例题来探索所有这些理论如何应用到实践中.

例 5.1 设 p 和 q 为 $x^2 + rx + s$ 的根, r 和 s 为 $x^2 + px + q$ 的根. 求 $p + q + r + s$ 的所有可能的值.

解 由 Vieta 定理, $p + q = -r, r + s = -p$, 这推出 $q = s$. 同样由 Vieta 定理, $pq = s$, $rs = q$, 于是我们有或者 $p = r = 1$, 或者 $s = q = 0$.

在第一种情形, 我们有 $p + q = -r$, 代入后得到 $1 + q = -1$, 即 $q = -2$. 类似地, $s = -2$. 因此 $p + q + r + s = -2$.

在第二种情形, 我们有 $p + r = -q = 0$, 因此 $p + q + r + s = 0$.

例 5.2 求满足下列条件的所有实数对: 它们的平方和等于 7 并且它们的立方和等于 10.

解 设 $s = x + y$, $p = xy$, 其中 x 和 y 是欲求的实数对中的两个数. 那么

$$x^2 + y^2 = s^2 - 2p, \quad x^3 + y^3 = s^3 - 3sp.$$

于是我们得到方程组

$$\begin{cases} s^2 - 2p = 7, \\ s^3 - 3sp = 10. \end{cases}$$

将第一个方程变形为 $p = \frac{s^2-7}{2}$, 代入第二个方程, 我们得到 $s^3 - 21s + 20 = 0$. 注意到 1 是它的一个根, 于是我们有

$$s^3 - 21s + 20 = (s-1)(s^2+s-20) = (s-1)(s-4)(s+5) = 0,$$

这给出了解 $s = 1, 4, -5$, 那么分别有 $p = \frac{s^2-7}{2} = -3, \frac{9}{2}, 9$. 由 Vieta 定理, x, y 是形式为 $t^2 - st + p = 0$ 的下列三个二次方程的根:

$$\begin{cases} t^2 - t - 3 = 0, \\ t^2 - 4t + \dfrac{9}{2} = 0, \\ t^2 + 5t + 9 = 0. \end{cases}$$

在这三个方程中, 只有 $s = 1, p = -3$ 的第一个方程有实根, 计算得出数对

$$(x, y) = \left(\frac{1-\sqrt{13}}{2}, \frac{1+\sqrt{13}}{2} \right).$$

(我们可以交换 x 和 y 的值, 但是得到的还是相同的数对.)

例 5.3 求满足下列条件的所有二次函数 $f(x) = ax^2 + bx + c$: a、判别式、根的积以及根的和为以此顺序的连续整数.

解 令 a, Δ, p, s 分别表示 a、判别式、根的积以及根的和. 那么

$$\begin{aligned} \Delta &= a^2 \left(\frac{b^2}{a^2} - 4 \cdot \frac{c}{a} \right) = a^2(s^2 - 4p) \\ &= a^2((p+1)^2 - 4p) = a^2(p-1)^2. \end{aligned}$$

但 $\Delta = p - 1$, 于是由方程 $\Delta = a^2(p-1)^2 = p - 1$ 我们得出 $p = 1$ 或 $p = 1 + \frac{1}{a^2}$.

在第一种情形, $s = 2$, 我们求出方程 $f(x) = -x^2 + 2x - 1$.

在第二种情形, 由于 $\frac{1}{a^2} = p - 1 \in \mathbb{Z}$, 这可以推出 $a = \pm 1$. $a = -1$ 的情形与前面的第一种情形相同. $a = 1$ 的情形给出 $\Delta = 2, p = 3, s = 4$, 那么由 $a = 1, p = 3, s = 4$, 我们得到二次函数 $x^2 - 4x + 3$, 其判别式为 $4^2 - 4 \cdot 3 = 4$, 与 $\Delta = 2$ 矛盾. 因此第二种情形没有给出任何新的函数.

例 5.4 设 a 为非零实数, $f(x)=x^2-(2a+1)x+a$, $g(x)=x^2+(a-4)x+a-1$. 若 x_1,x_2 为 $f(x)$ 的根, x_3,x_4 为 $g(x)$ 的根, 求满足

$$\frac{x_1}{x_3}-\frac{x_4}{x_2}=\frac{x_1x_4(x_1-x_3+x_2-x_4)}{a}$$

的 a.

解 我们将上面的表达式改写成适合应用 Vieta 定理的形式:

$$\frac{x_1x_2-x_4x_3}{x_3x_2}=\frac{x_1x_4((x_1+x_2)-(x_3+x_4))}{a}.$$

由 Vieta 定理, 我们有

$$x_1x_2=a,\quad x_3x_4=a-1,$$

$$x_1+x_2=2a+1,\quad x_3+x_4=-(a-4).$$

这给出

$$\frac{a-(a-1)}{x_3x_2}=\frac{x_1x_4(2a+1+a-4)}{a}.$$

重新安排各项可以使得我们能够再次应用 Vieta 定理. 于是方程等价于

$$\frac{1}{(x_1x_2)(x_3x_4)}=\frac{3(a-1)}{a},$$

即

$$\frac{1}{a(a-1)}=\frac{3(a-1)}{a}.$$

这可以化简为 $\frac{1}{3}=(a-1)^2$, 计算得到 $a=1\pm\frac{\sqrt{3}}{3}$.

例 5.5 设 $a,b,c\neq 1$ 为互异的实数. 若 $S_1=\{x\in\mathbb{R}\mid x^2-ax+b=0\}$, $S_2=\{x\in\mathbb{R}\mid x^2-bx+c=0\}$, 求满足 $S_1\cup S_2=\{1,a,b,c\}$ 的 a,b,c.

解 令 s 和 p 分别为 $S_1\cup S_2$ 中的元素的和与积. 由于 $S_1\cup S_2=\{1,a,b,c\}$, 通过直接计算, 我们有 $s=1+a+b+c$, $p=abc$. 由 Vieta 定理, S_1 和 S_2 中的元素之和分别为 a 和 b. 类似地, S_1 和 S_2 中的元素之积分别为 b 和 c. 于是 $s=a+b$, $p=bc$. 将 s 的两个值置为相等, 我们有

$$1+a+b+c=a+b,$$

这推出 $c=-1$. 类似地, 将 p 的两个值置为相等, 我们有

$$bc=abc,$$

这推出 $b=ab$, 这里我们可以在方程两边同时除以 c, 因为我们知道它不等于零. 由于 $a\neq 1$, 上面的方程给出 $b=0$, 并且 a 可以是不等于 1 (由题设), 0 (由于 a 和 b 必须互异) 和 -1 (由于 a 和 c 必须互异) 的任何实数. 这推出了第一个方程的根是 a 和 0. 由 $S_1\cup S_2=\{1,a,b,c\}$ 和 $b=0$, 我们得到第二个方程的根是 1 和 -1. 因此 a 是不等于 $0,1,-1$ 的任何实数, 这避免了集合中的元素重复.

例 5.6 求方程组

$$\begin{cases} x+y+z=4, \\ x^2+y^2+z^2=14, \\ x^3+y^3+z^3=34 \end{cases}$$

的解.

解 令 x,y,z 为多项式 $P(t)$ 的根. 由 Vieta 定理, 我们可以记 $P(t)=t^3-S_1t^2+S_2t-S_3$, 其中 S_k 为变量 x,y,z 的第 k 个对称和. 由第一个方程, 我们得到 $S_1=4$. 由前两个方程, 我们有 $x^2+y^2+z^2=S_1^2-2S_2=14$, 这推出 $S_2=1$. 而 $P(x)+P(y)+P(z)=0$ 给出了 Newton 恒等式的一个特殊情形:

$$x^3+y^3+z^3-S_1(x^2+y^2+z^2)+S_2(x+y+z)-3S_3=0.$$

将原方程组中的数值以及我们求出的 S_1 和 S_2 的值代入, 我们得到

$$34-4\cdot 14+1\cdot 4-3S_3=0,$$

这推出 $S_3=-6$. 因此 x,y,z 为多项式

$$P(t)=t^3-4t^2+t+6=0$$

的根. 容易注意到 $t=-1$ 是它的一个根, 那么方程化简为二次的, 计算得到 $t=2$ 和 $t=3$. 于是方程组的解为 $(x,y,z)=(-1,2,3)$ 的 $3!=6$ 个排列.

例 5.7 设 a 和 b 为复数. 解方程

$$(x-a)^4+(x-b)^4=(a-b)^4.$$

解 令 x_1,x_2,x_3,x_4 为这个四次方程的根. 注意到 $x_1=a$ 和 $x_2=b$ 为它的两个根. 将方程展开并除以 2, 我们得到

$$x^4-2(a+b)x^3+3(a^2+b^2)x^2-2(a^3+b^3)x+2ab^3-3a^2b^2+2a^3b=0.$$

由 Vieta 定理, 我们有 $x_1+x_2+x_3+x_4=2a+2b$, $x_1x_2x_3x_4=2ab^3-3a^2b^2+2a^3b$. 由于 $x_1=a$ 且 $x_2=b$, 我们得到 $x_3+x_4=a+b$ 且 $x_3x_4=2b^2-3ab+2a^2$. 由

Vieta 定理, x_3 和 x_4 为二次多项式 $f(t)=t^2-(a+b)t+2b^2-3ab+2a^2$ 的根. 根据二次方程的求根公式, 余下的两个根为

$$x_{3,4}=\frac{a+b}{2}\pm\frac{a-b}{2}\sqrt{7}\,\mathrm{i}.$$

例 5.8 已知在多项式

$$P(x)=x^4-6x^3+18x^2-30x+25$$

的零点中, 有两个零点其和等于 4, 求它的所有零点.

解 令 $P(x)$ 的零点为 x_1,x_2,x_3,x_4, 并且不失一般性, 假设 $x_1+x_2=4$. Vieta 定理中的第一个对称和给出 $x_1+x_2+x_3+x_4=6$, 因此 $x_3+x_4=2$. 第二个对称和可以写成

$$x_1x_2+x_3x_4+(x_1+x_2)(x_3+x_4)=18,$$

由此我们可以得到 $x_1x_2+x_3x_4=18-2\cdot4=10$. 第四个对称和给出 $x_1x_2x_3x_4=25$. 于是还是由 Vieta 定理, 乘积 x_1x_2 和 x_3x_4 是二次方程 $u^2-10u+25=0$ 的根. 因此 $x_1x_2=x_3x_4=5$, 那么 x_1 和 x_2 满足二次方程 $x^2-4x+5=0$, 而 x_3 和 x_4 满足二次方程 $x^2-2x+5=0$. 我们计算得出 $P(x)$ 的零点为 $2+\mathrm{i}$, $2-\mathrm{i}$, $1+2\mathrm{i}$, $1-2\mathrm{i}$.

例 5.9 求方程组

$$\begin{cases}x+y+z=6,\\x^2+y^2+z^2=18,\\\sqrt{x}+\sqrt{y}+\sqrt{z}=4\end{cases}$$

的实数解.

解 令 $\sqrt{x}=a,\sqrt{y}=b,\sqrt{z}=c$, 并且令 S_k 为 a,b,c 的第 k 个对称多项式, 即 $S_1=a+b+c,S_2=ab+bc+ca,S_3=abc$. 对于任何正整数 k, 令 $P_k=a^k+b^k+c^k$. 于是方程组化简为

$$\begin{cases}P_2=a^2+b^2+c^2=6,\\P_4=a^4+b^4+c^4=18,\\S_1=P_1=a+b+c=4.\end{cases}$$

由 Vieta 定理, a,b,c 是多项式 $f(t)=t^3-S_1t^2+S_2t-S_3=0$ 的根. 如果我们可以得到 $f(t)$ 的系数, 那么我们就能简单地通过求解三次方程来得到 a,b 和 c. 现在我

们已有 $S_1 = 4$. 由 Newton 恒等式,

$$
\begin{aligned}
&P_2 - S_1P_1 + 2S_2 = 0 \Rightarrow S_2 = 5,\\
&P_3 - S_1P_2 + S_2P_1 - 3S_3 = 0 \Rightarrow P_3 - 3S_3 = 4,\\
&P_4 - S_1P_3 + S_2P_2 - S_3P_1 = 0 \Rightarrow P_3 + S_3 = 12.
\end{aligned}
$$

将上面的两个关于 P_3 和 S_3 的关系式相减, 我们得到 $S_3 = 2$. 现在, 我们可以解三次方程 $f(t) = 0$ 了. 特别地, $f(t) = t^3 - S_1t^2 + S_2t - S_3 = t^3 - 4t^2 + 5t - 2 = 0$, 这可以推出

$$(t-1)^2(t-2) = 0,$$

从而我们得到 $(a,b,c) = (1,1,2)$ 的 3 个排列. 将其代入对 x, y, z 的定义式, 我们有 $(x,y,z) = (1,1,4), (1,4,1)$ 或 $(4,1,1)$.

例 5.10 求方程组

$$
\begin{cases}
x + \dfrac{1}{2}y + \dfrac{1}{2}z = 1,\\
2x^2 + \dfrac{1}{2}y^2 + \dfrac{1}{2}z^2 = 1,\\
4x^3 + \dfrac{1}{2}y^3 + \dfrac{1}{2}z^3 = 4
\end{cases}
$$

的复数解.

解 我们将方程组重写为

$$
\begin{cases}
(2x) + y + z = 2,\\
(2x)^2 + y^2 + z^2 = 2,\\
(2x)^3 + y^3 + z^3 = 8.
\end{cases}
$$

设 $2x = x_1$. 令 S_k 为 x_1, y, z 的第 k 个对称多项式, 并且令 $P_k = x_1^k + y^k + z^k$. 那么由 Vieta 定理, x_1, y, z 是多项式 $P(t) = t^3 - S_1t^2 + S_2t - S_3$ 的根. 我们有

$$S_2 = \frac{1}{2}(x_1 + y + z)^2 - \frac{1}{2}(x_1^2 + y^2 + z^2) = 1.$$

再由例 5.6 中的方法,

$$P(x_1) + P(y) + P(z) = P_3 - P_2S_1 + P_1S_2 - 3S_3 = 0,$$

这推出 $3S_3 = 8 - 4 + 2 = 6$. 因此 $S_3 = 2$. 现在, 我们可以解方程 $P(t) = 0$ 来求出 (x_1, y, z).

我们的多项式是 $P(t)=t^3-2t^2+t-2$. 注意到 $t=2$ 是它的一个根, 于是我们可以求出另外两个根分别为 i 和 $-$i. 那么 $(x_1,y,z)=(2,\mathrm{i},-\mathrm{i})$ 的 6 个排列, 原方程组的解为 $(x,y,z)=(1,\mathrm{i},-\mathrm{i})$, $(1,-\mathrm{i},\mathrm{i})$, $(\mathrm{i}/2,2,-\mathrm{i})$, $(\mathrm{i}/2,-\mathrm{i},2)$, $(-\mathrm{i}/2,2,\mathrm{i})$, $(-\mathrm{i}/2,\mathrm{i},2)$.

例 5.11 计算

$$\sum_{1\le i<j<k\le n} ijk.$$

解 令

$$S_1=\sum_{i=1}^{n} i,\ S_2=\sum_{1\le i<j\le n} ij,\ S_3=\sum_{1\le i<j<k\le n} ijk.$$

再令

$$P_1=\sum_{i=1}^{n} i,\ P_2=\sum_{i=1}^{n} i^2,\ P_3=\sum_{i=1}^{n} i^3.$$

我们熟知

$$S_1=P_1=\frac{n(n+1)}{2},\quad P_2=\frac{n(n+1)(2n+1)}{6},\quad P_3=\left(\frac{n(n+1)}{2}\right)^2.$$

我们可以使用 Newton 恒等式来解出题目中欲求的量 S_3. 首先, 我们有

$$S_2=\frac{1}{2}(P_1^2-P_2)=\frac{1}{2}\left(\frac{n^2(n+1)^2}{4}-\frac{n(n+1)(2n+1)}{6}\right)=\frac{n(n^2-1)(3n+2)}{24}.$$

现在, 我们就可以用已经知道的表达式来表示出欲求的量 S_3:

$$\begin{aligned}S_3&=\frac{1}{3}(P_3-P_1^3+3P_1S_2)\\&=\frac{1}{3}\left(\frac{n^2(n+1)^2}{4}-\frac{n^3(n+1)^3}{8}+3\left(\frac{n(n+1)}{2}\right)\left(\frac{n(n^2-1)(3n+2)}{24}\right)\right)\\&=\frac{1}{48}(n+1)^2n^2(n-1)(n-2).\end{aligned}$$

例 5.12 考虑多项式 $P(x)=x^6-x^5-x^3-x^2-x$ 和 $Q(x)=x^4-x^3-x^2-1$. 已知 z_1,z_2,z_3,z_4 是 $Q(x)=0$ 的根, 求

$$P(z_1)+P(z_2)+P(z_3)+P(z_4).$$

解 1 由于对于 $1\le i\le 4$, $Q(z_i)=z_i^4-z_i^3-z_i^2-1=0$, 我们有

$$\begin{aligned}P(z_i)&=z_i^6-z_i^5-z_i^3-z_i^2-z_i=z_i^2(z_i^4-z_i^3-z_i^2-1)+z_i^4-z_i^3-z_i\\&=z_i^4-z_i^3-z_i=(z_i^2+1)-z_i.\end{aligned}$$

于是我们想要得到的和数 S 由

$$S=P(z_1)+P(z_2)+P(z_3)+P(z_4)=(z_1^2+z_2^2+z_3^2+z_4^2)-(z_1+z_2+z_3+z_4)+4$$

给出. 使用 Vieta 定理, 这可以简单地计算出来. 事实上,

$$S_1=z_1+z_2+z_3+z_4=1$$

并且第二个对称多项式

$$S_2=\sum_{i\neq j} z_i z_j=-1,$$

因此

$$\sum_{i=1}^{4} z_i^2=S_1^2-2S_2=3.$$

那么 $S=3-1+4=6$.

解 2 本题还有一种使用 Newton 恒等式的直截了当的计算方法. 我们的和数不过是

$$\begin{aligned}&P(z_1)+P(z_2)+P(z_3)+P(z_4)\\=&(z_1^6+z_2^6+z_3^6+z_4^6)-(z_1^5+z_2^5+z_3^5+z_4^5)-(z_1^3+z_2^3+z_3^3+z_4^3)\\&-(z_1^2+z_2^2+z_3^2+z_4^2)-(z_1+z_2+z_3+z_4).\end{aligned}$$

事实上, 令 P_k 为 $Q(x)$ 的根的第 k 个乘方和, 由 Newton 恒等式, 我们有

$$\begin{aligned}&P_2+(-1)P_1+2\cdot(-1)=0\Rightarrow P_2=3,\\&P_3+(-1)P_2+(-1)P_1+3\cdot 0=0\Rightarrow P_3=4,\\&P_4+(-1)P_3+(-1)P_2+0\cdot P_1+4\cdot(-1)=0\Rightarrow P_4=11,\\&P_5+(-1)P_4+(-1)P_3+0\cdot P_2+(-1)P_1=0\Rightarrow P_5=16,\\&P_6+(-1)P_5+(-1)P_4+0\cdot P_3+(-1)P_2=0\Rightarrow P_6=30.\end{aligned}$$

我们想要得到的和数即为 $P_6-P_5-P_3-P_2-P_1=30-16-4-3-1=6$.

例 5.13 求方程组

$$\begin{cases}x+y+z=5,\\ \dfrac{x}{zy}+\dfrac{y}{zx}+\dfrac{z}{xy}=\dfrac{9}{4},\\ x^3+y^3+z^3-3xyz=5\end{cases}$$

的解.

解 使用恒等式

$$x^3+y^3+z^3-3xyz=(x+y+z)(x^2+y^2+z^2-xy-yz-xz)$$

和第一个方程, 我们从第三个方程得到

$$x^2+y^2+z^2-xy-xz-yz=1.$$

将第一个方程两边平方, 再减去上面的方程, 我们得到

$$xy+xz+yz=8.$$

注意到第二个方程等价于

$$x^2+y^2+z^2=\frac{9}{4}xyz.$$

把它同关系式 $2(xy+yz+zx)=16$ 相加, 我们有

$$(x+y+z)^2=\frac{9}{4}xyz+16,$$

再使用第一个方程就给出了 $xyz=4$. 由 Vieta 定理, x,y,z 是多项式方程

$$t^3-5t^2+8t-4=0$$

的根. 解方程得 $t=1,2$, 其中 2 是重根. 因此 $(x,y,z)=(1,2,2)$, $(2,1,2)$ 或 $(2,2,1)$.

例 5.14 若 x,y,z 是满足 $xyz=1$ 和 $xy+yz+zx=5$ 的正实数, 证明

$$\frac{17}{4}\le x+y+z\le 1+4\sqrt{2}.$$

解 我们有 $yz=\frac{1}{x}$ 和 $x(y+z)+yz=5$, 这可推出 $y+z=\frac{5x-1}{x^2}$. 注意到 y 和 z 都是正的, 我们一定有 $5x-1>0$, 它等价于 $x>\frac{1}{5}$, 这在后面将会用到. 由 Vieta 定理, y 和 z 是方程

$$t^2-\frac{5x-1}{x^2}t+\frac{1}{x}=0$$

的实根. 那么方程的判别式 Δ 是正的, 即

$$\Delta=\frac{(5x-1)^2}{x^4}-\frac{4}{x}\ge 0.$$

这等价于

$$-4x^3+25x^2-10x+1\ge 0.$$

由有理根检验, 我们得到根 $\frac{1}{4}$. 将上式因式分解, 我们有

$$(4x-1)(-x^2+6x-1)\ge 0.$$

二次式 $-x^2+6x-1$ 的根为 $x = 3 \pm 2\sqrt{2}$. 由于三次式的首项系数是负的, 我们得出或者 $x \le 3-2\sqrt{2}$ 或者 $\frac{1}{4} \le x \le 3+2\sqrt{2}$. 由我们前面得到的限制条件, $x > \frac{1}{5} > 3-2\sqrt{2}$, 从而第一种情形可以舍弃. 对于其他两个变量的类似的论证给出

$$\frac{1}{4} \le x, y, z \le 3+2\sqrt{2}.$$

令

$$F(s) = \frac{(s-x)(s-y)(s-z)}{s^2} = s-(x+y+z)+\frac{5}{s}-\frac{1}{s^2}.$$

我们先前的观察可以推出 $F\left(\frac{1}{4}\right) \le 0$ 和 $F(3+2\sqrt{2}) \ge 0$. 特别地,

$$F\left(\frac{1}{4}\right) = \frac{1}{4}-(x+y+z)+20-16 \le 0,$$

这推出

$$\frac{17}{4} \le x+y+z.$$

此外,

$$F(3+2\sqrt{2}) = 3+2\sqrt{2}-(x+y+z)+5(3-2\sqrt{2})-(17-12\sqrt{2}) \ge 0,$$

这推出

$$x+y+z \le 1+4\sqrt{2}.$$

本题得证.

例 5.15 求使得方程

$$x^2-ax+b=0, \quad x^2-bx+c=0, \quad x^2-cx+a=0$$

有整数根的所有正整数三元组 (a, b, c).

解 注意到三个方程的根 $x_1, x_2, x_3, x_4, x_5, x_6$ 一定都是正的, 这是因为这些方程的左边对于取负值的 x 是严格正的. 由 Vieta 定理, 我们有

$$x_1+x_2 = a = x_5x_6,$$
$$x_3+x_4 = b = x_1x_2,$$
$$x_5+x_6 = c = x_3x_4.$$

将它们相加, 我们得到

$$x_1+x_2+x_3+x_4+x_5+x_6 = x_1x_2+x_3x_4+x_5x_6.$$

这等价于

$$(x_1-1)(x_2-1)+(x_3-1)(x_4-1)+(x_5-1)(x_6-1)=3.$$

上式的左边只能是由非负整数相加, 因此被加数只能是 $0,0,3$ 或 $0,1,2$ 或 $1,1,1$. 检验这些情形便能得出题目的解. 不失一般性, 我们可以假设 $x_1\le x_2, x_3\le x_4$, $x_5\le x_6$.

若这些被加数之一是 3, 比如 $(x_1-1)(x_2-1)$, 则由于我们假设 $x_1\le x_2$, 于是 $x_1=2, x_2=4$. 其他两个被加数是 0, 由上面的关系式, 我们得到 $x_3=1, x_4=7, x_5=1$, $x_6=6$, 这给出 $a=6, b=8$, $c=7$ 以及这组数的其他循环排列.

若这些被加数之一是 2, 比如 $(x_1-1)(x_2-1)$, 则另一个被加数是 1, 还剩下一个是 0. 若 $(x_3-1)(x_4-1)=1$, 我们有 $x_1=2, x_2=3$ 且 $x_3=x_4=2$, 这与关系式 $x_1x_2=x_3+x_4$ 矛盾. 若 $(x_5-1)(x_6-1)=1$, 我们有 $x_1=2, x_2=3$ 且 $x_5=x_6=2$, 这与关系式 $x_1+x_2=x_5x_6$ 矛盾.

最后, 若每个被加数都是 1, 则 $x_1=x_2=x_3=x_4=x_5=x_6=2$, 那么 $a=b=c=4$. 因此所有满足题目的三元组 (a,b,c) 为 $(6,8,7)$, $(7,6,8)$, $(8,7,6)$, $(4,4,4)$.

例 5.16 (a) 若 $a+b+c=0$, 证明

$$\frac{a^5+b^5+c^5}{5}=\frac{a^3+b^3+c^3}{3}\cdot\frac{a^2+b^2+c^2}{2}.$$

(b) 若 $a+b+c=0$, 证明

$$\frac{a^7+b^7+c^7}{7}=\frac{a^5+b^5+c^5}{5}\cdot\frac{a^2+b^2+c^2}{2}.$$

(c) 设 $P_r=a^r+b^r+c^r$, 其中 a,b,c 为实数. 若 $a+b+c=0$, 求满足

$$\frac{P_{m+n}}{m+n}=\frac{P_m}{m}\cdot\frac{P_n}{n}$$

的所有其他正整数对 (m,n).

解 考虑多项式 x^3+Ax^2+Bx+C, 其根为 a,b,c. 由 Vieta 定理, 我们有 $-A=a+b+c=0$, 这推出 $A=0$. 令 P_n 为第 n 个乘方和, 并且令 S_n 为第 n 个对称和.

我们将用对称和来表示每一个乘方和, 通过使用 Vieta 公式这些表达式可以同多项式的系数联系起来. 首先,

$$P_1=S_1=0,\quad P_2=S_1^2-2S_2=-2B,\quad P_3=3S_3+S_1(S_1^2-3S_2)=-3C.$$

由 Newton 和, 我们得到对于所有正整数 n 的递归关系

$$P_{n+3}+BP_{n+1}+CP_n=0.$$

我们计算出

$$P_4=2B^2,\quad P_5=5BC,\quad P_7=-BP_5-CP_4=-7B^2C.$$

(a) 我们想要证明

$$\frac{P_5}{5}=\frac{P_3}{3}\cdot\frac{P_2}{2}.$$

由我们前面得到的关系式, 它化简为

$$BC=(-C)\cdot(-B),$$

这是显然的.

(b) 我们想要证明

$$\frac{P_7}{7}=\frac{P_5}{5}\cdot\frac{P_2}{2}.$$

再一次由我们前面得到的关系式, 它化简为

$$-B^2C=BC\cdot(-B),$$

这也是显然的.

(c) 由于 $a+b+c=0$, 令 $c=-a-b$ 并且将 $P_r=a^r+(-a-b)^r+b^r$ 视为关于变量 a 的多项式, 将 b 视为常数. 当 r 为奇数时, $P_r=a^r-(a+b)^r+b^r$ 是一个关于 a 的 $r-1$ 次多项式, 其首项系数为 $-rb$. 当 r 为偶数时, $P_r=a^r+(a+b)^r+b^r$ 是一个关于 a 的 r 次多项式, 其首项系数为 2.

假设 m 和 n 都是奇数. 这推出 $m+n$ 是偶数, 于是关系式

$$\frac{P_{m+n}}{m+n}=\frac{P_m}{m}\cdot\frac{P_n}{n}$$

的左边含有 a^{m+n} 的项, 但是关系式的右边没有, 矛盾. 因此 m 和 n 至少有一个是偶数.

假设 m 和 n 都是偶数. 将关系式两边 a^{m+n} 项的系数置为相等, 我们得到

$$\frac{2}{m+n}=\frac{4}{mn}.$$

由于 m 和 n 都是偶数, 令 $m=2x,n=2y$, 上面的关系式就化简为 $xy=x+y$. 这个关系式等价于 $xy-x-y+1=(x-1)(y-1)=1$, 因为 x 和 y 都是正整数, 于是它的解只能是 $x=y=2$. 因此 $m=n=4$, 这给出

$$\frac{a^8+b^8+c^8}{8}=\left(\frac{a^4+b^4+c^4}{4}\right)^2.$$

然而, 取 $a=b=1$ 和 $c=-a-b=-2$. 上式的左边为 $\frac{1+1+256}{8}=\frac{129}{4}$, 右边为 $\left(\frac{1+1+16}{4}\right)^2=\frac{81}{4}$, 矛盾.

因此 m 和 n 必须一个是奇数, 另一个是偶数. 不失一般性, 令 m 为奇数且 n 为偶数. 那么我们得到

$$\frac{a^{m+n}-(a+b)^{m+n}+b^{m+n}}{m+n}=\left(\frac{a^m-(a+b)^m+b^m}{m}\right)\left(\frac{a^n+(a+b)^n+b^n}{n}\right).$$

将上式两边 $a^{m+n-1}b$ 项的系数置为相等, 我们有 $-1=-\frac{2}{n}$, 这推出 $n=2$. 令 $a=b=1, c=-a-b=-2$. 将其代入上面的关系式, 我们得到

$$\frac{2-2^{m+2}}{m+2}=\frac{6(2-2^m)}{2m}.$$

去分母后, 我们有

$$4m-m\cdot 2^{m+3}=6(m+2)(2-2^m),$$

计算得到

$$2m+6=3m\cdot 2^{m-1}+3\cdot 2^m-m\cdot 2^{m+1}=-m\cdot 2^{m-1}+6\cdot 2^{m-1},$$

上式化简为 $(6-m)2^{m-1}=2m+6$. 我们不能有 $m>6$, 因为那样的话左边就是负的, 矛盾. 由于 m 必须是正奇数, 我们试一下 $m=1,3$ 和 5. 通过验证我们得出只有 3 和 5 满足题意.

因此前两问给出的是方程仅有的解.

6 指数和对数

我们先回顾一下乘方的基本概念. 若 n 是正整数且 a 是实数, 则

$$a^n = \underbrace{a \cdot a \cdot \cdots \cdot a}_{n\text{个}}$$

表示 n 个因子 a 的乘积. 若 p 和 q 是正整数并且 $\gcd(p, q) = 1$, $n = \frac{p}{q}$, 则我们定义

$$a^n = a^{\frac{p}{q}} = (\sqrt[q]{a})^p \quad (\text{假如 } \sqrt[q]{a} \text{ 是有定义的}).$$

若 n 是正有理数并且 a^n 是有定义和非零的, 我们定义

$$a^{-n} = \frac{1}{a^n}.$$

我们甚至可以将定义扩展, 允许指数为任意实数. 这样做需要严格的演算, 但为了我们的目的, 我们将假设它可以以保持下面的性质的方式做到. 这允许我们定义并且画出形式为 $f(x) = a^x$ 的指数函数, 其中 $a > 0, a \neq 1$, 并且 x 是任意实数. 当 $a > 1$ 时, 我们的图的形状看起来像左边 $f(x) = 2^x$ 的图像, 而当 $0 < a < 1$ 时, 我们的图的形状看起来像右边 $f(x) = \left(\frac{1}{2}\right)^x$ 的图像.

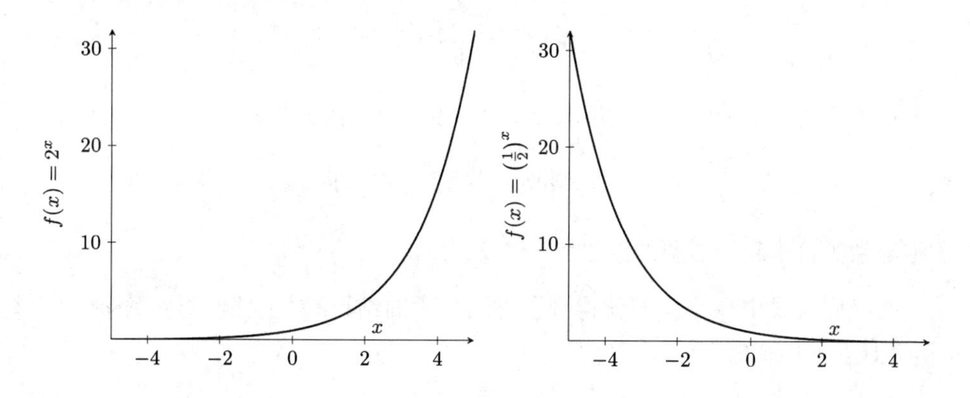

指数的性质 这里我们再回顾一下指数的基本性质. 若 $a > 0$ 且 $b > 0$, 则对所有实数 x 和 y, 我们有

1. $a^0 = 1$.
2. $a^x \cdot a^y = a^{x+y}$.
3. $\frac{a^x}{a^y} = a^{x-y}$.

4. $a^{-x}=\frac{1}{a^x}$.
5. $(a^x)^y=a^{xy}$.
6. $\left(\frac{a}{b}\right)^x=\frac{a^x}{b^x}$.

我们可以使用指数函数的定义来定义对数. 若 $a\neq 1$ 且 x 是正实数, 则

$$y=\log_a x \quad \text{当且仅当} \quad x=a^y.$$

换言之, 对数函数是指数函数的反函数.

对数的性质 设 $a\neq 1$, x 和 y 是正实数, 并且 r 是任何实数. 那么由指数函数的性质, 我们可以立即得出对数函数的一些基本性质:

1. $a^{\log_a x}=x$.
2. $\log_a(xy)=\log_a x+\log_a y$.
3. $\log_a\left(\frac{x}{y}\right)=\log_a x-\log_a y$.
4. $\log_a a^r=r$.
5. $\log_a x^r=r\log_a x$.

利用这些结果, 我们可以证明所谓的换底公式, 它可以使我们容易地通过乘以一个常数因子改变任何对数的底.

换底公式 对于任何正实数 a,b, 其中 $a\neq 1$ 且 $b\neq 1$, 以及任何正实数 x, 我们有

$$\log_a x=\frac{\log_b x}{\log_b a}.$$

证 对关系式 $x=a^{\log_a x}$ 的两边取以 b 为底的对数, 我们得到

$$\log_b x=\log_b a^{\log_a x}=(\log_a x)\cdot(\log_b a),$$

这很显然等价于我们需要的结果.

在换底公式中令 $x=b$ 就得到了下面有用的结果. 对于任何正实数 a,b, 其中 $a\neq 1$ 且 $b\neq 1$, 我们有

$$\log_a b=\frac{1}{\log_b a}.$$

我们同样可以分析函数 $f(x)=\log_a x$ 的图像. 当 $a>1$ 时, 我们的图的形状看起来像左边的函数 $f(x)=\log_2 x$ 的图像, 而当 $0<a<1$ 时, 我们的图的形状看起来像右边的函数 $f(x)=\log_{\frac{1}{2}} x$ 的图像.

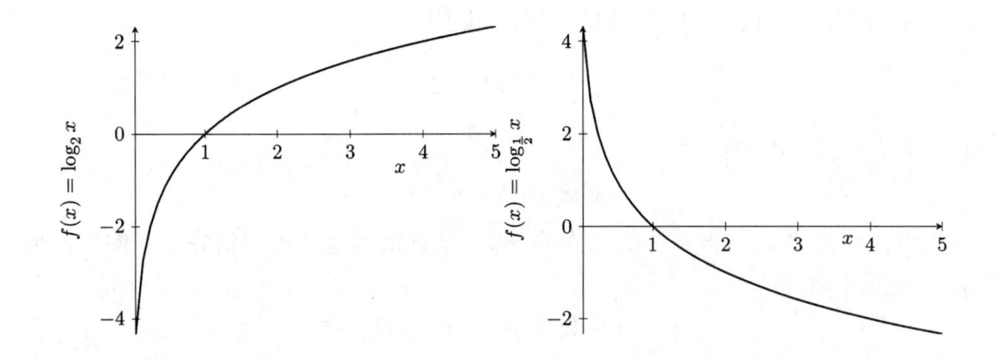

例 6.1 解方程

$$3^x + 4^x + 5^x = 6^x.$$

解 将方程两边同时除以 6^x, 我们得到

$$\left(\frac{3}{6}\right)^x + \left(\frac{4}{6}\right)^x + \left(\frac{5}{6}\right)^x = 1.$$

通过画图或检验, 我们看出 $x = 3$ 是一个解, 这是因为

$$\frac{3^3 + 4^3 + 5^3}{216} = 1.$$

此外, 由于上面方程的左边各项的底数都小于 1, 左边的函数是减函数, 从而我们得出这是唯一的解.

例 6.2 解方程

$$\frac{36^x}{54^x - 24^x} = \frac{6}{5}.$$

解 令 $2^x = a$ 且 $3^x = b$. 方程变为

$$\frac{a^2b^2}{ab^3 - a^3b} = \frac{6}{5},$$

它等价于

$$6\left(\frac{b}{a} - \frac{a}{b}\right) = 5.$$

使用代换 $y = \frac{b}{a} = \left(\frac{3}{2}\right)^x$ 我们得到 $6y - \frac{6}{y} = 5$, 即 $6y^2 - 5y - 6 = 0$. 这个二次方程的解为 $y_1 = \frac{3}{2}, y_2 = -\frac{2}{3}$. 由于 $y = \left(\frac{3}{2}\right)^x$, 对于 y_1 我们得到 $x = 1$, 而对于 y_2 无解.

例 6.3 解方程

$$x^{1+\lg x} = 100.$$

解 对方程的两边取以 10 为底的对数, 我们得到

$$\lg x^{1+\lg x} = 2,$$

它等价于

$$(1+\lg x)\lg x = 2.$$

我们看出这是一个关于 $\lg x$ 的二次式, 那么现在解题思路就很清晰了. 使用代换 $y=\lg x$ 我们得到

$$y^2+y-2=(y+2)(y-1)=0.$$

于是或者 $\lg x=-2$, 这推出 $x=\frac{1}{100}$; 或者 $\lg x=1$, 这推出 $x=10$. 这些是仅有的解.

例 6.4 解方程

$$5^{\sqrt{x-4}} = \frac{1}{x-3}.$$

解 因为 $\sqrt{x-4}$ 是有定义的, 我们一定有 $x \geq 4$. 于是 $x-3 \geq 1$ 并且因此 $\frac{1}{x-3} \leq 1$. 那么 $5^{\sqrt{x-4}} \leq 1 = 5^0$. 因为 $f(t)=5^t$ 是增函数, 这推出 $\sqrt{x-4} \leq 0$. 由于一个平方根总是非负的, 唯一的解出现在 $\sqrt{x-4}=0$ 时, 即 $x=4$ 时.

例 6.5 设

$$f(x) = \frac{1}{1+3^{2x-1}}.$$

计算

$$f\left(\frac{1}{2013}\right)+f\left(\frac{2}{2013}\right)+f\left(\frac{3}{2013}\right)+\cdots+f\left(\frac{2012}{2013}\right).$$

解 观察到

$$f(1-x)=\frac{1}{1+3^{1-2x}}=\frac{3^{2x-1}}{3^{2x-1}+1}.$$

那么对于所有 x, $f(x)+f(1-x)=1$. 使用这个对称性, 将题目中式子的各项两两配对, 我们有

$$f\left(\frac{1}{2013}\right)+f\left(\frac{2012}{2013}\right)=1, \quad f\left(\frac{2}{2013}\right)+f\left(\frac{2011}{2013}\right)=1, \quad \cdots.$$

于是和数就等于 $\frac{2012}{2}=1006$.

例 6.6 已知 $a^2+b^2=7ab$, 证明

$$\lg\left(\frac{a+b}{3}\right)=\frac{1}{2}(\lg a+\lg b).$$

解 注意到题目所给的条件等价于 $(a+b)^2=9ab$, 这推出

$$\left(\frac{a+b}{3}\right)^2=ab.$$

于是

$$\lg\left(\frac{a+b}{3}\right)^2=2\lg\left(\frac{a+b}{3}\right)=\lg ab=\lg a+\lg b,$$

我们由此即可得出结果.

例 6.7 设 a 是使得方程组

$$\begin{cases}x+y+z=1,\\ a^x+a^y+a^z=14-a\end{cases}$$

有实数解的正实数. 证明 $a\le 8$.

解 由算术平均–几何平均不等式, 我们注意到

$$a^x+a^y+a^z=14-a\ge 3\sqrt[3]{a^xa^ya^z}=3\sqrt[3]{a},$$

从而有

$$a+3\sqrt[3]{a}-14\le 0.$$

由于 $\sqrt[3]{a}=2$ 是这个方程的一个根, 我们可以提取因子 $\sqrt[3]{a}-2$ 而得到

$$(\sqrt[3]{a}-2)(\sqrt[3]{a^2}+2\sqrt[3]{a}+7)\le 0.$$

后面的因子是关于 $\sqrt[3]{a}$ 的二次式, 其判别式为 $\Delta=2^2-4\cdot 7<0$, 这表明该因子是严格正的. 这可以推出我们一定有 $\sqrt[3]{a}\le 2$, 即 $a\le 8$.

例 6.8 试解下面的问题: Jimmy 使用过"公式"

$$\log_{ab}x=\log_a x\log_b x,$$

其中 a,b,x 是异于 1 的正实数且 $ab\ne 1$. 证明这仅当 x 是方程 $\log_a x+\log_b x=1$ 的解时成立.

解 令 $u=\log_{ab}x$, $v=\log_a x$ 且 $w=\log_b x$, 我们得到

$$\log_{ab}x=\log_a x\log_b x$$

成立当且仅当

$$x=(ab)^u=a^ub^u=a^{vw}b^{vw}=(a^v)^w(b^w)^v=x^wx^v=x^{v+w},$$

即 $v+w=1$, 换言之 $\log_a x+\log_b x=1$. 题目得证.

例 6.9 是否存在互异的正实数 a, b, c 满足

$$\frac{\lg a}{b-c}=\frac{\lg b}{c-a}=\frac{\lg c}{a-b}?$$

解 我们将证明这样的 a, b, c 不存在. 我们使用反证法, 假设存在满足题目给定条件的 a, b, c. 令

$$\frac{\lg a}{b-c}=\frac{\lg b}{c-a}=\frac{\lg c}{a-b}=k.$$

那么 $\lg a=k(b-c)$, 这推出 $a=10^{k(b-c)}$. 类似地, $b=10^{k(c-a)}$, $c=10^{k(a-b)}$. 于是我们有

$$abc=10^{k(b-c+c-a+a-b)}=10^0=1.$$

现在, 注意到 $a^a=10^{k(ab-ac)}$. 类似地, $b^b=10^{k(bc-ab)}$, $c^c=10^{k(ac-bc)}$. 取它们的积, 我们得出

$$a^ab^bc^c=10^{k(ab-ac+bc-ab+ac-bc)}=10^0=1.$$

那么

$$\frac{a^ab^bc^c}{abc}=a^{a-1}b^{b-1}c^{c-1}=1.$$

令 x 为正实数. 通过验证情形 $x>1$ 和 $0<x<1$, 我们注意到不等式 $x^{x-1}\geq 1$ 成立, 而不等式取等号当且仅当 $x=1$. 因此满足上面的关系式的唯一方式就是 $a=b=c=1$. 然而, 在这种情况下各个值就不是互异的了, 这个矛盾表明满足题目给定条件的 a, b, c 不存在.

例 6.10 设 a, b, c 是大于 1 的实数. 证明若 $x=1+\log_a bc, y=1+\log_b ca, z=1+\log_c ab$, 则

$$xyz=xy+yz+zx.$$

解 将要证明的等式两边同时除以 xyz, 我们得到

$$\frac{1}{x}+\frac{1}{y}+\frac{1}{z}=1.$$

利用对数的性质, 写 $x=1+\log_a bc=\log_a a+\log_a bc=\log_a abc$. 那么 $\frac{1}{x}=\log_{abc} a$. 类似地, $\frac{1}{y}=\log_{abc} b$, $\frac{1}{z}=\log_{abc} c$. 我们有

$$\frac{1}{x}+\frac{1}{y}+\frac{1}{z}=\log_{abc} a+\log_{abc} b+\log_{abc} c=\log_{abc} abc=1,$$

题目得证.

例 6.11 设 a, b, c 是大于 1 的实数. 求

$$\log_a bc + \log_b ca + \log_c ab$$

可能的最小值.

解 由于需要求一个和的最小值, 我们想到去应用算术平均–几何平均不等式. 为了试着创造出不等式需要的各项, 使得它们有一个好的乘积, 我们将每个对数裂为两项: 写 $\log_a bc = \log_a b + \log_a c$, 其他的项也做同样的处理. 将形如 $\log_a b$ 和 $\log_b a$ 的项进行配对, 表达式变成

$$(\log_a b + \log_b a) + (\log_b c + \log_c b) + (\log_c a + \log_a c).$$

由于所有 $a, b, c > 1$, 每一项都是正的, 因此我们可以应用算术平均–几何平均不等式. 由算术平均–几何平均不等式和 $\log_a b \log_b a = 1$ 这个简单性质, 我们有 $\log_a b + \log_b a \geq 2$. 将这个关系式与由其他两组得到的类似不等式相加, 我们得到最小值为 6. 等式当 $a = b = c$ 时取得.

例 6.12 设 a, b, c 是大于 1 的实数. 证明

$$\frac{1}{\log_a \frac{a+b+c}{3}} + \frac{1}{\log_b \frac{a+b+c}{3}} + \frac{1}{\log_c \frac{a+b+c}{3}} \leq 3.$$

解 由算术平均–几何平均不等式和 $\log_x y = \frac{1}{\log_y x}$, 我们有

$$\begin{aligned}
&\frac{1}{\log_a \frac{a+b+c}{3}} + \frac{1}{\log_b \frac{a+b+c}{3}} + \frac{1}{\log_c \frac{a+b+c}{3}} \\
&\leq \frac{1}{\log_a \sqrt[3]{abc}} + \frac{1}{\log_b \sqrt[3]{abc}} + \frac{1}{\log_c \sqrt[3]{abc}} \\
&= \log_{\sqrt[3]{abc}} a + \log_{\sqrt[3]{abc}} b + \log_{\sqrt[3]{abc}} c \\
&= \log_{\sqrt[3]{abc}} abc = 3.
\end{aligned}$$

例 6.13 证明

$$\log_2 3 + \log_3 4 + \log_4 5 > 4.$$

解 首先, 注意到 $3 \cdot 2^{10} = 3072 < 3125 = 5^5$. 我们可以对等式的两边取以 2 为底的对数, 得到

$$\log_2 5^5 = 5 \log_2 5 > \log_2(3 \cdot 2^{10}) = 10 + \log_2 3.$$

令 $x=\log_2 3$. 那么由换底公式, 我们有 $\log_3 4=\frac{\log_2 4}{\log_2 3}=\frac{2}{x}$. 此外, 我们有 $\log_4 5=\frac{\log_2 5}{\log_2 4}=\frac{\log_2 5}{2}$. 将前面得到的不等式的两边除以 10, 我们有 $\frac{\log_2 5}{2}>1+\frac{x}{10}$. 将这两式放在一起, 我们有 $\log_4 5=\frac{\log_2 5}{2}>1+\frac{x}{10}$. 因此, 现在只需证明

$$x+\frac{2}{x}+1+\frac{x}{10}>4.$$

这等价于 $11x^2-30x+20>0$. 该方程的根为 $\frac{15-\sqrt{5}}{11}$ 和 $\frac{15+\sqrt{5}}{11}$. 于是只需证明

$$\log_2 3>\frac{15+\sqrt{5}}{11}.$$

我们有 $\frac{15+\sqrt{5}}{11}<\frac{11}{7}$, 这是因为该不等式可以化简为 $\sqrt{5}<\frac{16}{7}$, 这等价于 $5\cdot 7^2=245<256=16^2$. 此外, 由于 $3^7=2187>2^{11}=2048$, 我们还有 $\frac{11}{7}<\log_2 3$. 将这两个不等式合在一起, 于是题目得证.

例 6.14 设 $1<a_k\le 2, k=1,2,\cdots,n$. 证明

$$\log_{a_1}(3a_2+2)+\log_{a_2}(3a_3+2)+\cdots+\log_{a_n}(3a_1+2)\ge 3n.$$

解 我们希望证明

$$3\left(\frac{\lg a_2}{\lg a_1}+\frac{\lg a_3}{\lg a_2}+\cdots+\frac{\lg a_n}{\lg a_{n-1}}+\frac{\lg a_1}{\lg a_n}\right)$$

是题目中不等式的左边的一个下界, 因为由算术平均–几何平均不等式, 这个表达式大于等于 $3n$.

作为开始, 对于 $k=1,2,\cdots,n$, 我们观察到 $3a_k+2\ge a_k^3$, 这是因为该不等式等价于 $(a_k+1)^2(a_k-2)\le 0$, 由题目所给的 a_k 的定义域它显然成立. 那么 $\log_{a_k}(3a_{k+1}+2)\ge\log_{a_k}(a_{k+1}^3)$. 因此我们只需证明

$$\log_{a_1}(a_2^3)+\log_{a_2}(a_3^3)+\cdots+\log_{a_n}(a_1^3)\ge 3n.$$

然而 $\log_{a_k}a_{k+1}^3=3\frac{\lg a_{k+1}}{\lg a_k}$, 因此只需证明

$$3\left(\frac{\lg a_2}{\lg a_1}+\frac{\lg a_3}{\lg a_2}+\cdots+\frac{\lg a_n}{\lg a_{n-1}}+\frac{\lg a_1}{\lg a_n}\right)\ge 3n,$$

我们已经在前面说过, 由算术平均–几何平均不等式, 这个不等式成立.

例 6.15 令 $a_1,a_2,\cdots,a_n\in(0,1)$ 并且令

$$t_n=\frac{na_1a_2\cdots a_n}{a_1+a_2+\cdots+a_n}.$$

证明

$$\sum_{k=1}^{n} \log_{a_k} t_n \geq (n-1)n.$$

解 因为 $a_1, a_2, \cdots, a_n$ 都是正的, 由算术平均–几何平均不等式, 我们有

$$\frac{a_1+a_2+\cdots+a_n}{n} \geq \sqrt[n]{a_1a_2\cdots a_n},$$

由此得出 $t_n \leq (a_1a_2\cdots a_n)^{\frac{n-1}{n}}$. 由于 a_k 小于 1, 我们有

$$\log_{a_k} t_n \geq \log_{a_k}\left[(a_1a_2\cdots a_n)^{\frac{n-1}{n}}\right] = \frac{n-1}{n}\log_{a_k}(a_1a_2\cdots a_n).$$

将这些不等式对于 k 求和, 我们有

$$\sum_{k=1}^{n} \log_{a_k} t_n \geq \frac{n-1}{n}\sum_{k=1}^{n}\log_{a_k}(a_1a_2\cdots a_n) = \frac{n-1}{n}\sum_{1\leq k,l\leq n}\log_{a_k} a_l.$$

最后一个和式有 n^2 项, 由于 $\log_{a_k} a_l \cdot \log_{a_l} a_k = 1$, 这些项的积为 1. 由算术平均–几何平均不等式, 我们有 $\sum_{1\leq k,l\leq n}\log_{a_k} a_l \geq n^2$. 这可以推出我们需要的结果:

$$\sum_{k=1}^{n}\log_{a_k} t_n \geq \frac{n-1}{n}\sum_{1\leq k,l\leq n}\log_{a_k} a_l \geq \frac{n-1}{n}\cdot n^2 = n(n-1).$$

7 无理式

在本章, 我们来探索各种无理 (根) 式. 我们注意到根式的一些基本性质可以直接从上一章讨论的指数的性质得出. 设 a, b 是正实数并且设 m 和 n 是正整数. 我们有下列基本性质:

1. $\sqrt[n]{ab} = \sqrt[n]{a}\,\sqrt[n]{b}$.
2. $\sqrt[m]{\sqrt[n]{a}} = \sqrt[mn]{a}$.
3. $\sqrt[n]{\frac{a}{b}} = \frac{\sqrt[n]{a}}{\sqrt[n]{b}}$.
4. $\sqrt[n]{a^m} = a^{\frac{m}{n}}$.

由于这里几乎没有涉及什么理论, 我们将要把重点放在问题和解题技巧上. 现在就进入例题.

例 7.1 设

$$x = \frac{4}{(\sqrt{5}+1)(\sqrt[4]{5}+1)(\sqrt[8]{5}+1)(\sqrt[16]{5}+1)}.$$

计算 $(x+1)^{48}$.

解 令 $a = \sqrt[16]{5}$, 那么

$$x = \frac{4}{(a^8+1)(a^4+1)(a^2+1)(a+1)}.$$

现在, 我们观察到上式的分母出现在 $a^{16}-1$ 的因式分解式中, 这是因为

$$\begin{aligned}(a-1)(a+1)(a^2+1)(a^4+1)(a^8+1) &= (a^2-1)(a^2+1)(a^4+1)(a^8+1)\\ &= (a^4-1)(a^4+1)(a^8+1)\\ &= (a^8-1)(a^8+1) = a^{16}-1,\end{aligned}$$

这里我们重复使用了平方差恒等式. 因此我们得出

$$x = \frac{4(a-1)}{a^{16}-1} = \frac{4(a-1)}{5-1} = a-1.$$

从而

$$(x+1)^{48} = a^{48} = (a^{16})^3 = 5^3 = 125.$$

例 7.2 求满足

$$\sqrt{x_1-1^2}+2\sqrt{x_2-2^2}+\cdots+10\sqrt{x_{10}-10^2} = \frac{x_1+\cdots+x_{10}}{2}$$

的所有实数组 $x_1, x_2, \cdots, x_{10}$.

解 通过去分母并将所有的项移到等号的一边, 我们把方程重写为

$$x_1 - 2\sqrt{x_1 - 1} + x_2 - 4\sqrt{x_2 - 4} + \cdots + x_{10} - 20\sqrt{x_{10} - 100} = 0.$$

注意到 $x_k - 2k\sqrt{x_k - k^2} = (\sqrt{x_k - k^2} - k)^2$, 我们凑完全平方得到

$$(\sqrt{x_1 - 1^2} - 1)^2 + (\sqrt{x_2 - 2^2} - 2)^2 + \cdots + (\sqrt{x_{10} - 10^2} - 10)^2 = 0.$$

由于实数的平方和为零仅当它的每一个平方项都是零, 我们得出唯一的解为

$$x_1 = 2, \quad x_2 = 8, \quad \cdots, \quad x_k = 2k^2, \quad \cdots, \quad x_{10} = 200.$$

例 7.3 求满足

$$x\sqrt{2y-1} + y\sqrt{2z-1} + z\sqrt{2x-1} = xy + yz + zx$$

的所有实数组 $x, y, z\ (\geq \frac{1}{2})$.

解 将方程写为

$$x(y - \sqrt{2y-1}) + y(z - \sqrt{2z-1}) + z(x - \sqrt{2x-1}) = 0.$$

要是能像上一题那样, 将上式的左边写成平方和的形式, 那就太好了. 这看起来能实现, 因为

$$(\sqrt{2y-1} - 1)^2 = (2y-1) + 1 - 2\sqrt{2y-1} = 2y - 2\sqrt{2y-1},$$

右边看起来很像我们的方程中的项. 事实上, 把它做轻微的调整, 我们就能得出前面的方程等价于

$$\frac{x}{2}(\sqrt{2y-1} - 1)^2 + \frac{y}{2}(\sqrt{2z-1} - 1)^2 + \frac{z}{2}(\sqrt{2x-1} - 1)^2 = 0.$$

由于实数的平方和为零仅当它的每一个平方项都是零, 我们可以推出 $\sqrt{2x-1} = \sqrt{2y-1} = \sqrt{2z-1} = 1$. 因此, 唯一的解即为 $(x, y, z) = (1, 1, 1)$.

例 7.4 求使得 $\sqrt{\frac{n^2}{4-n}}$ 是一个整数的所有整数 n.

解 显然, $n = 0$ 是这样的一个整数. 令 $\frac{n^2}{4-n} = k^2$, 其中 k 是某个正整数. 那么 $n^2 + k^2 n - 4k^2 = 0$, 它的判别式 $k^2(k^2 + 16)$ 一定是完全平方数. 能够满足 $k^2 + 16$ 是完全平方数的唯一正整数 k 是 $k = 3$. 将其代入前式并解出所得的二次方程 $n^2 + 9n - 36 = 0$, 我们得到 $n = 0, n = 3$ 和 $n = -12$ 是仅有的解.

例 7.5 设 $a,b \geq 0$ 并且 a^2-b 非负, 证明恒等式

$$\sqrt{a+\sqrt{b}}=\sqrt{\frac{a+\sqrt{a^2-b}}{2}}+\sqrt{\frac{a-\sqrt{a^2-b}}{2}},$$

$$\sqrt{a-\sqrt{b}}=\sqrt{\frac{a+\sqrt{a^2-b}}{2}}-\sqrt{\frac{a-\sqrt{a^2-b}}{2}}.$$

解 将第一个恒等式的两边平方, 我们得到

$$\begin{aligned}a+\sqrt{b}=&\frac{a+\sqrt{a^2-b}}{2}+\frac{a-\sqrt{a^2-b}}{2}+2\sqrt{\frac{a+\sqrt{a^2-b}}{2}}\cdot\sqrt{\frac{a-\sqrt{a^2-b}}{2}}\\=&a+2\cdot\sqrt{\frac{a^2-a^2+b}{4}}=a+\sqrt{b},\end{aligned}$$

这是一个真正的等式. 第二个恒等式的证明完全类似.

例 7.6 证明: 对于 $1 \leq x \leq 2$,

$$\sqrt{x+2\sqrt{x-1}}+\sqrt{x-2\sqrt{x-1}}=2.$$

解 由上一题证明的恒等式, 我们注意到

$$\sqrt{a+\sqrt{b}}+\sqrt{a-\sqrt{b}}=2\cdot\sqrt{\frac{a+\sqrt{a^2-b}}{2}}.$$

对于 $a=x$ 和 $b=4x-4$ 应用这个不等式, 并且注意到在定义域 $1 \leq x \leq 2$ 内, 我们有 $\sqrt{x^2-4x+4}=2-x$, 于是

$$\sqrt{x+2\sqrt{x-1}}+\sqrt{x-2\sqrt{x-1}}=2\sqrt{\frac{x+\sqrt{x^2-4x+4}}{2}}=2\sqrt{\frac{x+2-x}{2}}=2.$$

题目得证.

例 7.7 解方程 $\sqrt{x-40}+\sqrt{2012-x}=50$.

解 若 x 是方程的一个解, 则我们一定有 $40 \leq x \leq 2012$, 如若不然平方根将没有定义. 朴素的 (naive) 方法将会如下进行: 我们对方程的两边取平方, 整理后得到

$$\sqrt{(x-40)(2012-x)}=\frac{528}{2}=264,$$

再将上式平方并求解得到的二次方程. 最后一步是最烦琐的, 因为涉及的数字实际上非常大, 并且方程也相当复杂.

让我们使用一种更简炼的方法. 令 $\sqrt{x-40}=a$ 且 $\sqrt{2012-x}=b$. 那么 $a^2+b^2=2012-40=1972$ 并且原方程可以写为 $a+b=50$. 于是 $(a+b)^2=1972+2ab=2500$, 这可推出 $2ab=528$ (注意到这也是前面朴素的方法的第一步所得出来的). 下面, 我们计算

$$(a-b)^2=a^2+b^2-2ab=1972-528=1444=38^2,$$

因此 $a-b=38$ 或 $a-b=-38$. 将其与 $a+b=50$ 联立, 我们得到 $(a,b)=(44,6)$ 或 $(a,b)=(6,44)$. 由于 $2012-x=b^2$, 我们得到 $x=2012-b^2$, 从而算出 $x=76$ 或 $x=1976$.

例 7.8 求方程

$$\sqrt[4]{97-x}+\sqrt[4]{x}=5$$

的所有实数解.

解 令 $y=\sqrt[4]{97-x}$ 且 $z=\sqrt[4]{x}$. 那么 $y+z=5$, 从而 $(y+z)^2=25$, 它等价于

$$y^2+z^2=25-2yz.$$

将方程的两边平方, 我们得到

$$y^4+z^4+2y^2z^2=625-100yz+4y^2z^2.$$

由于 $y^4+z^4=97$, 上式等价于

$$2y^2z^2-100yz+528=0,$$

这是一个关于 yz 的二次方程. 现在思路就清晰了: 将其因式分解, 我们得到

$$2(yz-6)(yz-44)=0,$$

这推出 $yz=6$ 或 $yz=44$. 在第一种情形, 解方程组

$$\begin{cases} y+z=5, \\ yz=6 \end{cases}$$

得到 $(y,z)=(2,3)$ 或 $(3,2)$. 这导出了两个解, $x=16$ 和 $x=81$. 第二种 $yz=44$ 的情形没有解.

例 7.9 求方程

$$\sqrt{2x+1}+\sqrt{6x+1}=\sqrt{12x+1}+1$$

的实数解.

解 若 x 是一个解, 则 $2x+1$, $6x+1$ 和 $12x+1$一定都是非负的. 由此并且考虑到方程的两边都是正的, 我们可以将两边平方, 得到等价的方程

$$2x+1+6x+1+2\sqrt{(2x+1)(6x+1)}=12x+1+1+2\sqrt{12x+1}.$$

整理方程并将其除以 2, 我们得到等价的方程

$$\sqrt{12x^2+8x+1}=2x+\sqrt{12x+1}.$$

再将上式的两边平方, 我们得到

$$12x^2+8x+1=4x^2+12x+1+4x\sqrt{12x+1},$$

它可化简为

$$2x^2-x=x\sqrt{12x+1}.$$

这给出了解 $x=0$. 假设 $x\neq 0$ 是一个解. 将上式的两边同时除以 x, 我们有

$$2x-1=\sqrt{12x+1},$$

再将上式的两边平方, 我们得到

$$4x^2-4x+1=12x+1.$$

这等价于 $x^2=4x$ 并且有解 $x=4$ (请记住我们假设 $x\neq 0$). 从而我们得出题目中方程的解为 $x=0$ 和 $x=4$.

例 7.10 设 $a_1,a_2,\cdots,a_n$ 是满足 $a_1+a_2+\cdots+a_n\leq 1$ 的非负实数. 证明

$$\sqrt{1-a_1}+\sqrt{1-a_2}+\cdots+\sqrt{1-a_n}\geq n-1.$$

解 由于 $1-a_k\leq 1$, 我们有 $\sqrt{1-a_k}\geq 1-a_k$, $k=1,2,\cdots,n$. 将这些不等式加在一起, 我们得到

$$\begin{aligned}\sqrt{1-a_1}+\sqrt{1-a_2}+\cdots+\sqrt{1-a_n}&\geq 1-a_1+1-a_2+\cdots+1-a_n\\&=n-(a_1+a_2+\cdots+a_n)\geq n-1.\end{aligned}$$

例 7.11 解方程

$$\sqrt[3]{x^3+x^2-x-1}+\sqrt[3]{x^3-x^2-x+1}=x.$$

解 注意到 1 是 x^3+x^2-x-1 的一个根并且 -1 是 x^3-x^2-x+1 的一个根. 我们容易求出它们的因式分解 $x^3+x^2-x-1=(x-1)(x+1)^2$ 和 $x^3-x^2-x+1=(x+1)(x-1)^2$. 回想恒等式 $(a+b)^3=a^3+b^3+3ab(a+b)$, 并且令 $a=\sqrt[3]{x^3+x^2-x-1}$, $b=\sqrt[3]{x^3-x^2-x+1}$. 这给出

$$x^3+x^2-x-1+x^3-x^2-x+1+3(x-1)(x+1)(a+b)=x^3.$$

由原始的方程, $a+b=x$. 将其代入上式, 我们有

$$x^3+x^2-x-1+x^3-x^2-x+1+3(x-1)(x+1)x=x^3,$$

它可以漂亮地化简为一个容易求解的三次方程

$$4x^3-5x=0,$$

其根为 $x=0,\pm\frac{\sqrt{5}}{2}$.

例 7.12 解方程

$$\sqrt{x^2+x+1}+\sqrt{x^3-x+1}-\sqrt{\frac{x^5+x^4+1}{7}}=\sqrt{7}.$$

解 首先, 观察到 $(x^2+x+1)(x^3-x+1)=x^5+x^4+1$. 令 $\sqrt{x^2+x+1}=u$, $\sqrt{x^3-x+1}=v$. 于是我们有

$$u+v-\frac{uv}{\sqrt{7}}=\sqrt{7},$$

将其去分母并进行因式分解, 我们得到 $(u-\sqrt{7})(v-\sqrt{7})=0$. 因此 $u=\sqrt{7}$ 或 $v=\sqrt{7}$. 第一种情形给出二次方程 $x^2+x-6=0$, 解得 $x=-3,2$. 第二种情形给出三次方程 $x^3-x-6=0$. 注意到经检验 (或由有理根定理), 2 是它的一个根, 于是方程因式分解为 $(x-2)(x^2+2x+3)=0$. 二次式 x^2+2x+3 的判别式 $4-12<0$, 从而无实根. 因此方程的实数解为 $x=-3$ 和 $x=2$.

例 7.13 求满足

$$(x+y)\left(1+\frac{1}{xy}\right)+4=2(\sqrt{2x+1}+\sqrt{2y+1})$$

的所有正实数 x,y.

解 我们分离变量并将方程写为

$$x+\frac{1}{x}-2\sqrt{2x+1}+y+\frac{1}{y}-2\sqrt{2y+1}+4=0,$$

或者更方便地写为

$$\frac{x^2 - 2x\sqrt{2x+1} + 2x + 1}{x} + \frac{y^2 - 2y\sqrt{2y+1} + 2y + 1}{y} = 0.$$

很幸运, 我们可以容易地把每个分式的分母凑成完全平方, 从而得到等价的方程

$$\frac{(x - \sqrt{2x+1})^2}{x} + \frac{(y - \sqrt{2y+1})^2}{y} = 0.$$

由于实数的平方和为零仅当它的每一个平方项都是零, 上式等价于

$$x = \sqrt{2x+1}, \quad y = \sqrt{2y+1}.$$

由方程 $t = \sqrt{2t+1}$ 我们得到 $t^2 - 2t - 1 = 0$, 即 $(t-1)^2 = 2$. 由于 t 是正的, 我们有 $t = 1 + \sqrt{2}$. 因此

$$x = y = 1 + \sqrt{2}$$

是方程的唯一解.

例 7.14 证明: 若 a, b, c 是一个三角形的三边长度, 则

$$\sqrt{a+b-c} + \sqrt{b+c-a} + \sqrt{c+a-b} \leq \sqrt{a} + \sqrt{b} + \sqrt{c}.$$

解 这是 Cauchy–Schwarz 不等式的一个推论, 因为

$$(\sqrt{a+b-c} + \sqrt{b+c-a})^2 \leq (1^2 + 1^2)[(a+b-c) + (b+c-a)] = 4b$$

可以推出

$$\sqrt{a+b-c} + \sqrt{b+c-a} \leq 2\sqrt{b}.$$

再写下另外两个类似的不等式 (通过交换一下几个变量的位置) 并且将得到的这三个关系式加到一起, 我们就得到了想要的结果.

例 7.15 对于所有的实数 $a \geq 1$, 证明

$$\sqrt{a-1} + \sqrt{a^2-1} \leq a\sqrt{a}.$$

解 解这道题有许多种方法. 可能最容易的 (尽管不一定是最容易找到的) 是下面的应用 Cauchy–Schwarz 不等式的方法:

$$\begin{aligned}(\sqrt{a-1} + \sqrt{a^2-1})^2 &= (\sqrt{1} \cdot \sqrt{a-1} + \sqrt{a^2-1} \cdot \sqrt{1})^2 \\ &\leq (1 + a^2 - 1)(1 + a - 1) = a^3,\end{aligned}$$

将两边开平方就得到了我们想要的结果.

这里还有第二种方法: 首先, 在不等式两边同时乘以不等号左边部分的共轭根式 $\sqrt{a^2-1}-\sqrt{a-1}$, 此处我们要注意到, 由于 $a \geq 1$, $\sqrt{a^2-1} \geq \sqrt{a-1}$. 于是我们得到了等价的不等式

$$a^2-1-a+1 \leq (\sqrt{a^2-1}-\sqrt{a-1})a\sqrt{a}.$$

将上式两边除以 $a\sqrt{a-1}$, 这等价于

$$\sqrt{a-1} \leq (\sqrt{a+1}-1)\sqrt{a} \quad \text{或写成} \quad \sqrt{a-1}+\sqrt{a} \leq \sqrt{a(a+1)}.$$

我们现在可以安全地将两边平方, 得到

$$2a-1+2\sqrt{a^2-a} \leq a^2+a \quad \text{或写成} \quad 2\sqrt{a^2-a} \leq a^2-a+1.$$

最终, 最后一个不等式可以写为 $0 \leq (\sqrt{a^2-a}-1)^2$, 这显然是正确的. 于是题目得证, 并且我们注意到不等式的等号仅当 $a^2-a=1$, 即 $a=\frac{1+\sqrt{5}}{2}$ 时成立, 这里由于 $a \geq 1$, 我们舍弃了较小的那个根.

例 7.16 解方程

$$3x+\sqrt{2x^2-x}=\sqrt{3x^2+x}+\sqrt{6x^2-x-1}.$$

解 首先, 我们将根号下的表达式因式分解, 得到等价的方程

$$3x+\sqrt{x(2x-1)}=\sqrt{x(3x+1)}+\sqrt{(2x-1)(3x+1)}.$$

因此, 要使得根式有定义, 我们必须有 $x \geq \frac{1}{2}$ 或者 $x \leq -\frac{1}{3}$.

假设 $x \geq \frac{1}{2}$. 然后将关系式

$$3x+\sqrt{x(2x-1)}-\sqrt{x(3x+1)}-\sqrt{(2x-1)(3x+1)}=0$$

乘以 2, 我们得到

$$x+(2x-1)+(3x+1)+2\sqrt{x(2x-1)}-2\sqrt{x(3x+1)}-2\sqrt{(2x-1)(3x+1)}=0.$$

现在上式呈现出很好的形态, 因为我们可以凑完全平方:

$$(\sqrt{x}+\sqrt{2x-1}-\sqrt{3x+1})^2=0,$$

从而得到等价的方程

$$\sqrt{x}+\sqrt{2x-1}=\sqrt{3x+1}.$$

将上式两边平方, 我们得到

$$3x-1+2\sqrt{x(2x-1)}=3x+1,$$

它可以化简为 $\sqrt{2x^2-x}=1$, 即 $(x-1)(2x+1)=0$. 根据前面得到的 x 的取值范围, 唯一的有效解是 $x=1$.

若 $x\le -\frac{1}{3}$, 我们类似地得到

$$(\sqrt{-x}+\sqrt{1-2x}-\sqrt{-1-3x})^2=-12x.$$

由于

$$\sqrt{-x}+\sqrt{1-2x}-\sqrt{-1-3x}\ge\sqrt{-x}+\sqrt{-2x}-\sqrt{-3x}=(1+\sqrt{2}-\sqrt{3})\sqrt{-x}\ge 0,$$

我们可以对等号两边的式子取平方根, 得到等价的方程

$$\sqrt{-x}+\sqrt{1-2x}=\sqrt{-1-3x}+2\sqrt{-3x}.$$

然而, 由于 $x\le -\frac{1}{3}$, 我们有 $1-2x\le -5x$, 并且因此

$$\sqrt{-x}+\sqrt{1-2x}\le\sqrt{-x}+\sqrt{-5x}=(1+\sqrt{5})\sqrt{-x}<2\sqrt{-3x}.$$

所以当 $x\le -\frac{1}{3}$ 时方程无解.

例 7.17 若 $a,b,c>0$ 且 $a+b+c+1=4abc$, 证明

$$\frac{1}{\sqrt{4a^3+5}}+\frac{1}{\sqrt{4b^3+5}}+\frac{1}{\sqrt{4c^3+5}}\le 1.$$

解 由已知条件, 我们得到

$$\frac{1}{2a+1}+\frac{1}{2b+1}+\frac{1}{2c+1}=1.$$

这个条件使得我们可以构造一个显然非负的完全平方, 我们将用其证明想要的结果.

将不等式的所有项移到一边, 我们有

$$1-\sum_{t=a,b,c}\frac{1}{\sqrt{4t^3+5}}=\sum_{t=a,b,c}\left(\frac{1}{2t+1}-\frac{1}{\sqrt{4t^3+5}}\right).$$

将上式通分, 于是题目中的不等式化为

$$\sum_{t=a,b,c}\frac{\sqrt{4t^3+5}-(2t+1)}{(2t+1)(\sqrt{4t^3+5})}\ge 0.$$

再将分子和分母同时乘以分子的共轭根式, 上式变成

$$\sum_{t=a,b,c}\frac{4t^3+5-(2t+1)^2}{(2t+1)\sqrt{4t^3+5}(2t+1+\sqrt{4t^3+5})}\geq 0,$$

它等价于

$$\sum_{t=a,b,c}\frac{4(t-1)^2(t+1)}{(2t+1)\sqrt{4t^3+5}(2t+1+\sqrt{4t^3+5})}\geq 0.$$

由于 $a,b,c>0$, 上面这个不等式显然成立.

8 复数

为什么要有复数?

为了回答这个问题, 看如下不同类型的方程, 它们需在不同类型的数的情形下方能有解.

方程类型	解的类型
$x+2=5$	正整数, $\mathbb{N}^*$
$x+2=1$	整数 (正的、负的和零), $\mathbb{Z}$
$2x=3$	有理数, $\mathbb{Q}$
$x^2=2$	实数, $\mathbb{R}$

最终, 我们到达了方程 $x^2+1=0$. 怎么样解像这样的方程? 我们诉诸复数集 $\mathbb{C}$. 定义 $\mathrm{i}=\sqrt{-1}$, 那么这个方程的解就是 $x=\pm\mathrm{i}$.

复数的定义

复数定义为 $z=x+\mathrm{i}\,y$, 其中 $x,y\in\mathbb{R}$ 且 $\mathrm{i}=\sqrt{-1}$. x 和 y 分别称为 z 的实部和虚部, 并且记为 $x=\mathrm{Re}(z)$, $y=\mathrm{Im}(z)$.

若 $z'=x'+\mathrm{i}\,y'$, 则我们有 $z=z'$ 当且仅当 $x=x'$ 且 $y=y'$.

复数的加法和乘法

设 z 和 z' 是两个复数, $z=x+\mathrm{i}\,y$ 且 $z'=x'+\mathrm{i}\,y'$. 那么我们定义复数的加法和乘法如下:

$$z+z'=(x+\mathrm{i}\,y)+(x'+\mathrm{i}\,y')=(x+x')+\mathrm{i}\,(y+y'),$$

$$z\cdot z'=(x+\mathrm{i}\,y)(x'+\mathrm{i}\,y')=(xx'-yy')+\mathrm{i}\,(xy'+x'y).$$

为了得到上式, 将 $z\cdot z'$ 展开, 就像两个二项式相乘那样, 然后使用 $\mathrm{i}^2=-1$.

加法和乘法的性质

设 z,z',z'' 是复数, 则下面这些基本性质成立. 在这一小节和下面几个小节中的性质都是可以直接验证的, 我们邀请读者来验证它们.

1. 加法交换律: $z+z'=z'+z$.

2. 乘法交换律: $z\cdot z'=z'\cdot z$.

3. 加法结合律: $(z+z')+z''=z+(z'+z'')$.

4. 乘法结合律: $(zz')z''=z(z'z'')$.

5. 乘法对加法的分配律: $z(z'+z'')=zz'+zz''$.

6. 对于每个 $z\in\mathbb{C}$, $1\cdot z=z$.

7. 对于每个 $z\in\mathbb{C}$, $0+z=z$.

复数的减法和除法

对于每个 $z=x+\mathrm{i}y\in\mathbb{C}$, 存在一个唯一的*加法逆元* $-z=-x-\mathrm{i}y\in\mathbb{C}$ 使得 $z+(-z)=0$.

对于每个非零的 $z=x+\mathrm{i}y\in\mathbb{C}$, 存在一个唯一的*乘法逆元*

$$z^{-1}=\frac{x}{x^2+y^2}-\mathrm{i}\left(\frac{y}{x^2+y^2}\right)\in\mathbb{C}$$

使得 $z\cdot z^{-1}=1$.

为了得到上式, 我们可以记 $\frac{1}{z}=\frac{1}{x+\mathrm{i}y}$ 并且在分子和分母同时乘以它的共轭复数 $x-\mathrm{i}y$ (将在下一小节定义):

$$\frac{1}{z}=\frac{1}{x+\mathrm{i}y}=\frac{1}{x+\mathrm{i}y}\cdot\frac{x-\mathrm{i}y}{x-\mathrm{i}y}=\frac{x-\mathrm{i}y}{x^2+y^2}=\frac{x}{x^2+y^2}-\mathrm{i}\left(\frac{y}{x^2+y^2}\right).$$

于是我们定义复数的减法和除法如下:

$$z-z'=z+(-z'),\quad \frac{z}{z'}=z\cdot(z')^{-1}.$$

共轭复数及其性质

设 z,z' 是复数. 若 $z=x+\mathrm{i}y$, 则它的共轭复数定义为 $\overline{z}=x-\mathrm{i}y$. 下面这些基本性质成立.

1. $z=\overline{z}$ 当且仅当 $z\in\mathbb{R}$.

2. $z=\overline{\overline{z}}$.

3. $z\cdot\overline{z}=|z|^2$, 其中 $|z|=\sqrt{x^2+y^2}$.

4. $\overline{z+z'}=\overline{z}+\overline{z'}$.

5. $\overline{zz'}=\overline{z}\cdot\overline{z'}$.

6. $\overline{\left(\frac{z}{z'}\right)}=\overline{z}\cdot\left(\overline{z'}\right)^{-1}=\overline{z}\,/\,\overline{z'}$, 其中 $z'\neq 0$.

7. $\mathrm{Re}(z)=\frac{z+\overline{z}}{2}$;　$\mathrm{Im}(z)=\frac{z-\overline{z}}{2\mathrm{i}}$.

复数的模

若 $z = x + \mathrm{i}\, y$, 则它的模 $|z|$ 定义为

$$|z| = \sqrt{z \cdot \overline{z}} = \sqrt{x^2 + y^2} \geq 0.$$

在几何上, 它可以解释为平面上从点 $(0,0)$ 到点 (x,y) 的线段的长度. 设 z, z' 是复数. 下面这些基本性质成立.

1. $|-z| = |z|$.
2. $|\mathrm{Re}(z)| \leq |z|$ 且 $|\mathrm{Im}(z)| \leq |z|$.
3. $|z \cdot z'| = |z| \cdot |z'|$.
4. $\left|\frac{z}{z'}\right| = \frac{|z|}{|z'|}$.
5. $|z + z'| \leq |z| + |z'|$ (三角不等式).
6. $||z| - |z'|| \leq |z - z'|$ (逆三角不等式).

复数的加法和乘法的几何解释

设 $z = x + \mathrm{i}\, y$, 其中 $|z| = \sqrt{x^2 + y^2}$. 我们可以在平面中将 z 表示成从原点指向点 (x,y) 的箭头. 令 ϕ 为 z 与正 x 轴的夹角. 这个角 ϕ 称为 z 的辐角.

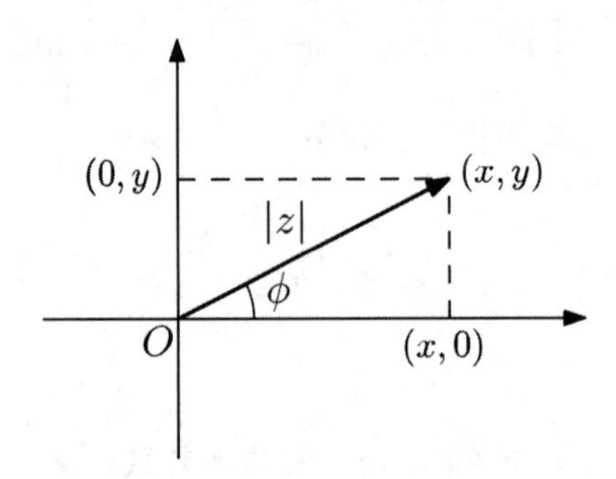

基础三角学给出

$$x = |z| \cdot \cos\phi, \quad y = |z| \cdot \sin\phi.$$

于是我们可以将 z 写成它的极坐标形式:

$$z = x + \mathrm{i}\, y = |z|(\cos\phi + \mathrm{i}\, \sin\phi).$$

这常常写成 $r(\cos\phi + \mathrm{i}\, \sin\phi)$, 其中 $r = |z|$.

复数的加法有一个与向量的加法类似的自然的几何解释: $z + z'$ 是由 z 和 z' 组成的平行四边形的对角线.

乘法的情形更有趣一些. 将 z 和 z' 写成它们的极坐标形式. 若我们将它们相乘并使用恒等式

$$\cos(A+B)=\cos A\cos B-\sin A\sin B$$

和

$$\sin(A+B)=\sin A\cos B+\cos A\sin B,$$

则我们得到

$$\begin{aligned} z\cdot z' &= |z|(\cos\phi+\mathrm{i}\ \sin\phi)\cdot|z'|(\cos\phi'+\mathrm{i}\ \sin\phi') \\ &= |z||z'|\left(\cos(\phi+\phi')+\mathrm{i}\ \sin(\phi+\phi')\right). \end{aligned}$$

乘积是一个模为 $|z|\cdot|z'|$、辐角为 $\phi+\phi'$ 的复数. 复数的乘法是表达旋转的一个自然方式, 并且在几何、物理和工程中都有应用.

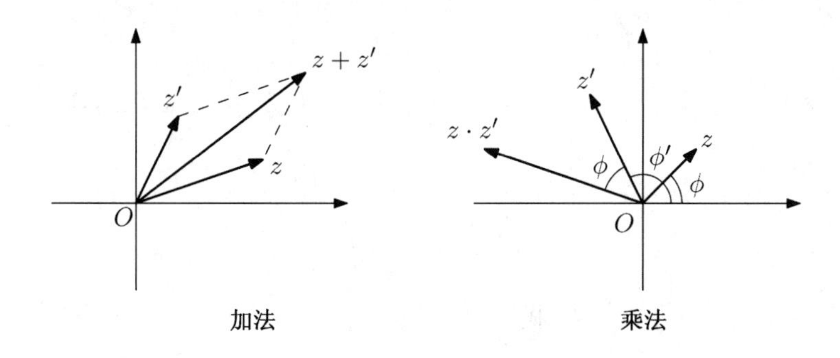

加法　　乘法

DeMoivre 定理

使用简单的归纳法, 我们得到在极坐标形式下的复数乘法的一个直接推论——*DeMoivre 定理*, 它简化了复数的幂次升至很大时的工作:

$$(\cos\theta+\mathrm{i}\ \sin\theta)^n=\cos n\theta+\mathrm{i}\ \sin n\theta,\quad \text{对于任何 } n\in\mathbb{N}.$$

单位根

方程 $z^n=1$ 的复数解称为单位根. 我们可以用 DeMoivre 定理解这个方程.

对于某个整数 k, 记 $1=\cos 2\pi k+\mathrm{i}\ \sin 2\pi k$, 并且令 $z=\cos\theta+\mathrm{i}\ \sin\theta$. 那么由 DeMoivre 定理, 方程 $z^n=1$ 给出

$$(\cos\theta+\mathrm{i}\ \sin\theta)^n=\cos n\theta+\mathrm{i}\ \sin n\theta=\cos 2\pi k+\mathrm{i}\ \sin 2\pi k.$$

将等号两边的角度置为相等, 并且注意到多项式方程 $z^n=1$ 有 n 个根, 我们求出

$$\theta=\frac{2\pi k}{n},\quad k=0,1,\cdots,n-1.$$

(当我们达到或超过 $k=n$ 时, 解将重复.) 因此 $z^n=1$ 的解, 即单位根, 由

$$z_k=\cos\frac{2\pi k}{n}+\mathrm{i}\sin\frac{2\pi k}{n},\quad k=0,1,\cdots,n-1$$

给出. 在几何上, 单位根在单位圆周上以均匀的间隔分布.

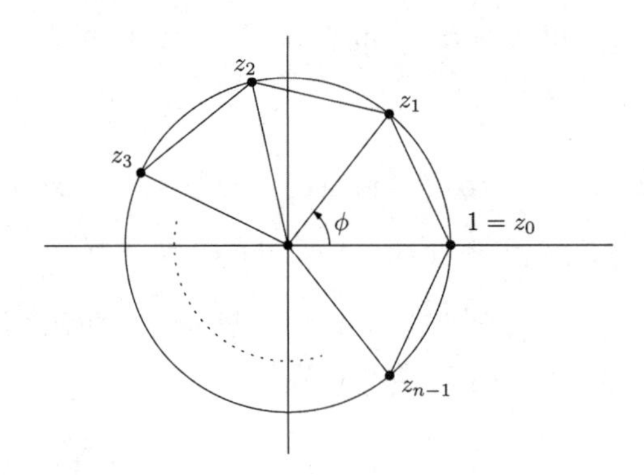

例 8.1 证明: 多项式 $x^4+x^3+x^2+x+1$ 整除 $x^{44}+x^{33}+x^{22}+x^{11}+1$.

解 我们只需证明: 若 $x^4+x^3+x^2+x+1=0$, 则

$$x^{44}+x^{33}+x^{22}+x^{11}+1=0.$$

将第一个多项式乘以 $1=\frac{x-1}{x-1}$, 我们得到

$$(x^4+x^3+x^2+x+1)\cdot\frac{x-1}{x-1}=\frac{x^5-1}{x-1}.$$

因此方程 $x^4+x^3+x^2+x+1=0$ 的根是不包括 1 的 5 次单位根, 即集合 $\{x\in\mathbb{C}\mid x^5=1 \text{ 且 } x\neq 1\}$.

注意到这个的另一种方法是回想几何级数公式 (我们的论证模仿了该公式的证明). 将 $1+x+x^2+x^3+x^4$ 看成是一个首项为 1、公比为 x 的几何级数, 那么我们求出它等于 $\frac{x^5-1}{x-1}$.

于是 $x^5=1$ 推出 $x^{44}=(x^5)^8\cdot x^4=x^4$, 类似地 $x^{33}=x^3$, $x^{22}=x^2$, $x^{11}=x$. 题目得证.

注 通过同时乘以和除以 $x^{11}-1$ 或使用几何级数公式, 我们求出 $x^{44}+x^{33}+x^{22}+x^{11}+1=\frac{x^{55}-1}{x^{11}-1}$, 那么题目中第二个多项式的根是不包括 11 次单位根的 55 次单位根. 我们可以通过证明第一个多项式的所有根 (不包括 1 的 5 次单位根) 都是第二个多项式的根来证得相同的结果. 由于 $x^5=1\implies(x^5)^{11}=x^{55}=1$, 所有不包括 1 的 5 次单位根显然都是 55 次单位根; 而由 $x^5=1\implies x^{11}=(x^5)^2\cdot x=x\neq 1$, 它们都不是 11 次单位根. 题目得证.

例 8.2 求满足 $(a+b\mathrm{i})^{2002}=a-b\mathrm{i}$ 的有序实数对 (a,b) 的个数.

解 令 $z=a+b\mathrm{i}$, $\overline{z}=a-b\mathrm{i}$, 且 $|z|=\sqrt{a^2+b^2}$. 那么题目所给的方程即为 $z^{2002}=\overline{z}$. 观察到

$$|z|^{2002}=|z^{2002}|=|\overline{z}|=|z|,$$

由此我们有

$$|z|(|z|^{2001}-1)=0.$$

于是或者 $|z|=0$, 或者 $|z|=1$. 在前一种情形, 我们有 $(a,b)=(0,0)$. 在后一种情形, 我们有 $z^{2002}=\overline{z}\implies z^{2003}=\overline{z}\cdot z=|z|^2=1$. 方程 $z^{2003}=1$ 有 2003 个不同的解, 因此一共有 $1+2003=2004$ 个满足题目条件的有序对.

例 8.3 设 z 是复数并且 z,z^2,z^3 在复平面中共线. 证明 z 是实数.

解 若 z,z^2,z^3 共线, 则存在某个实数 r 使得 $z^3-z=r(z^2-z)$. 这个方程化简为

$$z^3-rz^2+(r-1)z=z(z^2-rz+r-1)=z(z-1)(z-(r-1))=0,$$

这推出 $z=0,1$ 或 $r-1$. 在所有这些情形中 z 都是实数.

例 8.4 点 $(0,0)$, $(a,11)$ 和 $(b,37)$ 是一个等边三角形的顶点. 求 a 和 b.

解 这道题初看起来和复数没什么关系, 直到我们想起来考虑复平面上的点; 即 $(a,11)$ 对应于 $a+11\mathrm{i}$ 且 $(b,37)$ 对应于 $b+37\mathrm{i}$. 就像我们在理论部分看到的, 复数的乘法对应着旋转.

当复数 $b+37\mathrm{i}$ 为对 $a+11\mathrm{i}$ 进行关于原点的 60° 旋转的结果时, 我们得到一个解. 一个 60° 的旋转可由乘以复数 $\cos 60^\circ+\mathrm{i}\sin 60^\circ$ 来完成. 那么我们有

$$b+37\mathrm{i}=(a+11\mathrm{i})(\cos 60^\circ+\mathrm{i}\sin 60^\circ)=(a+11\mathrm{i})\left(\frac{1}{2}+\frac{\sqrt{3}\mathrm{i}}{2}\right).$$

将实部和虚部分别置为相等, 我们得到

$$\begin{aligned} b&=\frac{a}{2}-\frac{11\sqrt{3}}{2},\\ 37&=\frac{11}{2}+\frac{a\sqrt{3}}{2}. \end{aligned}$$

解这个线性方程组, 我们求出 $a=21\sqrt{3}, b=5\sqrt{3}$.

使用类似的方法, 我们可以构造另一个等边三角形, 其中 $a+11\mathrm{i}$ 由对 $b+37\mathrm{i}$ 进行关于原点的 60° 旋转得到, 在这种情形我们求出 $a=-21\sqrt{3}$, $b=-5\sqrt{3}$.

例 8.5 设 z_1, z_2, z_3 是复数并且

$$|z_1| = |z_2| = |z_3| = 1.$$

若 $z_1^2 + z_2^2 + z_3^2 = 0$ 且 $z_1 + z_2 + z_3 \neq 0$, 证明:

(a) $|z_1 + z_2 + z_3| = 2$.

(b) $|z_1^3 + z_2^3 + z_3^3 - 3z_1z_2z_3| = 4$.

解 (a) 由于 $z_1^2 + z_2^2 + z_3^2 = 0$, 我们有

$$(z_1 + z_2 + z_3)^2 = z_1^2 + z_2^2 + z_3^2 + 2(z_1z_2 + z_1z_3 + z_2z_3) = 2(z_1z_2 + z_1z_3 + z_2z_3).$$

那么

$$\begin{aligned}|z_1 + z_2 + z_3|^2 &= 2|z_1z_2 + z_1z_3 + z_2z_3| = 2|z_1z_2z_3| \cdot \left|\frac{1}{z_1} + \frac{1}{z_2} + \frac{1}{z_3}\right| \\ &= 2|\overline{z_1} + \overline{z_2} + \overline{z_3}| = 2|\overline{z_1 + z_2 + z_3}| = 2|z_1 + z_2 + z_3|.\end{aligned}$$

化简上式, 我们得到

$$|z_1 + z_2 + z_3| = |z_1z_2 + z_1z_3 + z_2z_3| = 2.$$

(b) 回忆因式分解

$$x^3 + y^3 + z^3 - 3xyz = (x + y + z)(x^2 + y^2 + z^2 - xy - xz - yz),$$

我们有

$$|z_1^3 + z_2^3 + z_3^3 - 3z_1z_2z_3| = |z_1 + z_2 + z_3| \cdot |z_1^2 + z_2^2 + z_3^2 - z_1z_2 - z_1z_3 - z_2z_3|.$$

而由于 $z_1^2 + z_2^2 + z_3^2 = 0$, 我们可以将其化简, 然后应用 (a) 部分的结果得到:

$$|z_1 + z_2 + z_3| \cdot |z_1z_2 + z_1z_3 + z_2z_3| = 2 \cdot 2 = 4.$$

例 8.6 设 z_1, z_2, z_3 是复数, 并且

$$|z_1| = |z_2| = |z_3| = 1, \quad z_1 + z_2 + z_3 = 1.$$

证明: 对于所有奇数 n, $z_1^n + z_2^n + z_3^n = 1$.

解 我们有

$$\begin{aligned}(z_1-1)(z_2-1)(z_3-1) &= z_1z_2z_3-(z_1z_2+z_2z_3+z_3z_1)+z_1+z_2+z_3-1\\ &= z_1z_2z_3\left(1-\left(\frac{1}{z_1}+\frac{1}{z_2}+\frac{1}{z_3}\right)\right)\\ &= z_1z_2z_3(1-(\overline{z_1}+\overline{z_2}+\overline{z_3}))\\ &= z_1z_2z_3(1-\overline{z_1+z_2+z_3})=0.\end{aligned}$$

这可以推出 z_1,z_2,z_3 中至少有一个等于 1, 不失一般性, 假设 $z_1=1$. 那么由 $z_1+z_2+z_3=1$, 我们有 $z_2+z_3=0$, 于是对于奇数 n,

$$z_1^n+z_2^n+z_3^n=1+z_2^n+(-z_2)^n=1,$$

题目得证.

例 8.7 证明: 任何复数 $z\neq-1, |z|=1$ 都可以写成 $\frac{1+a\,\mathrm{i}}{1-a\,\mathrm{i}}$, 其中 a 为某个实数.

解 令 $z=\cos t+\mathrm{i}\sin t, -\pi<t<\pi$. 由 DeMoivre 定理, 我们有

$$\begin{aligned}z=\left(\cos\frac{t}{2}+\mathrm{i}\sin\frac{t}{2}\right)^2 &= \frac{\left(\cos\frac{t}{2}+\mathrm{i}\sin\frac{t}{2}\right)^2}{\left(\cos\frac{t}{2}+\mathrm{i}\sin\frac{t}{2}\right)\left(\cos\frac{t}{2}-\mathrm{i}\sin\frac{t}{2}\right)}\\ &= \frac{\left(\cos\frac{t}{2}+\mathrm{i}\sin\frac{t}{2}\right)}{\left(\cos\frac{t}{2}-\mathrm{i}\sin\frac{t}{2}\right)}=\frac{1+\dfrac{\mathrm{i}\sin\frac{t}{2}}{\cos\frac{t}{2}}}{1-\dfrac{\mathrm{i}\sin\frac{t}{2}}{\cos\frac{t}{2}}}\\ &= \frac{1+\mathrm{i}\tan\frac{t}{2}}{1-\mathrm{i}\tan\frac{t}{2}},\end{aligned}$$

题目得证.

例 8.8 设 z_1,z_2,z_3 为互异的复数并且 $|z_1|=|z_2|=|z_3|=1$. 证明: $z_1+z_2z_3, z_2+z_3z_1, z_3+z_1z_2$ 都是实数当且仅当 $z_1z_2z_3=1$.

解 对于"⇒", 假设 $z_1+z_2z_3$ 是实数. 回想起一个数是实数当且仅当它等于它的复共轭, 那么

$$z_1+z_2z_3=\overline{z_1+z_2z_3}=\overline{z_1}+\overline{z_2z_3}=\frac{1}{z_1}+\frac{1}{z_2z_3}.$$

这推出 $(z_1+z_2z_3)(z_1z_2z_3-1)=0$. 下面使用反证法. 为了得出矛盾, 假设 $z_1z_2z_3\neq 1$. 于是我们得到 $z_1=-z_2z_3$, 类似地, $z_2=-z_3z_1$, $z_3=-z_1z_2$. 那么 $z_1z_2z_3=-(z_1z_2z_3)^2$, 而由于 $z_1,z_2,z_3\neq 0$, 于是有 $z_1z_2z_3=-1$. 这推出 $z_1^2=z_2^2=z_3^2=1$, 因此 z_1,z_2,z_3 不是互异的, 矛盾. 所以 $z_1z_2z_3=1$.

对于"$\Leftarrow$", 若 $z_1z_2z_3=1$, 则 $z_1+z_2z_3=z_1+\frac{1}{z_1}=z_1+\overline{z_1}=2\mathrm{Re}(z_1)\in\mathbb{R}$, 类似地, $z_2+z_3z_1\in\mathbb{R}$ 且 $z_3+z_1z_2\in\mathbb{R}$.

例 8.9 设 $(x^{2012}+x^{2014}+2)^{2013}=a_0+a_1x+\cdots+a_nx^n$. 求

$$a_0-\frac{a_1}{2}-\frac{a_2}{2}+a_3-\frac{a_4}{2}-\frac{a_5}{2}+a_6-\cdots.$$

解 令 $P(x)=(x^{2012}+x^{2014}+2)^{2013}$. 对于 $P(x)$, 我们将

$$x=\omega=\cos\frac{2\pi}{3}+\mathrm{i}\sin\frac{2\pi}{3},$$

一个三次单位根, 以及 $x=\omega^2$ 代入公式中. 那么由 $\omega^3=1$ 和 $\omega^2+\omega+1=0$, 我们得到关系式 $P(\omega)=P(\omega^2)=1$. 于是

$$a_0+a_1\omega+a_2\omega^2+a_3+a_4\omega+a_5\omega^2+\cdots=1,$$
$$a_0+a_1\omega^2+a_2\omega+a_3+a_4\omega^2+a_5\omega+\cdots=1.$$

将上面两个恒等式相加, 再使用 $\omega+\omega^2=-1$, 我们就求出答案为 1.

例 8.10 解方程

$$P(x)=24x^{24}+\sum_{j=1}^{23}(24-j)(x^{24-j}+x^{24+j})=0.$$

解 将 $P(x)$ 重写为

$$P(x)=x^{47}+2x^{46}+\cdots+23x^{25}+24x^{24}+23x^{23}+\cdots+2x^2+x.$$

我们可以把上式因式分解为

$$x(x^{23}+x^{22}+\cdots+x+1)^2.$$

$x^{23}+x^{22}+\cdots+x+1$ 的根为 24 次复单位根 (不包括 $x=1$). 因此

$$z_k=\cos\frac{2\pi k}{24}+\mathrm{i}\sin\frac{2\pi k}{24},\ k=1,2,\cdots,23$$

和 $z=0$ 是方程的解.

例 8.11 设 $z \in \mathbb{C} \setminus \mathbb{R}$. 解方程

$$(x+z)^n - (x+\overline{z})^n = 0.$$

解 方程等价于

$$\left(\frac{x+z}{x+\overline{z}}\right)^n = 1,$$

这推出

$$\frac{x+z}{x+\overline{z}} = \cos\frac{2\pi k}{n} + \mathrm{i}\,\sin\frac{2\pi k}{n}, \quad k = 1, \cdots, n-1.$$

我们舍弃 $k=0$ 的情形, 因为它会导致 $z=\overline{z}$, 而与条件 $z \in \mathbb{C} \setminus \mathbb{R}$ 矛盾.

使用下面的事实: 一般地,

$$\frac{a+b}{a-b} = \frac{a/b+1}{a/b-1},$$

其中 $a \neq b, b \neq 0$, 我们得到, 对于 $k = 1, \cdots, n-1$,

$$\begin{aligned}\frac{(x+z)+(x+\overline{z})}{(x+z)-(x+\overline{z})} &= \frac{\cos\dfrac{2\pi k}{n} + \mathrm{i}\,\sin\dfrac{2\pi k}{n} + 1}{\cos\dfrac{2\pi k}{n} + \mathrm{i}\,\sin\dfrac{2\pi k}{n} - 1} \\ &= \frac{2x + 2\mathrm{Re}(z)}{2\mathrm{i}\,\mathrm{Im}(z)}.\end{aligned}$$

现在, 使用恒等式

$$1+\cos 2x = 2\cos^2 x, \quad \sin 2x = 2\sin x \cos x,$$

$$\cos 2x - 1 = -2\sin^2 x = 2\mathrm{i}^2 \sin^2 x,$$

我们有

$$\frac{2x+2\mathrm{Re}(z)}{2\mathrm{i}\,\mathrm{Im}(z)} = \frac{2\cos^2\dfrac{k\pi}{n} + 2\mathrm{i}\,\sin\dfrac{k\pi}{n}\cos\dfrac{k\pi}{n}}{2\mathrm{i}^2\sin^2\dfrac{k\pi}{n} + 2\mathrm{i}\,\sin\dfrac{k\pi}{n}\cos\dfrac{k\pi}{n}}, \quad k = 1, \cdots, n-1.$$

那么

$$\frac{x+\mathrm{Re}(z)}{\mathrm{Im}(z)} = \frac{\cos\dfrac{k\pi}{n}\left(\cos\dfrac{k\pi}{n} + \mathrm{i}\,\sin\dfrac{k\pi}{n}\right)}{\sin\dfrac{k\pi}{n}\left(\cos\dfrac{k\pi}{n} + \mathrm{i}\,\sin\dfrac{k\pi}{n}\right)} = \cot\frac{k\pi}{n}, \quad k = 1, \cdots, n-1.$$

求解 x, 就得出

$$x = \left(\cot\frac{k\pi}{n}\right)\mathrm{Im}(z) - \mathrm{Re}(z), \quad k = 1, \cdots, n-1.$$

例 8.12 考虑互异的复数 a,b,c,d. 证明下面的说法等价:

(a) 对于任何 $z\in\mathbb{C}$, 我们有 $|z-a|+|z-b|\geq|z-c|+|z-d|$.

(b) 存在 $t\in(0,1)$ 使得 $c=ta+(1-t)b$, $d=(1-t)a+tb$.

解 首先我们证明由 (b) 可以推出 (a). 由 (b) 所给的条件, 我们有

$$|z-c|=|z-ta-(1-t)b|\leq t|z-a|+(1-t)|z-b|.$$

类似地, 我们有

$$|z-d|\leq(1-t)|z-a|+t|z-b|.$$

将两个不等式相加就得到了我们想要的结果.

现在我们证明由 (a) 可以推出 (b). 在 (a) 所给的条件中取 $z=a$, 我们有

$$|a-b|\geq|a-c|+|a-d|.$$

类似地, 取 $z=b$, 我们有

$$|a-b|\geq|b-c|+|b-d|.$$

将两个不等式相加, 我们得到

$$2|a-b|\geq|a-c|+|a-d|+|b-c|+|b-d|.$$

然而由三角不等式, 我们有

$$|a-c|+|b-c|\geq|a-b| \quad 和 \quad |a-d|+|b-d|\geq|a-b|.$$

将它们相加, 我们得到

$$|a-c|+|a-d|+|b-c|+|b-d|\geq2|a-b|,$$

这推出上面的这些不等式事实上是等式. 于是我们有 $|a-c|+|b-c|=|a-b|$, 这推出存在 $0<t_1<1$ 使得 $c=t_1a+(1-t_1)b$. 类似地, 存在 $0<t_2<1$ 使得 $d=t_2a+(1-t_2)b$.

为了完成证明, 我们只需要证出 $t_1+t_2=1$. 事实上, 我们有

$$|a-c|+|b-c|=|a-b|=|b-c|+|b-d|,$$

这推出 $|a-c|=|b-d|$. 那么 $(1-t_1)|a-b|=t_2|b-a|$, 由此即得出结论.

例 8.13 设 a,b,c 是互异实数并且设 n 是正整数. 求所有满足

$$az^n+b\overline{z}+\frac{c}{z}=bz^n+c\overline{z}+\frac{a}{z}=cz^n+a\overline{z}+\frac{b}{z}$$

的非零复数 z.

解 令

$$az^n + b\overline{z} + \frac{c}{z} = bz^n + c\overline{z} + \frac{a}{z} = cz^n + a\overline{z} + \frac{b}{z} = k.$$

为了构造平方和, 考虑

$$\begin{aligned}&(a-b)\left(az^n + b\overline{z} + \frac{c}{z}\right) + (b-c)\left(bz^n + c\overline{z} + \frac{a}{z}\right) + (c-a)\left(cz^n + a\overline{z} + \frac{b}{z}\right)\\=&(a-b)k + (b-c)k + (c-a)k = 0.\end{aligned}$$

上式整理后变为

$$(a^2+b^2+c^2-ab-bc-ca)z^n = (a^2+b^2+c^2-ab-bc-ca)\overline{z}.$$

注意到由于 a, b, c 互异,

$$a^2+b^2+c^2-ab-ba-ca = \frac{1}{2}[(a-b)^2+(b-c)^2+(c-a)^2] > 0.$$

因此我们可以在方程两边同时除以 $a^2+b^2+c^2-ab-bc-ca$, 得到

$$z^n = \overline{z}.$$

这推出 $|z|^n = |z|$, 由于 z 是非零的, 因而 $|z| = 1$. 于是方程变为

$$z^n = \frac{1}{z}.$$

这等价于 $z^{n+1} = 1$ 并且因而所有满足题目中方程的 z 都是 $n+1$ 次单位根. 这些解显然确实满足题目的条件, 因此所有三个表达式都等于 $\frac{a+b+c}{z}$.

例 8.14 设 n 是正整数, $\varepsilon_0, \cdots, \varepsilon_{n-1}$ 是 n 次单位根, 并且 a, b 是复数. 计算

$$\prod_{k=0}^{n-1}(a + b\varepsilon_k^2)$$

的值.

解 由定义, $\varepsilon_0, \varepsilon_1, \cdots, \varepsilon_{n-1}$ 是方程 $x^n - 1 = 0$ 的复根. 因此由因式分解定理, 我们有

$$\prod_{k=0}^{n-1}(x - \varepsilon_k) = x^n - 1.$$

令 z 是方程 $z^2=-\frac{a}{b}$ 的解. 于是, 应用前面的因式分解式, 我们有

$$\begin{aligned}\prod_{k=0}^{n-1}(a+b\varepsilon_k^2)&=\prod_{k=0}^{n-1}(-b)\left(\frac{a}{-b}-\varepsilon_k^2\right)=(-b)^n\prod_{k=0}^{n-1}(z^2-\varepsilon_k^2)\\&=(-b)^n\prod_{k=0}^{n-1}(z-\varepsilon_k)\prod_{k=0}^{n-1}(z+\varepsilon_k)\\&=b^n\prod_{k=0}^{n-1}(z-\varepsilon_k)\prod_{k=0}^{n-1}((-z)-\varepsilon_k)\\&=b^n(z^n-1)((-z)^n-1)\\&=b^n[(-1)^nz^{2n}-z^n((-1)^n+1)+1].\end{aligned}$$

为了化简上式中的 $(-1)^n$ 项, 我们分别考虑 n 是偶数和奇数的情形.

若 n 是偶数, 即 $n=2m$, m 为某个正整数, 则我们有

$$\begin{aligned}\prod_{k=0}^{n-1}(a+b\varepsilon_k^2)&=b^{2m}(z^{4m}-2z^{2m}+1)=b^{2m}\left(\left(-\frac{a}{b}\right)^{2m}-2\left(-\frac{a}{b}\right)^m+1\right)\\&=a^{2m}-2a^m(-b)^m+b^{2m}=(a^m-(-b)^m)^2.\end{aligned}$$

若 n 是奇数, 则

$$\prod_{k=0}^{n-1}(a+b\varepsilon_k^2)=b^n(-z^{2n}+1)=b^n\left(-\left(-\frac{a}{b}\right)^n+1\right)=a^n+b^n.$$

因此,

$$\prod_{k=0}^{n-1}(a+b\varepsilon_k^2)=\begin{cases}\left(a^{\frac{n}{2}}-(-b)^{\frac{n}{2}}\right)^2, & n\text{ 是偶数},\\ a^n+b^n, & n\text{ 是奇数}.\end{cases}$$

9 更多不等式

下面, 我们给出在本章需要用到的几个最常见的不等式. 对它们的证明感兴趣的读者, 请参见本书的先导书《105 个代数问题: 来自 AwesomeMath 夏季课程》.

定理 9.1 (算术平均–几何平均不等式) 对于所有非负实数 $x_1, x_2, \cdots, x_n$, 我们有

$$\frac{x_1+x_2+\cdots+x_n}{n} \geq \sqrt[n]{x_1 x_2 \cdots x_n}.$$

即, $x_1, x_2, \cdots, x_n$ 的算术平均大于或等于它们的几何平均. 等式成立当且仅当 $x_1 = x_2 = \cdots = x_n$.

定理 9.2 (Cauchy–Schwarz 不等式) 对于所有实数 $a_1, a_2, \cdots, a_n$ 和 $b_1, b_2, \cdots, b_n$, 我们有

$$(a_1^2+a_2^2+\cdots+a_n^2)(b_1^2+b_2^2+\cdots+b_n^2) \geq (a_1b_1+a_2b_2+\cdots+a_nb_n)^2,$$

等式成立当且仅当:

(a) 对于所有 $i = 1, 2, \cdots, n$, $a_i = 0$ 或 $b_i = 0$.

(b) 对于所有 $i = 1, 2, \cdots, n$, 存在实数 t 使得 $ta_i = b_i$.

定理 9.3 (Hölder 不等式) 设 $a_{11}, \cdots, a_{1n}, a_{21}, \cdots, a_{kn}$ 是非负实数. 那么

$$\begin{aligned}&(a_{11}+a_{12}+\cdots+a_{1n})(a_{21}+a_{22}+\cdots+a_{2n})\cdots(a_{k1}+a_{k2}+\cdots+a_{kn})\\ \geq&(\sqrt[k]{a_{11}a_{21}\cdots a_{k1}}+\cdots+\sqrt[k]{a_{1n}a_{2n}\cdots a_{kn}})^k.\end{aligned}$$

例 9.1 证明: 对于任何实数 a 和 b,

$$ab-3 \leq (a+b+3)^2.$$

解 令 $a+b=s, ab=p$. 由不等式 $(a-b)^2 \geq 0$ 可以推出 $(a+b)^2 \geq 4ab$, 即 $p \leq \frac{s^2}{4}$. 因此现在只需证明

$$\frac{s^2}{4}-3 \leq (s+3)^2.$$

这个不等式等价于

$$s^2-12 \leq 4s^2+24s+36,$$

它可以化简为 $3(s+4)^2 \geq 0$. 等式成立当且仅当 $s=-4$ 和 $a=b$, 即当且仅当 $a=b=-2$.

例 9.2 设 x, y, z 是非负实数并且 $x+y+z=1$. 证明

$$\frac{x^2}{1+y}+\frac{y^2}{1+z}+\frac{z^2}{1+x}\leq 1.$$

解 注意到 $x\leq 1$ 且 $\frac{1}{1+y}\leq 1$, 这可推出 $\frac{x^2}{1+y}\leq x$. 将它与另外两个类似的不等式相加, 我们得到

$$\frac{x^2}{1+y}+\frac{y^2}{1+z}+\frac{z^2}{1+x}\leq x+y+z=1.$$

例 9.3 当 x, y, z 在所有满足 $2x^2+3y^2+4z^2=1$ 的实数中变化时, 求函数 $f(x,y,z)=5x-6y+7z$ 的最大值.

解 由 Cauchy–Schwarz 不等式, 我们有

$$\begin{aligned}(f(x,y,z))^2=(5x-6y+7z)^2&=\left(\frac{5}{\sqrt{2}}\cdot\sqrt{2}x-\frac{6}{\sqrt{3}}\cdot\sqrt{3}y+\frac{7}{2}\cdot 2z\right)^2\\&\leq\left(\left(\frac{5}{\sqrt{2}}\right)^2+\left(-\frac{6}{\sqrt{3}}\right)^2+\left(\frac{7}{2}\right)^2\right)\left((\sqrt{2}x)^2+(\sqrt{3}y)^2+(2z)^2\right)\\&=\frac{147}{4}(2x^2+3y^2+4z^2)=\frac{147}{4}.\end{aligned}$$

因此 $f(x,y,z)$ 的最大值为 $\sqrt{147}/2$, 在 Cauchy–Schwarz 不等式取等号时达到. 这出现在 $\sqrt{2}x:\sqrt{3}y:2z=\frac{5}{\sqrt{2}}:-\frac{6}{\sqrt{3}}:\frac{7}{2}$ 且 $2x^2+3y^2+4z^2=1$ 时. 特别地, 最大值在 $\left(\frac{5}{7\sqrt{3}},-\frac{4}{7\sqrt{3}},\frac{1}{2\sqrt{3}}\right)$ 处取得.

例 9.4 证明: 对于任何非负实数 a, b, c, 我们有

$$a^3+b^3+c^3\geq a^2b+b^2c+c^2a.$$

解 由算术平均–几何平均不等式, 我们有

$$\frac{a^3+a^3+b^3}{3}\geq\sqrt[3]{a^3\cdot a^3\cdot b^3}=a^2b.$$

类似地,

$$\frac{b^3+b^3+c^3}{3}\geq b^2c,\quad\frac{c^3+c^3+a^3}{3}\geq c^2a.$$

将上面三个不等式相加, 我们就得到了所需的结果.

例 9.5 证明: 对于任何整数 $n \geq 2$,

$$\frac{1}{1-\dfrac{\dfrac{1}{2}+\dfrac{1}{3}+\cdots+\dfrac{1}{n+1}}{n}} < \sqrt[n]{n+1} < 1+\frac{1+\dfrac{1}{2}+\cdots+\dfrac{1}{n}}{n}.$$

解 首先, 对于 $\frac{2}{1}, \frac{3}{2}, \cdots, \frac{n+1}{n}$ 使用算术平均–几何平均不等式, 我们得到

$$\sqrt[n]{n+1}=\sqrt[n]{\frac{2}{1}\cdot\frac{3}{2}\cdot\cdots\cdot\frac{n+1}{n}} < \frac{\dfrac{2}{1}+\dfrac{3}{2}+\cdots+\dfrac{n+1}{n}}{n}=1+\frac{1+\dfrac{1}{2}+\cdots+\dfrac{1}{n}}{n}.$$

注意到我们得到的是严格的不等式, 这是因为当所有变量都相等时, 算术平均–几何平均不等式才取等号, 而在本题的情形, 它们都是不同的. 然后, 对于 $\frac{1}{2}, \frac{2}{3}, \cdots, \frac{n}{n+1}$ 使用算术平均–几何平均不等式, 我们得到

$$\frac{1}{\sqrt[n]{n+1}}=\sqrt[n]{\frac{1}{2}\cdot\frac{2}{3}\cdot\cdots\cdot\frac{n}{n+1}} < \frac{\dfrac{1}{2}+\dfrac{2}{3}+\cdots+\dfrac{n}{n+1}}{n}=1-\frac{\dfrac{1}{2}+\dfrac{1}{3}+\cdots+\dfrac{1}{n+1}}{n},$$

这就推出了所需的结果.

例 9.6 设 a, b, c 是正实数. 证明

$$\frac{a}{b^2+c}+\frac{b}{a^2+c} \geq \frac{a+b}{ab+c}.$$

解 不等式的左边等于

$$\frac{a^3+b^3+ac+bc}{(a^2+c)(b^2+c)}=\frac{(a+b)(a^2-ab+b^2+c)}{(a^2+c)(b^2+c)}.$$

那么我们只需证明

$$\frac{a^2-ab+b^2+c}{(a^2+c)(b^2+c)} \geq \frac{1}{ab+c},$$

它等价于 $ab(a^2-ab+b^2) \geq a^2b^2$ 或者 $ab(a-b)^2 \geq 0$, 这是显然的.

例 9.7 设 a, b, c 是一个三角形的三边边长. 证明

$$\frac{a}{a-b+c}+\frac{b}{b-c+a}+\frac{c}{c-a+b} \geq 3.$$

解 我们利用对称性做代换, 把分母的样子变漂亮. 令 $a-b+c=x, b-c+a=y, c-a+b=z$. 由于 a, b, c 是一个三角形的三边边长, $x, y, z \geq 0$. 将前两个式子相

加, 我们得到 $2a = x + y$, 类似地, 我们有 $2b = y + z, 2c = z + x$. 将不等式的两边同时乘以 2 并进行上面的代换, 我们把不等式化简为

$$\frac{x+y}{x} + \frac{y+z}{y} + \frac{z+x}{z} \geq 6.$$

消去常数项, 不等式就变为

$$\frac{z}{y} + \frac{x}{z} + \frac{y}{x} \geq 3,$$

由算术平均–几何平均不等式, 它是正确的.

例 9.8 设 a, b, c 是实数并且满足

$$(a-b)^2 + (b-c)^2 + (c-a)^2 \geq 2.$$

证明

$$|a-b| + |b-c| + |c-a| \geq 2.$$

解 我们有

$$\begin{aligned}(|a-b| + |b-c| + |c-a|)^2 =&(a-b)^2 + (b-c)^2 + (c-a)^2 \\ &+ 2|a-b||b-c| + 2|b-c||c-a| + 2|c-a||a-b|.\end{aligned}$$

使用题目所给条件以及对于所有实数 x 有 $|x| \geq -x$ 这一事实, 我们得到

$$\begin{aligned}&(a-b)^2 + (b-c)^2 + (c-a)^2 + 2|a-b||b-c| + 2|b-c||c-a| + 2|c-a||a-b| \\ \geq& 2 + 2(a-b)(c-b) + 2(b-c)(a-c) + 2(c-a)(b-a).\end{aligned}$$

将上式的不等号右边展开, 我们得到

$$\begin{aligned}&2 + 2(a-b)(c-b) + 2(b-c)(a-c) + 2(c-a)(b-a) \\ =&2 + (a-b)^2 + (b-c)^2 + (c-a)^2 \geq 2 + 2 = 4,\end{aligned}$$

这即可推出所需的结果.

例 9.9 对于满足

$$a + b + c + d + e + f + g = 1$$

的所有非负实数 a, b, c, d, e, f, g, 求

$$\max\{a+b+c, b+c+d, c+d+e, d+e+f, e+f+g\}$$

的可能的最小值.

解 令 $M=\max\{a+b+c, b+c+d, c+d+e, d+e+f, e+f+g\}$. 由定义, $M\ge a+b+c$, $M\ge c+d+e$, $M\ge e+f+g$. 将这三个不等式相加, 我们得到

$$3M\ge 1+c+e.$$

因此 $M\ge\frac{1}{3}$ 并且若下界 $M=\frac{1}{3}$ 可以达到, 则最小值将出现在 $c=e=0$ 时. 把它们代入上面三个不等式, 我们得到 $a=b=f=g=\frac{1}{6}$, $d=\frac{1}{3}$. 那么在条件 $a+b+c+d+e+f+g=1$ 之下, $M=\frac{1}{3}$ 能够达到. 于是可能的最小值为 $\frac{1}{3}$.

例 9.10 设 $x,y,z>1$ 并且 $\frac{1}{x}+\frac{1}{y}+\frac{1}{z}=2$. 证明

$$\sqrt{x+y+z}\ge\sqrt{x-1}+\sqrt{y-1}+\sqrt{z-1}.$$

解 对 $\sqrt{x}$, $\sqrt{y}$, $\sqrt{z}$ 和 $\sqrt{\frac{x-1}{x}}$, $\sqrt{\frac{y-1}{y}}$, $\sqrt{\frac{z-1}{z}}$ 使用 Cauchy–Schwarz 不等式, 我们得到

$$\begin{aligned}&\left(\sqrt{x-1}+\sqrt{y-1}+\sqrt{z-1}\right)^2\\ =&\left(\sqrt{x}\sqrt{\frac{x-1}{x}}+\sqrt{y}\sqrt{\frac{y-1}{y}}+\sqrt{z}\sqrt{\frac{z-1}{z}}\right)^2\\ \le&\left[\left(\sqrt{x}\right)^2+\left(\sqrt{y}\right)^2+\left(\sqrt{z}\right)^2\right]\left[\left(\sqrt{\frac{x-1}{x}}\right)^2+\left(\sqrt{\frac{y-1}{y}}\right)^2+\left(\sqrt{\frac{z-1}{z}}\right)^2\right]\\ =&(x+y+z)\left(3-\frac{1}{x}-\frac{1}{y}-\frac{1}{z}\right)=x+y+z.\end{aligned}$$

两边取平方根, 即得所需结论.

例 9.11 设 a,b,c 是正实数并且 $a+b+c=1$. 证明

$$a\sqrt[3]{1+b-c}+b\sqrt[3]{1+c-a}+c\sqrt[3]{1+a-b}\le 1.$$

解 1 由 Hölder 不等式, 我们有

$$\left(\sum_{cyc}a\sqrt[3]{1+b-c}\right)^3\le\left(\sum_{cyc}a\right)^2\left(\sum_{cyc}a(1+b-c)\right)=\left(\sum_{cyc}a\right)^3=1.$$ [2]

[2] $\sum\limits_{cyc}$ 表示轮换求和 (例如在本题中 $\sum\limits_{cyc}a\sqrt[3]{1+b-c}=a\sqrt[3]{1+b-c}+b\sqrt[3]{1+c-a}+c\sqrt[3]{1+a-b}$), 这个记号在后文中将多次使用.——译者注

解 2 注意到 *Bernoulli* 不等式, 其内容如下:

对于所有 $r \in (-\infty, 0] \cup [1, \infty)$ 和 $x > -1$, 我们有

$$(1+x)^r \geq 1 + rx.$$

若 $0 \leq r \leq 1$, 我们有

$$(1+x)^r \leq 1 + rx.$$

应用这个不等式, 我们得到

$$\begin{aligned}&a\sqrt[3]{1+b-c} + b\sqrt[3]{1+c-a} + c\sqrt[3]{1+a-b}\\ \leq & a\left(1+\frac{1}{3}(b-c)\right) + b\left(1+\frac{1}{3}(c-a)\right) + c\left(1+\frac{1}{3}(a-b)\right) = a+b+c = 1.\end{aligned}$$

例 9.12 设 a, b, c 是正实数并且 $a+b+c=1$. 证明

$$\frac{1-a^2}{a+bc} + \frac{1-b^2}{b+ca} + \frac{1-c^2}{c+ab} \geq 6.$$

解 我们有

$$\sum_{cyc} \frac{1-a^2}{a+bc} \geq \sum_{cyc} \frac{1-a^2}{a+\frac{(b+c)^2}{4}} = \sum_{cyc} \frac{4(1-a)(1+a)}{4a+(1-a)^2} = \sum_{cyc} \frac{4(1-a)}{1+a}.$$

因此只需证明

$$\sum_{cyc} \frac{1-a}{1+a} \geq \frac{3}{2}.$$

将上式的两边加 3 然后除以 2, 于是它等价于

$$\sum_{cyc} \frac{1}{1+a} \geq \frac{9}{4},$$

这可由 Cauchy–Schwarz 不等式或算术平均–几何平均不等式直接得到.

例 9.13 设 $\{x_n\}_{n\geq 0}$ 是一个正实数序列, 其中 $x_0 = 1$ 且 $x_0 \geq x_1 \geq x_2 \geq \cdots$.

(a) 证明: 我们可以找到 $n \geq 1$ 使得

$$\frac{x_0^2}{x_1} + \frac{x_1^2}{x_2} + \cdots + \frac{x_{n-1}^2}{x_n} \geq 3.999.$$

(b) 给出这个序列的一个例子, 使得它还满足下面的不等式: 对于所有 $n \geq 1$,

$$\frac{x_0^2}{x_1} + \frac{x_1^2}{x_2} + \cdots + \frac{x_{n-1}^2}{x_n} < 4.$$

解 (a) 使用 Cauchy–Schwarz 不等式, 我们得到

$$\frac{x_0^2}{x_1}+\frac{x_1^2}{x_2}+\cdots+\frac{x_{n-1}^2}{x_n}\geq\frac{(x_0+x_1+\cdots+x_{n-1})^2}{x_1+\cdots+x_n}.$$

令 $s=x_1+\cdots+x_{n-1}$. 由于序列是非增的, 我们有 $x_n\leq\frac{s}{n-1}$, 因此

$$\frac{(x_0+x_1+\cdots+x_{n-1})^2}{x_1+\cdots+x_n}=\frac{(1+s)^2}{s+x_n}\geq\frac{(1+s)^2}{\dfrac{n}{n-1}s}=\frac{n-1}{n}\cdot\frac{(1+s)^2}{s}.$$

使用不等式 $(1+s)^2\geq 4s$, 我们最终得到

$$\frac{x_0^2}{x_1}+\frac{x_1^2}{x_2}+\cdots+\frac{x_{n-1}^2}{x_n}\geq 4\left(1-\frac{1}{n}\right).$$

因此我们只需选择 n 使得 $4-\frac{4}{n}\geq 3.999$, 这显然是可能的.

(b) 我们应该寻找一个具有下面性质的序列: 几乎所有在 (a) 中写下的不等式实际上都是等式. 在 Cauchy–Schwarz 不等式的应用中, 等式成立当且仅当 $\frac{x_0}{x_1}=\frac{x_1}{x_2}=\cdots=\frac{x_{n-1}}{x_n}$, 特别地, 我们应该寻找一个几何级数序列. 因此我们选择 $x_n=a^n$, 其中 $a>0$. 由于序列是非增的, 我们一定有 $a\leq 1$. 现在不等式

$$\frac{x_0^2}{x_1}+\frac{x_1^2}{x_2}+\cdots+\frac{x_{n-1}^2}{x_n}<4$$

等价于

$$\frac{1}{a}+1+a+\cdots+a^{n-2}<4.$$

由几何级数公式, 它可化简为

$$\frac{1}{a}+\frac{1-a^{n-1}}{1-a}<4.$$

因此我们足以有

$$\frac{1}{a}+\frac{1}{1-a}\leq 4.$$

对于 $a\in(0,1)$, 它化简为不等式 $(2a-1)^2\leq 0$, 从而推出 $a=\frac{1}{2}$. 我们得到序列 $x_n=\frac{1}{2^n}$ 是问题的一个解.

例 9.14 设实数 $a_1,a_2,\cdots,a_n$ 满足

$$a_1+a_2+\cdots+a_n\leq\frac{1}{2}.$$

证明

$$(1+a_1)(1+a_2)\cdots(1+a_n)<2.$$

解 让我们使用算术平均–几何平均不等式:

$$(1+a_1)(1+a_2)\cdots(1+a_n) \leq \left(\frac{1+a_1+\cdots+1+a_n}{n}\right)^n \leq \left(1+\frac{1}{2n}\right)^n,$$

那么现在只需证明

$$\left(1+\frac{1}{2n}\right)^n < 2.$$

使用二项式定理, 我们将上式写为

$$1+\sum_{k=1}^{n}\frac{\binom{n}{k}}{2^k n^k} < 2.$$

注意到

$$\frac{\binom{n}{k}}{n^k} = \frac{n(n-1)\cdots(n-k+1)}{k!\cdot n^k} \leq \frac{1}{k!} \leq 1,$$

于是我们只需证明

$$1+\sum_{k=1}^{n}\frac{1}{2^k} < 2.$$

由几何级数公式, 它等价于

$$\frac{1-\left(\dfrac{1}{2}\right)^{n+1}}{1-\dfrac{1}{2}} < 2.$$

由于 $1-\frac{1}{2^{n+1}} < 1$, 这是显然的.

注 注意到对于 $x>0$, $1+x<\mathrm{e}^x$ (这可以通过计算容易地证明), 我们得到更强的不等式

$$(1+a_1)(1+a_2)\cdots(1+a_n) < \mathrm{e}^{a_1+a_2+\cdots+a_n} \leq \mathrm{e}^{1/2} \approx 1.648721270.$$

例 9.15 设 a,b,c 是大于 1 的实数并且满足

$$\frac{b+c}{a^2-1}+\frac{c+a}{b^2-1}+\frac{a+b}{c^2-1} \geq 1.$$

证明

$$\left(\frac{bc+1}{a^2-1}\right)^2+\left(\frac{ca+1}{b^2-1}\right)^2+\left(\frac{ab+1}{c^2-1}\right)^2 \geq \frac{10}{3}.$$

解 观察到

$$\left(\frac{bc+1}{a^2-1}\right)^2-\left(\frac{b+c}{a^2-1}\right)^2=\frac{(b^2-1)(c^2-1)}{(a^2-1)^2},$$

$$\left(\frac{ca+1}{b^2-1}\right)^2-\left(\frac{c+a}{b^2-1}\right)^2=\frac{(c^2-1)(a^2-1)}{(b^2-1)^2},$$
$$\left(\frac{ab+1}{c^2-1}\right)^2-\left(\frac{a+b}{c^2-1}\right)^2=\frac{(a^2-1)(b^2-1)}{(c^2-1)^2}.$$

因此

$$\sum_{cyc}\left(\frac{bc+1}{a^2-1}\right)^2=\sum_{cyc}\left(\frac{b+c}{a^2-1}\right)^2+\sum_{cyc}\frac{(b^2-1)(c^2-1)}{(a^2-1)^2}.$$

由 Cauchy–Schwarz 不等式, 我们有

$$\sum_{cyc}\left(\frac{b+c}{a^2-1}\right)^2\geq\frac{\left(\sum\limits_{cyc}\frac{b+c}{a^2-1}\right)^2}{1^2+1^2+1^2}\geq\frac{1}{3},$$

并且由算术平均–几何平均不等式, 我们得到

$$\sum_{cyc}\frac{(b^2-1)(c^2-1)}{(a^2-1)^2}\geq 3\sqrt[3]{\frac{(a^2-1)^2(b^2-1)^2(c^2-1)^2}{(a^2-1)^2(b^2-1)^2(c^2-1)^2}}=3.$$

现在, 将上面的三个关系式合在一起, 我们得到

$$\sum_{cyc}\left(\frac{bc+1}{a^2-1}\right)^2\geq 3+\frac{1}{3}=\frac{10}{3}.$$

例 9.16 设 $a_1,a_2,\cdots,a_{100}$ 是非负实数并且满足 $a_1^2+a_2^2+\cdots+a_{100}^2=1$. 证明

$$a_1^2a_2+a_2^2a_3+\cdots+a_{100}^2a_1\leq\frac{\sqrt{2}}{3}.$$

解 将不等式的左边记为

$$E=\sum_{k=1}^{100}a_k^2a_{k+1}$$

(令 $a_{101}=a_1$, $a_{102}=a_2$).

对 a_{k+1} 和 $a_k^2+2a_{k+1}a_{k+2}$ 使用 Cauchy–Schwarz 不等式, 并且应用

$$\sum_{k=1}^{100}a_{k+1}(a_k^2+2a_{k+1}a_{k+2})=3E,$$

我们得到

$$(3E)^2=\left(\sum_{k=1}^{100}a_{k+1}(a_k^2+2a_{k+1}a_{k+2})\right)^2\leq\left(\sum_{k=1}^{100}a_{k+1}^2\right)\left(\sum_{k=1}^{100}(a_k^2+2a_{k+1}a_{k+2})^2\right)$$

$$= 1 \cdot \sum_{k=1}^{100}(a_k^2 + 2a_{k+1}a_{k+2})^2 = \sum_{k=1}^{100}(a_k^4 + 4a_k^2 a_{k+1}a_{k+2} + 4a_{k+1}^2 a_{k+2}^2).$$

对 a_{k+1}^2, a_{k+2}^2 使用算术平均–几何平均不等式, 我们有

$$\frac{a_{k+1}^2 + a_{k+2}^2}{2} \geq a_{k+1}a_{k+2}.$$

这推出

$$\begin{aligned}\sum_{k=1}^{100}(a_k^4+4a_k^2 a_{k+1}a_{k+2}+4a_{k+1}^2 a_{k+2}^2) &\leq \sum_{k=1}^{100}(a_k^4+2a_k^2(a_{k+1}^2+a_{k+2}^2) + 4a_{k+1}^2 a_{k+2}^2) \\ &= \sum_{k=1}^{100}(a_k^4 + 6a_k^2 a_{k+1}^2 + 2a_k^2 a_{k+2}^2).\end{aligned}$$

我们显然有

$$\sum_{k=1}^{100}(a_k^4 + 2a_k^2 a_{k+1}^2 + 2a_k^2 a_{k+2}^2) \leq \left(\sum_{k=1}^{100} a_k^2\right)^2$$

和

$$\sum_{k=1}^{100} a_k^2 a_{k+1}^2 \leq \left(\sum_{j=1}^{50} a_{2j-1}^2\right)\left(\sum_{j=1}^{50} a_{2j}^2\right),$$

这是因为在这两个不等式的每一个中, 左边的所有求和项 (或更多项) 都在右边出现. 将这些不等式与之前得到的关系式

$$(3E)^2 \leq \sum_{k=1}^{100}(a_k^4 + 6a_k^2 a_{k+1}^2 + 2a_k^2 a_{k+2}^2)$$

合在一起, 我们有

$$(3E)^2 \leq \left(\sum_{k=1}^{100} a_k^2\right)^2 + 4\left(\sum_{j=1}^{50} a_{2j-1}^2\right)\left(\sum_{j=1}^{50} a_{2j}^2\right).$$

根据题目所给条件 $\sum_{k=1}^{100} a_k^2 = 1$ 以及对于实数 x, y, $4xy \leq (x+y)^2$ (因为它可以化简为 $(x-y)^2 \geq 0$, 这显然成立), 我们有

$$\left(\sum_{k=1}^{100} a_k^2\right)^2 + 4\left(\sum_{j=1}^{50} a_{2j-1}^2\right)\left(\sum_{j=1}^{50} a_{2j}^2\right) \leq 1 + \left(\sum_{j=1}^{50} a_{2j-1}^2 + \sum_{j=1}^{50} a_{2j}^2\right)^2 = 2.$$

我们最终得到

$$E \leq \frac{\sqrt{2}}{3},$$

题目得证.

例 9.17 设 a,b,c 是一个三角形的三边边长. 证明

$$\frac{\sqrt{b+c-a}}{\sqrt{b}+\sqrt{c}-\sqrt{a}}+\frac{\sqrt{c+a-b}}{\sqrt{c}+\sqrt{a}-\sqrt{b}}+\frac{\sqrt{a+b-c}}{\sqrt{a}+\sqrt{b}-\sqrt{c}}\le 3.$$

解 首先, $\sqrt{a}+\sqrt{b}>\sqrt{a+b}$, 这是因为它等价于 $2\sqrt{ab}>0$. 由于 a,b,c 满足三角不等式, 我们有 $\sqrt{a}+\sqrt{b}>\sqrt{a+b}>\sqrt{c}$. 这个不等式连同对 a,b,c 轮换而得到的另外两个类似的不等式可以推出, 题目中的分母都是正的.

令 $x=\sqrt{b}+\sqrt{c}-\sqrt{a}, y=\sqrt{c}+\sqrt{a}-\sqrt{b}, z=\sqrt{a}+\sqrt{b}-\sqrt{c}$. 那么我们有

$$\begin{aligned} b+c-a &= \left(\frac{z+x}{2}\right)^2+\left(\frac{x+y}{2}\right)^2-\left(\frac{y+z}{2}\right)^2=\frac{x^2+xy+xz-yz}{2} \\ &= x^2-\frac{1}{2}(x-y)(x-z). \end{aligned}$$

我们知道, $k^2\ge 0$ 可以推出 $\sqrt{1+2k}\le 1+k$. 对于

$$k=-\frac{(x-y)(y-z)}{4x^2}$$

应用这个不等式, 我们得到

$$\frac{\sqrt{b+c-a}}{\sqrt{b}+\sqrt{c}-\sqrt{a}}=\sqrt{1-\frac{(x-y)(x-z)}{2x^2}}\le 1-\frac{(x-y)(x-z)}{4x^2}.$$

类似地,

$$\frac{\sqrt{c+a-b}}{\sqrt{c}+\sqrt{a}-\sqrt{b}}\le 1-\frac{(y-z)(y-x)}{4y^2}$$

且

$$\frac{\sqrt{a+b-c}}{\sqrt{a}+\sqrt{b}-\sqrt{c}}\le 1-\frac{(z-x)(z-y)}{4z^2}.$$

将这三个关系式加在一起, 我们看出, 现在只需证明

$$\frac{(x-y)(x-z)}{x^2}+\frac{(y-z)(y-x)}{y^2}+\frac{(z-x)(z-y)}{z^2}\ge 0.$$

不失一般性, 假设 $x\le y\le z$. 我们有

$$\frac{(x-y)(x-z)}{x^2}=\frac{(y-x)(z-x)}{x^2}\ge\frac{(y-x)(z-y)}{y^2}=-\frac{(y-z)(y-x)}{y^2}$$

以及

$$\frac{(z-x)(z-y)}{z^2}\ge 0.$$

将上面的关系式加在一起, 我们就得到了所需的结果.

10 连加和连乘

计算连加的和与连乘的积的一个主要的技术是*裂项法* (telescoping). 这最好用一个例子来阐明. 考虑级数

$$\sum_{n=1}^{N} \frac{1}{n(n+1)}.$$

我们可以写 $\frac{1}{n(n+1)} = \frac{1}{n} - \frac{1}{n+1}$. 于是, 大量可以相互抵消的项出现了, 这可以使我们容易地计算出这个和数:

$$\begin{aligned}&\sum_{n=1}^{N} \frac{1}{n(n+1)} = \sum_{n=1}^{N} \left(\frac{1}{n} - \frac{1}{n+1}\right)\\ =&\frac{1}{1} - \cancel{\frac{1}{2}} + \cancel{\frac{1}{2}} - \cancel{\frac{1}{3}} + \cancel{\frac{1}{3}} - \cdots - \cancel{\frac{1}{N}} + \cancel{\frac{1}{N}} - \frac{1}{N+1} = 1 - \frac{1}{N+1}.\end{aligned}$$

一般地, 如果我们可以将一个和写成下面的形式, 那么它可以裂项:

$$\begin{aligned}&\sum_{n=1}^{N} f(n) - f(n+1)\\ =&f(1) - \cancel{f(2) + f(2)} - \cancel{f(3) + f(3)} - \cdots - \cancel{f(N) + f(N)} - f(N+1)\\ =&f(1) - f(N+1).\end{aligned}$$

我们也可以类似地计算乘积的裂项:

$$\prod_{n=1}^{N} \frac{f(n)}{f(n+1)} = \frac{f(1)}{\cancel{f(2)}} \cdot \frac{\cancel{f(2)}}{\cancel{f(3)}} \cdot \cdots \cdot \frac{\cancel{f(N-1)}}{\cancel{f(N)}} \cdot \frac{\cancel{f(N)}}{f(N+1)} = \frac{f(1)}{f(N+1)}.$$

在上面的表达式中, $f(n) - f(n+1)$ 和 $\frac{f(n)}{f(n+1)}$ 可以被替换为 $f(n) - f(n+a)$ 和 $\frac{f(n)}{f(n+a)}$, 其中 a 是某个整数: 我们显然也可以对此进行类似的裂项.

例 10.1 计算

$$\frac{(6!+5!)(5!+4!)(4!+3!)(3!+2!)(2!+1!)}{(6!-5!)(5!-4!)(4!-3!)(3!-2!)(2!-1!)}.$$

解 写 $(n+1)! = (n+1) \cdot n!$. 将其代入原式, 我们得到

$$\begin{aligned}&\frac{(6!+5!)(5!+4!)(4!+3!)(3!+2!)(2!+1!)}{(6!-5!)(5!-4!)(4!-3!)(3!-2!)(2!-1!)}\\ =&\frac{5!(6+1) \cdot 4!(5+1) \cdot 3!(4+1) \cdot 2!(3+1) \cdot 1!(2+1)}{5!(6-1) \cdot 4!(5-1) \cdot 3!(4-1) \cdot 2!(3-1) \cdot 1!(2-1)}\\ =&\frac{7 \cdot 6 \cdot 5 \cdot 4 \cdot 3}{5 \cdot 4 \cdot 3 \cdot 2 \cdot 1} = \frac{7 \cdot 6}{2 \cdot 1} = 21.\end{aligned}$$

例 10.2 计算

$$\sum_{k=1}^{n}\frac{k+1}{(k-1)!+k!+(k+1)!}.$$

解 我们可以写

$$\sum_{k=1}^{n}\frac{k+1}{(k-1)!+k!+(k+1)!}=\sum_{k=1}^{n}\frac{1}{(k-1)!}\cdot\frac{k+1}{1+k+k(k+1)}$$
$$=\sum_{k=1}^{n}\frac{1}{(k-1)!}\cdot\frac{k+1}{1+k+k^2+k}=\sum_{k=1}^{n}\frac{1}{(k-1)!}\cdot\frac{k+1}{(k+1)^2}$$
$$=\sum_{k=1}^{n}\frac{1}{(k-1)!}\cdot\frac{1}{k+1}=\sum_{k=1}^{n}\frac{k}{(k+1)!}.$$

为了能够使用裂项法, 我们注意到上式中最后一个和数等于

$$\sum_{k=1}^{n}\frac{k+1-1}{(k+1)!}=\sum_{k=1}^{n}\frac{k+1}{(k+1)!}-\sum_{k=1}^{n}\frac{1}{(k+1)!}=\sum_{k=1}^{n}\frac{1}{k!}-\sum_{k=1}^{n}\frac{1}{(k+1)!}.$$

现在, 我们可以容易地用裂项法求出它的值:

$$\sum_{k=1}^{n}\frac{1}{k!}-\sum_{k=1}^{n}\frac{1}{(k+1)!}=1-\frac{1}{(n+1)!}.$$

例 10.3 证明

$$1\cdot n+2\cdot(n-1)+3\cdot(n-2)+\cdots+(n-1)\cdot 2+n\cdot 1=\frac{n(n+1)(n+2)}{6}.$$

解 我们有

$$\sum_{k=1}^{n}k\cdot(n-k+1)=\sum_{k=1}^{n}(kn-k^2+k)=n\sum_{k=1}^{n}k-\sum_{k=1}^{n}k^2+\sum_{k=1}^{n}k$$
$$=n\cdot\frac{n(n+1)}{2}-\frac{n(n+1)(2n+1)}{6}+\frac{n(n+1)}{2}$$
$$=\frac{n(n+1)(n+2)}{6}.$$

例 10.4 计算乘积

$$\prod_{n=2}^{k}\frac{4n^3-3n+1}{4n^3-3n-1}.$$

解 通过检验或有理根定理, 我们注意到 -1 是分子的一个根, 并且 1 是分母的一个根. 因此 $n+1$ 和 $n-1$ 分别是分子和分母的因子. 由长除法, 我们得到这个积等价于

$$\prod_{n=2}^{k} \frac{(2n-1)^2(n+1)}{(2n+1)^2(n-1)}.$$

这很适合进行裂项, 于是我们推出

$$\prod_{n=2}^{k} \frac{(2n-1)^2(n+1)}{(2n+1)^2(n-1)} = \frac{3^2}{(2k+1)^2} \cdot \frac{(k+1)k}{2\cdot 1} = \frac{9k(k+1)}{2(2k+1)^2}.$$

例 10.5 证明不等式

$$\frac{1}{\sqrt{1}+\sqrt{3}} + \frac{1}{\sqrt{5}+\sqrt{7}} + \cdots + \frac{1}{\sqrt{9997}+\sqrt{9999}} > 24.$$

解 我们想将分母有理化, 从而在这个和式中产生差, 这样也许就可以使用裂项法了, 但是如此去做了就会发现缺少了一些项. 然而, 由于不等式的左边大于

$$\frac{1}{\sqrt{3}+\sqrt{5}} + \frac{1}{\sqrt{7}+\sqrt{9}} + \cdots + \frac{1}{\sqrt{9999}+\sqrt{10001}},$$

它可以由

$$\frac{1}{\sqrt{1}+\sqrt{3}} + \frac{1}{\sqrt{3}+\sqrt{5}} + \cdots + \frac{1}{\sqrt{9999}+\sqrt{10001}} > 48$$

推出. 现在我们能够用裂项法了. 将分母有理化, 我们得到等价的不等式

$$\frac{\sqrt{3}-\sqrt{1}}{2} + \frac{\sqrt{5}-\sqrt{3}}{2} + \frac{\sqrt{7}-\sqrt{5}}{2} + \cdots + \frac{\sqrt{10001}-\sqrt{9999}}{2} > 48.$$

上式的左边等于 $\frac{\sqrt{10001}-1}{2} > \frac{\sqrt{10000}-1}{2} = 49.5$, 显然比 48 要大. 于是题目得证.

例 10.6 令 i 表示虚数单位. 计算

$$\prod_{k=1}^{n} \frac{1+\mathrm{i}+k(k+1)}{1-\mathrm{i}+k(k+1)}.$$

解 二次方程的求根公式对于复系数多项式仍然可以使用. 我们应用它得到因式分解

$$\prod_{k=1}^{n} \frac{1+\mathrm{i}+k(k+1)}{1-\mathrm{i}+k(k+1)} = \prod_{k=1}^{n} \frac{(k+\mathrm{i})(k-\mathrm{i}+1)}{(k-\mathrm{i})(k+\mathrm{i}+1)}.$$

于是我们可以使用裂项法求出这个积的值为

$$\frac{(1+\mathrm{i})(n+1-\mathrm{i})}{(1-\mathrm{i})(n+1+\mathrm{i})}.$$

例 10.7 计算

$$\sum_{n=2}^{N} \frac{3n^2-1}{(n^3-n)^2}.$$

解 观察到

$$\frac{3n^2-1}{(n^3-n)^2} = \frac{n-1/2}{n^2(n-1)^2} - \frac{n+1/2}{n^2(n+1)^2}.$$

那么这个级数可以裂项得到

$$\sum_{n=2}^{N} \frac{3n^2-1}{(n^3-n)^2} = \frac{3}{8} - \frac{N+1/2}{N^2(N+1)^2}.$$

例 10.8 计算乘积

$$\prod_{k=1}^{n} \left(1+\frac{2^k}{1+2^k}\right).$$

解 将乘积重写为

$$\prod_{k=1}^{n} \left(1+\frac{2^k}{1+2^k}\right) = \prod_{k=1}^{n} \left(\frac{1+2^{k+1}}{1+2^k}\right).$$

于是我们可以使用裂项法, 得到该乘积等于 $\frac{1+2^{n+1}}{3}$.

例 10.9 计算乘积

$$\prod_{k=1}^{n} \left(\frac{1}{8}+\frac{k+1}{(2k+1)^2}\right).$$

解 我们将乘积的通项通分, 整理后得到

$$\prod_{k=1}^{n} \left(\frac{1}{8}+\frac{k+1}{(2k+1)^2}\right) = \prod_{k=1}^{n} \frac{1}{8}\left(\frac{(2k+3)^2}{(2k+1)^2}\right).$$

于是我们可以使用裂项法, 得到该乘积等于

$$\frac{1}{8^n}\left(\frac{2n+3}{3}\right)^2.$$

例 10.10 设 $a_1, a_2, \cdots, a_n$ 是公差为 d 的算术级数. 证明

$$\frac{1}{\sqrt{a_1}+\sqrt{a_2}} + \frac{1}{\sqrt{a_2}+\sqrt{a_3}} + \cdots + \frac{1}{\sqrt{a_{n-1}}+\sqrt{a_n}} = \frac{n-1}{\sqrt{a_1}+\sqrt{a_n}}.$$

解 当处理连加的和数时, 我们希望将它写成能使用裂项法的形式. 将题目中等式左边的分母有理化, 我们就把和转化成了差:

$$\begin{aligned}&\frac{1}{\sqrt{a_1}+\sqrt{a_2}}+\frac{1}{\sqrt{a_2}+\sqrt{a_3}}+\cdots+\frac{1}{\sqrt{a_{n-1}}+\sqrt{a_n}}\\=&\frac{\sqrt{a_1}-\sqrt{a_2}}{a_1-a_2}+\frac{\sqrt{a_2}-\sqrt{a_3}}{a_2-a_3}+\cdots+\frac{\sqrt{a_{n-1}}-\sqrt{a_n}}{a_{n-1}-a_n}\\=&\frac{\sqrt{a_2}-\sqrt{a_1}}{d}+\frac{\sqrt{a_3}-\sqrt{a_2}}{d}+\cdots+\frac{\sqrt{a_n}-\sqrt{a_{n-1}}}{d}.\end{aligned}$$

现在, 我们可以用裂项法得出上式等于

$$\frac{\sqrt{a_n}-\sqrt{a_1}}{d}.$$

由于在我们要证明的关系式中, 等号右边的根式在分母中出现, 我们对上式的分子和分母同时乘以 $\sqrt{a_n}+\sqrt{a_1}$ 就得到了它等于

$$\frac{a_n-a_1}{d(\sqrt{a_n}+\sqrt{a_1})}=\frac{(n-1)d}{d(\sqrt{a_n}+\sqrt{a_1})}=\frac{n-1}{\sqrt{a_1}+\sqrt{a_n}}.$$

例 10.11 计算

$$\sum_{k=1}^{n}\frac{4k+\sqrt{4k^2-1}}{\sqrt{2k+1}+\sqrt{2k-1}}.$$

解 观察到

$$\begin{aligned}\frac{4k+\sqrt{4k^2-1}}{\sqrt{2k+1}+\sqrt{2k-1}}&=\frac{2k+1+\sqrt{(2k+1)(2k-1)}+2k-1}{\sqrt{2k+1}+\sqrt{2k-1}}\\&=\frac{\sqrt{(2k+1)^3}-\sqrt{(2k-1)^3}}{2}.\end{aligned}$$

那么这个级数可以裂项得到

$$\sum_{k=1}^{n}\frac{4k+\sqrt{4k^2-1}}{\sqrt{2k+1}+\sqrt{2k-1}}=\frac{\sqrt{(2n+1)^3}-1}{2}.$$

例 10.12 计算

$$\frac{2}{3+1}+\frac{2^2}{3^2+1}+\frac{2^3}{3^4+1}+\cdots+\frac{2^{n+1}}{3^{2^n}+1}.$$

解 我们知道

$$\frac{1}{a+1}=\frac{a-1}{a^2-1}=-\frac{1}{a^2-1}+\frac{1}{2}\left(\frac{1}{a+1}+\frac{1}{a-1}\right),$$

这推出

$$\frac{1}{2}\cdot\frac{1}{a+1}=\frac{1}{2(a-1)}-\frac{1}{a^2-1}.$$

将 $a=3^{2^k}$ 代入上面的恒等式, 我们得到

$$\frac{1}{2(3^{2^k}+1)}=\frac{1}{2(3^{2^k}-1)}-\frac{1}{3^{2^{k+1}}-1}.$$

将上式的两边同时乘以 2^{k+2}, 我们得到关系式

$$\frac{2^{k+1}}{3^{2^k}+1}=\frac{2^{k+1}}{3^{2^k}-1}-\frac{2^{k+2}}{3^{2^{k+1}}-1}.$$

因此

$$\begin{aligned}\frac{2}{3+1}+\frac{2^2}{3^2+1}+\frac{2^3}{3^4+1}+\cdots+\frac{2^{n+1}}{3^{2^n}+1}&=\sum_{k=0}^{n}\left(\frac{2^{k+1}}{3^{2^k}-1}-\frac{2^{k+2}}{3^{2^{k+1}}-1}\right)\\&=1-\frac{2^{n+2}}{3^{2^{n+1}}-1}.\end{aligned}$$

例 10.13 设 $a_n=3n+\sqrt{n^2-1}$, $b_n=2(\sqrt{n^2-n}+\sqrt{n^2+n})$, $n\ge 1$. 证明

$$\sqrt{a_1-b_1}+\sqrt{a_2-b_2}+\cdots+\sqrt{a_{49}-b_{49}}=A+B\sqrt{2},$$

其中 A 和 B 为整数.

解 首先, 我们有

$$\begin{aligned}a_k-b_k&=\frac{1}{2}\left[4k+(k+1)+(k-1)-4\sqrt{k^2+k}-4\sqrt{k^2-k}+2\sqrt{k^2-1}\right]\\&=\frac{1}{2}\left(2\sqrt{k}-\sqrt{k-1}-\sqrt{k+1}\right)^2.\end{aligned}$$

由此我们得到

$$\begin{aligned}\sqrt{a_k-b_k}&=\frac{1}{\sqrt{2}}\left(2\sqrt{k}-\sqrt{k-1}-\sqrt{k+1}\right)\\&=-\frac{1}{\sqrt{2}}\left(\sqrt{k+1}-\sqrt{k}\right)+\frac{1}{\sqrt{2}}\left(\sqrt{k}-\sqrt{k-1}\right).\end{aligned}$$

利用上式, 我们由裂项法得到题目中等式的左边等于

$$-\frac{1}{\sqrt{2}}\left(\sqrt{50}-\sqrt{1}\right)+\frac{1}{\sqrt{2}}\left(\sqrt{49}-\sqrt{0}\right)=-5+4\sqrt{2}.$$

例 10.14 设 n 是正奇数, z 是复数并且满足 $z^{2^n-1}-1=0$. 计算

$$\prod_{k=0}^{n-1}\left(z^{2^k}+\frac{1}{z^{2^k}}-1\right).$$

解 令

$$Z_n=\prod_{k=0}^{n-1}\left(z^{2^k}+\frac{1}{z^{2^k}}-1\right).$$

反复应用恒等式

$$\left(a+\frac{1}{a}+1\right)\left(a+\frac{1}{a}-1\right)=\left(a+\frac{1}{a}\right)^2-1=a^2+\frac{1}{a^2}+1,$$

我们得到

$$\begin{aligned}\left(z+\frac{1}{z}+1\right)Z_n&=\left(z^2+\frac{1}{z^2}+1\right)\left(z^2+\frac{1}{z^2}-1\right)\cdots\left(z^{2^{n-1}}+\frac{1}{z^{2^{n-1}}}-1\right)\\&=\left(z^{2^n}+\frac{1}{z^{2^n}}+1\right).\end{aligned}$$

然而, 由题目所给条件, 我们有 $z^{2^n}=z$. 因此,

$$\left(z+\frac{1}{z}+1\right)Z_n=\left(z+\frac{1}{z}+1\right).$$

现在, 由于 $z+\frac{1}{z}+1$ 的根是 6 次本原单位根, 它们不是 2^n-1 次单位根, 因此 $z+\frac{1}{z}+1\neq 0$. 最终, 我们得到 $Z_n=1$.

例 10.15 设 $(a_n)_{n\geq 1}$ 是正数序列, 满足

$$\sum_{k=1}^{n}a_k\geq\sqrt{n}.$$

证明

$$\sum_{k=1}^{n}a_k^2\geq\frac{1}{4}\left(1+\frac{1}{2}+\cdots+\frac{1}{n}\right).$$

解 让我们先来证明另一个不等式: 若 $a_1,a_2,\cdots,a_n$ 是正数, $b_1\geq b_2\geq\cdots\geq b_n\geq 0$, 并且对于所有 $k\leq n$, $a_1+a_2+\cdots+a_k\geq b_1+b_2+\cdots+b_k$, 则

$$a_1^2+a_2^2+\cdots+a_n^2\geq b_1^2+b_2^2+\cdots+b_n^2.$$

使用 Abel 求和公式, 我们可以写

$$\begin{aligned}&a_1b_1+a_2b_2+\cdots+a_nb_n\\=&a_1(b_1-b_2)+(a_1+a_2)(b_2-b_3)+\cdots\\&+(a_1+a_2+\cdots+a_{n-1})(b_{n-1}-b_n)+(a_1+a_2+\cdots+a_n)b_n.\end{aligned}$$

由前面陈述的不等式条件, 上式大于或等于

$$b_1(b_1-b_2)+(b_1+b_2)(b_2-b_3)+\cdots+(b_1+b_2+\cdots+b_n)b_n=b_1^2+b_2^2+\cdots+b_n^2,$$

从而我们应用 Cauchy–Schwarz 不等式得到

$$\begin{aligned}(a_1^2+a_2^2+\cdots+a_n^2)(b_1^2+b_2^2+\cdots+b_n^2)&\ge(a_1b_1+a_2b_2+\cdots+a_nb_n)^2\\&\ge(b_1^2+b_2^2+\cdots+b_n^2)^2,\end{aligned}$$

这推出

$$a_1^2+a_2^2+\cdots+a_n^2\ge b_1^2+b_2^2+\cdots+b_n^2.$$

回到我们的问题, 注意到

$$\sqrt{n}-\sqrt{n-1}>\frac{1}{2\sqrt{n}},$$

那么我们在上面证明了的不等式中取 $b_n=\sqrt{n}-\sqrt{n-1}$, 就得到了题目所需的结果.

例 10.16 设

$$a_k=\frac{k}{(k-1)^{\frac{4}{3}}+k^{\frac{4}{3}}+(k+1)^{\frac{4}{3}}}.$$

证明 $a_1+a_2+\cdots+a_{999}<50$.

解 解题的思路是: 首先用 $(k-1)^{\frac{2}{3}}(k+1)^{\frac{2}{3}}$ 代替 $k^{\frac{4}{3}}$ 以减小 a_k 的分母, 然后将 a_k 有理化. 我们有

$$\begin{aligned}a_k&<\frac{k}{(k-1)^{\frac{4}{3}}+(k-1)^{\frac{2}{3}}(k+1)^{\frac{2}{3}}+(k+1)^{\frac{4}{3}}}\\&=\frac{k((k+1)^{\frac{2}{3}}-(k-1)^{\frac{2}{3}})}{(k+1)^2-(k-1)^2}=\frac{1}{4}((k+1)^{\frac{2}{3}}-(k-1)^{\frac{2}{3}}).\end{aligned}$$

于是

$$\begin{aligned}\sum_{k=1}^{999}a_k&<\frac{1}{4}\sum_{k=1}^{999}((k+1)^{\frac{2}{3}}-(k-1)^{\frac{2}{3}})\\&=\frac{1}{4}(1000^{\frac{2}{3}}+999^{\frac{2}{3}}-1^{\frac{2}{3}}-0^{\frac{2}{3}})\\&<\frac{1}{4}(100+100-1)<50.\end{aligned}$$

11 多项式

定义 11.1 关于变量 x 的单变量多项式定义为

$$P(x)=a_nx^n+a_{n-1}x^{n-1}+\cdots+a_1x+a_0.$$

系数 a_k 可以是复数, 但是在多数情形我们对实系数感兴趣.

多项式 P 的次数是其所有非零系数项中的最高指数, 记作 $\deg P$. 复数 r 若满足 $P(r)=0$, 则它称为 P 的一个根或零点.

复数 r 称为 $P(x)$ 的 k 重根, 如果存在多项式 $Q(x)$ 满足 $Q(r)\neq 0$ 且 $P(x)=(x-r)^kQ(x)$. 例如, 多项式 $x^3-7x^2+15x-9=(x-1)(x-3)^2$ 只有两个根, 1 和 3, 但是后一个根 3 是二重根.

定理 11.2 (代数基本定理) 设 $P(x)$ 是 n 次单变量复系数非零多项式. 那么 $P(x)$ 恰有 n 个复根 (重根按重数计算).

定理 11.3 (因式分解定理) 数 r 是多项式 $P(x)$ 的根当且仅当 $(x-r)\mid P(x)$.

定理 11.4 (因式分解定理) 设

$$P(x)=a_nx^n+a_{n-1}x^{n-1}+\cdots+a_1x+a_0$$

是整系数多项式, p,q 是互素整数 (即 $\gcd(p,q)=1$). 若 a_0 和 a_n 非零, 则每个有理根 $x=\frac{p}{q}$ 满足 $p\mid a_0$ 和 $q\mid a_n$.

证明 考虑一个根 $r=\frac{p}{q}$. 于是 $P(\frac{p}{q})=0$, 从而我们有

$$a_n\left(\frac{p}{q}\right)^n+a_{n-1}\left(\frac{p}{q}\right)^{n-1}+\cdots+a_1\left(\frac{p}{q}\right)+a_0=0.$$

在等式两边同时减去 a_0 然后去分母, 我们得到

$$p(a_np^{n-1}+a_{n-1}qp^{n-2}+\cdots+a_1q^{n-1})=-a_0q^n,$$

因此 $p\mid a_0q^n$. 但是 p 与 q 互素, 那么它也与 q^n 互素, 从而 $p\mid a_0$. 由类似的方法, 我们得到

$$q(a_{n-1}p^{n-1}+a_{n-2}qp^{n-2}+\cdots+a_0q^{n-1})=-a_np^n,$$

这推出 $q \mid a_n$.

定理 11.5 (复共轭根定理) 若 P 是实系数多项式, $a+b\mathrm{i}$ 是 P 的根, 则它的复共轭 $a-b\mathrm{i}$ 也是 P 的根.

推论 若一个实系数多项式的次数是奇数, 则它至少有一个实根.

定义 11.6 一个多项式若不能因式分解为两个或多个其系数属于集合 S 的非常数多项式之积, 则称为在集合 S 上不可约, 在不做特殊声明时, 集合 S 指的是实数集.

不可约的概念可以被视为素数的概念对于多项式的拓展. 在相对的情形, 当一个多项式可以因式分解为两个或多个非常数多项式之积时, 它称为可约的.

定理 11.7 (Eisenstein 判别法) 设

$$f(x) = a_n x^n + a_{n-1} x^{n-1} + \cdots + a_1 x + a_0$$

是一个整系数多项式. 若有一个素数 p 满足下面的所有三个条件:

1. 对于 $i \neq n$, p 整除每个 a_i,
2. p 不能整除 a_n,
3. p^2 不能整除 a_0,

则 f 在 $\mathbb{Z}$ 上是不可约的.

证明 证明一个多项式是可约的通常并不困难: 将其因式分解即可作为证明. 而当我们要证明不可约性时, 由于我们要证明某个情形不可能发生, 通常的策略是使用反证法.

为了得出矛盾, 假设 $f(x) = g(x)h(x)$, 其中 $g(x)$ 和 $h(x)$ 都是整系数非常数多项式, 并且假设 Eisenstein 判别法中的条件成立.

令

$$g(x) = b_k x^k + b_{k-1} x^{k-1} + \cdots + b_1 x + b_0,$$

$$h(x) = c_m x^m + c_{m-1} x^{m-1} + \cdots + c_1 x + c_0,$$

其中 $b_k \neq 0, c_m \neq 0$ 且 $1 \leq k, m \leq n-1$. 于是 f 的首项系数为 $a_n = b_k c_m$. 由于 a_n 不能被 p 整除, b_k 和 c_m 也都不能被 p 整除.

f 的常数项为 $a_0 = b_0 c_0$. 由于 a_0 可以被 p 整除但不能被 p^2 整除, 那么 b_0 和 c_0 中恰好有一个能被 p 整除. 不失一般性, 假设 b_0 能被 p 整除而 c_0 不能. 令 i 为使得 b_i 不能被 p 整除的最小指标, 其中 $1 \leq i \leq k$. 我们有两种情形.

若 $i \leq m$, 则

$$a_i = b_i c_0 + b_{i-1} c_1 + \cdots + b_0 c_i.$$

若 $i > m$, 则

$$a_i = b_i c_0 + b_{i-1} c_1 + \cdots + b_{i-m} c_m.$$

由假设, $p \mid a_i$. 而由定义, $b_1, b_2, \cdots, b_{i-1}$ 能被 p 整除, 所以 $b_i c_0$ 能被 p 整除. 但是由前面的假设, c_0 不能被 p 整除, 那么我们一定有 b_i 能被 p 整除, 从而得出矛盾. 因此我们的假设不成立并且 $f(x)$ 在 $\mathbb{Z}$ 上是不可约的.

我们最后不加证明地给出 Gauss 引理.

定理 11.8 (Gauss 引理) 设 $P(x) = a_0 + a_1 x + \cdots + a_n x^n$ 是整系数多项式. 若 $P(x)$ 在 $\mathbb{Q}$ 上可约, 则 $P(x)$ 在 $\mathbb{Z}$ 上也可约.

因此在 $\mathbb{Q}$ 上的不可约性和在 $\mathbb{Z}$ 上的不可约性一般地可以相互转换使用.

例 11.1 求分别以下面的各数为零点的整系数多项式, 并用其证明所有这些数都是无理数:

(a) $\sqrt{2}$;

(b) $1 + \sqrt{2}$;

(c) $\sqrt{2} + \sqrt{3}$.

解 (a) 注意到 $\sqrt{2}$ 是 $x^2 - 2 = 0$ 的一个根, 但不在有理根定理所给出的候选根集合中. 因此 $\sqrt{2}$ 是无理数.

(b) 令 $x = 1 + \sqrt{2}$. 那么 $(x-1)^2 = 2$, 这推出 $x^2 - 2x - 1 = 0$, 它是一个以 $1 + \sqrt{2}$ 为零点的多项式. 同样地, $1 + \sqrt{2}$ 不在有理根定理所给出的候选根集合中. 因此 $1 + \sqrt{2}$ 是无理数.

(c) 令 $x = \sqrt{2} + \sqrt{3}$. 那么 $x^2 = 5 + 2\sqrt{6}$, 从而 $(x^2 - 5)^2 = 24$, 它是一个以 $x^4 - 10x^2 + 1$ 为零点的多项式. 类似地, $\sqrt{2} + \sqrt{3}$ 不在有理根定理所给出的候选根集合中. 因此 $\sqrt{2} + \sqrt{3}$ 是无理数.

例 11.2 求满足 $P(x^2) = Q(x^3)$ 的所有多项式 P, Q.

解 $P(x^2)$ 只含有形式为 $a_i x^{2i}$ 的单项式, 而 $Q(x^3)$ 只含有形式为 $b_j x^{3j}$ 的单项式. 因此, $P(x^2) = Q(x^3)$ 只含有指数为乘积 6 的单项式, 即 x^{6k}. 于是 P 只含有形式为 x^{3i} 的单项式且 Q 只含有形式为 x^{2j} 的单项式. 那么答案即为 $P(x) = a_0 + a_1 x^3 + a_2 x^6 + \cdots + a_n x^{3n}$, $Q(x) = a_0 + a_1 x^2 + a_2 x^4 + \cdots + a_n x^{2n}$.

例 11.3 设 $P(x)$ 是整系数多项式. 若 $P(0)$ 和 $P(1)$ 都是奇数, 证明 $P(x)$ 不可能有整数零点.

解 我们使用反证法, 假设对于某个整数 a 有 $P(a)=0$. 那么由因式分解定理, 我们可以写 $P(x)=(x-a)Q(x)$, 其中 $Q(x)$ 是某个多项式. 由于已知 $P(0)$ 和 $P(1)$ 是奇数, 我们将 0 和 1 代入, 得到 $P(0)=-aQ(0)$ 和 $P(1)=(1-a)Q(1)$. 但是 a 和 $1-a$ 这两个数中有一个是偶数, 因此 $P(0)$ 和 $P(1)$ 一定至少有一个也是偶数, 这与假设矛盾. 因此 $P(x)$ 不可能有整数零点.

例 11.4 证明: 多项式 $P(x)=(1+x+\cdots+x^n)^2-x^n$ 是两个整系数多项式的积.

解 应用几何级数公式, 我们将多项式写为

$$P(x)=\left(\frac{x^{n+1}-1}{x-1}\right)^2-x^n=\frac{x^{2n+2}-x^n-x^{n+2}+1}{(x-1)^2}.$$

我们可以将分母的平方项分离成两项并且将分子因式分解, 得到

$$P(x)=\left(\frac{x^n-1}{x-1}\right)\left(\frac{x^{n+2}-1}{x-1}\right).$$

我们再使用逆向的几何级数公式, 由上式得到

$$P(x)=(1+x+x^2+\cdots+x^{n-1})(1+x+x^2+\cdots+x^{n+1}),$$

这就将 $P(x)$ 分解成了两个整系数多项式的积.

例 11.5 已知多项式

$$P(x)=(1+x+x^2)^{100}=a_0+a_1x+\cdots+a_{200}x^{200},$$

计算和式

$$S_1=a_0+a_1+a_2+a_3+\cdots+a_{200},$$
$$S_2=a_0+a_2+a_4+\cdots+a_{200}.$$

解 对于第一个和, 关键是将 1 代入多项式以给出它的系数之和. 因此 $S_1=P(1)=3^{100}$. 对于第二个和, 首先注意到 $P(-1)=1=a_0-a_1+a_2-\cdots$, 然后将 $P(1)$ 和 $P(-1)$ 加在一起, 我们得到 $2S_2=P(1)+P(-1)=3^{100}+1$, 因此 $S_2=(3^{100}+1)/2$.

例 11.6 对于所有 $x\in\mathbb{R}$, 求满足

$$(x+1)P(x)=(x-10)P(x+1)$$

的所有多项式.

解 由于题目中的关系式对所有的实数 x 成立, 我们试着选取比较方便的 x 值以得到关于多项式的信息. 将 $x=-1$ 代入关系式, 我们得到

$$0=-11P(0),$$

这可推出 $P(0)=0$. 利用这个结果, 我们可以将 $x=0$ 代入关系式, 从而得到

$$0=P(0)=-10P(1),$$

这可推出 $P(1)=0$. 现在, 我们可以用类似的方法将 $x=1$ 代入, 得到 $P(2)=0$. 继续使用这个方法, 我们得到 $P(3)=P(4)=\cdots=P(9)=P(10)=0$, 但是这不能无限制地进行下去, 因为将 $x=10$ 代入时, 我们得到的关系式为

$$0=11P(10)=0\cdot P(11),$$

这不能推出 $P(11)=0$. 由于 $0,1,\cdots,10$ 是 $P(x)$ 的根, 我们可以写

$$P(x)=Q(x)\cdot x(x-1)(x-2)\cdots(x-10).$$

于是, 题目中的关系式变成了

$$Q(x)\cdot(x+1)x(x-1)\cdots(x-10)=Q(x+1)\cdot(x+1)x(x-1)\cdots(x-10).$$

现在, $Q(x)=Q(x+1)$ 在无限多个值处都成立, 特别地, 对于所有不属于集合 $\{-1,0,1,\cdots,9,10\}$ 的实数 x 成立. 那么 $Q(x)-Q(x+1)$ 有无限多个零点, 但是一个多项式不可能有无限多个零点, 除非它是零多项式. 因此我们得出, 对于所有实数 x, $Q(x)=Q(x+1)$. 然而这就推出了 $Q(x)$ 是一个常数, 题目的解即为

$$P(x)=ax(x-1)(x-2)\cdots(x-10),$$

其中 a 是任意常数.

例 11.7 设 $P(x)=x^4+ax^3+bx^2+cx+d$ 和 $Q(x)=x^2+px+q$ 是两个实系数多项式. 假设存在长度大于 2 的区间 (r,s) 满足: 对于 $x\in(r,s)$, $P(x)$ 和 $Q(x)$ 都是负的; 对于 $x<r$ 或 $x>s$, 它们都是正的. 证明: 存在实数 x_0 使得 $P(x_0)<Q(x_0)$.

解 注意到 r 和 s 是 $P(x)$ 和 $Q(x)$ 的零点. 我们可以写 $Q(x)=(x-r)(x-s)$, 另一方面, r 和 s 是 $P(x)-Q(x)$ 的根. 我们使用反证法, 假设对于所有 x, $P(x)-Q(x)\geq 0$. 那么 r 和 s 事实上是 $P(x)-Q(x)$ 的重根, 这推出

$$P(x)-Q(x)=(x-r)^2(x-s)^2=Q(x)^2.$$

我们得到 $P(x) = Q(x)(Q(x)+1)$. 因为 $P(x)$ 和 $Q(x)$ 有相同的符号, 所以二次多项式 $Q(x)+1$ 是非负的. 但是 $Q(x)+1=(x-r)(x-s)+1=x^2-(r+s)x+rs+1$, 由于区间 (r,s) 的长度大于 2, 它的判别式为 $(r-s)^2-4>0$. 这个矛盾证明了我们的假设不成立, 于是对于某个实数 x_0, $P(x_0)<Q(x_0)$.

例 11.8 设实数 a,b,c 满足 $a<3$ 且多项式

$$p(x) = x^3+ax^2+bx+c$$

的所有零点都是负实数. 证明 $b+c\neq 4$.

解 由于 $P(x)$ 的所有零点都是负实数, 我们有

$$P(x)=x^3+ax^2+bx+c=(x+\alpha)(x+\beta)(x+\gamma),$$

其中 α,β,γ 为正实数. 由 Vieta 定理, 我们可以写

$$a=\alpha+\beta+\gamma,\quad b=\alpha\beta+\beta\gamma+\alpha\gamma,\quad c=\alpha\beta\gamma.$$

首先注意到 $\frac{a}{3}\geq\left(\frac{b}{3}\right)^{1/2}$, 因为这可以化简为

$$(\alpha+\beta+\gamma)^2\geq 3(\alpha\beta+\beta\gamma+\gamma\alpha),$$

它等价于显然成立的不等式

$$\frac{1}{2}[(\alpha-\beta)^2+(\beta-\gamma)^2+(\gamma-\alpha)^2]\geq 0.$$

然后, 由算术平均–几何平均不等式, 我们得到

$$\frac{a}{3}\geq\left(\frac{b}{3}\right)^{1/2}\geq c^{1/3}.$$

于是由条件 $a<3$ 我们可以推出 $b<3$ 和 $c<1$, 从而得到 $b+c<4$.

例 11.9 求 x^{2013} 被 $(x^2+1)(x^2+x+1)$ 除所得到的余式.

解 我们写

$$x^{2013}=(x^2+1)(x^2+x+1)Q(x)+R(x),$$

其中 $Q(x)$ 和 $R(x)$ 为多项式. 由除法运算法则我们知道, $R(x)$ 的次数最高是 3. 因此我们可以写

$$x^{2013}=(x^2+1)(x^2+x+1)Q(x)+ax^3+bx^2+cx+d.$$

若我们将 $(x^2+1)(x^2+x+1)$ 的四个根代入上式, 则 $Q(x)$ 的项将变为 0. 那么我们将得到关于 a,b,c 和 d 的四个方程的方程组. 我们将 $\mathrm{i},-\mathrm{i},\omega=\cos\frac{\pi}{3}+\mathrm{i}\sin\frac{\pi}{3}$ 和 ω^2 代入上式, 得到

$$\begin{cases}\mathrm{i}^{2013}=a\,\mathrm{i}^3+b\,\mathrm{i}^2+c\,\mathrm{i}+d,\\(-\mathrm{i})^{2013}=a(-\mathrm{i})^3+b(-\mathrm{i})^2+c(-\mathrm{i})+d,\\\omega^{2013}=a\omega^3+b\omega^2+c\omega+d,\\(\omega^2)^{2013}=a\omega^6+b\omega^4+c\omega^2+d.\end{cases}$$

使用 $\mathrm{i}^2=-1$ 和 $\omega^3=1$, 我们将方程组化简为

$$\begin{cases}\mathrm{i}=-a\,\mathrm{i}-b+c\,\mathrm{i}+d,\\-\mathrm{i}=a\,\mathrm{i}-b-c\,\mathrm{i}+d,\\1=a+b\omega^2+c\omega+d,\\1=a+b\omega+c\omega^2+d.\end{cases}$$

将后两个方程相减, 我们得到关系式

$$b(\omega^2-\omega)-c(\omega^2-\omega)=0,$$

因式分解后, 它等价于

$$(b-c)(\omega^2-\omega)=0.$$

由于 $\omega^2-\omega\neq0$, 这推出 $b=c$. 把它代入方程组并使用关系式 $\omega^2+\omega=-1$, 我们将方程组化简为

$$\begin{cases}\mathrm{i}=-a\,\mathrm{i}-b+b\,\mathrm{i}+d,\\-\mathrm{i}=a\,\mathrm{i}-b-b\,\mathrm{i}+d,\\1=a-b+d.\end{cases}$$

将上面的前两个方程相加, 我们得到 $2(d-b)=0$, 这推出 $b=d$. 再将其代入第三个方程, 我们得到 $a=1$. 于是方程组化简为只关于 b 的一元方程 $\mathrm{i}=-\mathrm{i}+b\mathrm{i}$. 这推出 $b=2$. 最终, 我们求得余式为 x^3+2x^2+2x+2.

例 11.10 若 $a_1,\cdots,a_n$ 是互异整数, 证明: 多项式 $(x-a_1)\cdots(x-a_n)-1$ 在 $\mathbb{Z}$ 上是不可约的.

解 我们使用反证法, 假设 $(x-a_1)\cdots(x-a_n)-1=f(x)g(x)$, 其中 $f(x),g(x)$ 是整系数多项式并且 $\deg f>0,\deg g>0$, $\deg f+\deg g=n$. 那么对于每个 $i=1,2,\cdots,n$, 我们有 $f(a_i)=-g(a_i)=\pm1$. 于是最多是 $n-1$ 次的多项式 $f(x)+g(x)$ 就有了 n 个零点. 这使得 $f(x)+g(x)$ 必须是零多项式, 即对于所有 x, $f(x)=-g(x)$.

但是这样的话 $(x-a_1)\cdots(x-a_n)-1=-(f(x))^2$. 比较等号两边的首项系数, 我们得出了矛盾. 因此我们最初的假设不成立, 这个多项式确实是不可约的.

例 11.11 多项式 $P(x)=x^n+a_1x^{n-1}+\cdots+a_{n-1}x+1$ 具有非负系数 $a_1,\cdots,a_{n-1}$, 并且有 n 个实根. 证明:

(a) 对于所有 $k=1,2,\cdots,n-1$, $a_k\geq\binom{n}{k}$;

(b) 对于所有 $x\geq 0$, $P(x)\geq(x+1)^n$.

解 我们只需证明 (a), (b) 可以由 (a) 推出.

(a) 由 Vieta 定理, 系数 a_k 的值是所有可能的从 $r_1,r_2,\cdots,r_n$ 中取 k 个数的乘积之和. 由定义, 一共有 $\binom{n}{k}$ 个这样的乘积, 并且每个 r_k 在这些乘积的 $\binom{n-1}{k-1}$ 个中出现. 因此, 由算术平均–几何平均不等式,

$$a_k\geq\binom{n}{k}\left[(r_1r_2\cdots r_n)^{\binom{n-1}{k-1}}\right]=\binom{n}{k}.$$

例 11.12 设 p 是素数. 证明: 多项式

$$P(x)=x^{p-1}+x^{p-2}+\cdots+x+1$$

在 $\mathbb{Z}$ 上是不可约的.

解 若 $P(x)=x^{p-1}+x^{p-2}+\cdots+x+1$ 可以分解为两个整系数非常数多项式的积, 则

$$\begin{aligned}P(x+1)&=(x+1)^{p-1}+(x+1)^{p-2}+\cdots+(x+1)+1=\frac{(x+1)^p-1}{(x+1)-1}\\&=x^{p-1}+px^{p-2}+\binom{p}{p-2}x^{p-3}+\cdots+\binom{p}{2}x+p\end{aligned}$$

也可以. 然而对于 $1\leq k\leq p-1$, $\binom{p}{k}=\frac{p!}{k!(p-k)!}$ 显然是 p 的倍数. 因此由 Eisenstein 判别法, $P(x+1)$ 是不可约的. 这推出 $P(x)$ 是不可约的.

例 11.13 设 $p\geq 3$ 是素数. 证明: 多项式 $x^p+px+p-1$ 在 $\mathbb{Z}$ 上是不可约的.

解 假设 $P(x)=x^p+px+p-1$ 是可约的. 那么

$$P(x+1)=(x+1)^p+px+2p-1$$

也是可约的. 然而, $P(x+1)$ 满足 Eisenstein 判别法的条件, 由此我们得出矛盾.

例 11.14 证明: 多项式 $x^n+5x^{n-1}+3$ 在 $\mathbb{Z}$ 上是不可约的.

解 我们使用反证法, 假设多项式是可约的, 即

$$x^n + 5x^{n-1} + 3 = (b_r x^r + \cdots + b_1 x + b_0)(c_{n-r} x^{n-r} + \cdots + c_1 x + c_0),$$

其中 r 是满足 $0 < r < n$ 的整数, 并且对于所有 i, b_i 和 c_i 是整数.

将等号两边的常数项置为相等, 我们得到 $b_0 c_0 = 3$, 这推出 b_0, c_0 中恰好有一个可以被 3 整除. 不失一般性, 假设 b_0 能被 3 整除而 c_0 不能.

将等号两边的 x 项的系数置为相等, 我们得到 $b_1 c_0 + b_0 c_1 = 0$. 由于 b_0 能被 3 整除且 c_0 不能, b_1 一定能被 3 整除.

将等号两边的 x^2 项的系数置为相等, 我们得到 $b_2 c_0 + b_1 c_1 + b_0 c_2 = 0$. 由于 b_0, b_1 能被 3 整除且 c_0 不能, b_2 一定能被 3 整除.

若 $r < n-1$, 我们可以继续使用这个方法来证明 $b_0, b_1, \cdots, b_r$ 都能被 3 整除, 但这样的话 $x^n + 5x^{n-1} + 3$ 的所有系数一定都能被 3 整除, 矛盾.

若 $r = n-1$, 则多项式 $x^n + 5x^{n-1} + 3$ 有一个有理根, 记为 x_0. 于是 $x_0^n + 5x_0^{n-1} + 3$ 等于零. 但是由有理根定理, x_0 一定是奇数, 这推出 $x_0^n + 5x_0^{n-1} + 3$ 同时也是奇数, 矛盾.

由这些矛盾我们可以证明题目中的多项式是不可约的.

注 本题还可由两个更强的不可约性判别法证明.

判别法 1 (扩展的 Eisenstein 判别法) 设 p 是素数, $f(x) = a_n x^n + a_{n-1} x^{n-1} + \cdots + a_1 x + a_0$ 是整系数多项式, 满足 $p \mid a_i\ (0 \le i < k), p \nmid a_k$ 和 $p^2 \nmid a_0$. 那么 $f(x)$ 有一个次数大于 k 的不可约因子.

我们把扩展的 Eisenstein 判别法的证明留给读者. $p = 3$ 时的扩展的 Eisenstein 判别法可以立即推出 $f(x)$ 有一个次数大于 $n-2$ 的不可约因子. 于是我们可以像上面使用有理根定理论证那样, 证明出本题的结论.

判别法 2 (Perron 判别法) 设 $f(x) = x^n + a_{n-1} x^{n-1} + \cdots + a_1 x + a_0$ 是整系数多项式, 满足 $a_0 \neq 0$ 和

$$|a_{n-1}| > 1 + |a_{n-2}| + \cdots + |a_1| + |a_0|.$$

那么 $f(x)$ 是不可约的.

本题可以由 Perron 判别法立即推出. Perron 判别法的一个自然的证明可以由复分析中的 Rouche 定理得出.

例 11.15 证明: 对于任何正奇数 n, 我们都能找到整系数多项式 P 和 Q 使得

$$(x^4 - x^2 + 1)^n + x^4 - x^2 + 1 = P(x)^2 + Q(x)^2.$$

解 由于 n 是奇数, 我们可以写 $n = 2m+1$ 并且将等式左边因式分解为

$$((x^4 - x^2 + 1)^{2m} + 1)(x^4 - x^2 + 1).$$

第一个因子显然是两个平方数之和. 而第二个因子也是两个平方数之和: $x^4 - x^2 + 1 = (x^2-1)^2 + x^2$. 现在, 回忆 Lagrange 恒等式:

$$(a^2+b^2)(c^2+d^2) = (ac+bd)^2 + (ad-bc)^2.$$

我们对于 $a = (x^4 - x^2 + 1)^m, b = 1, c = (x^2 - 1)$ 和 $d = x$ 应用这个恒等式, 就能将题目中的表达式写成平方和的形式, 从而完成了证明.

例 11.16 设 α 是多项式

$$P(x) = x^n + a_{n-1}x^{n-1} + \cdots + a_1 x + a_0$$

的零点, 其中 $a_i \in [0,1]$, $i = 0, 1, \cdots, n-1$. 证明

$$\mathrm{Re}(\alpha) < \phi = \frac{1+\sqrt{5}}{2}.$$

解 我们使用反证法, 假设 $\mathrm{Re}(\alpha) \geq \phi$. 在方程 $P(\alpha) = 0$ 的两边同时除以 α^n, 我们得到

$$1 + a_{n-1} \cdot \frac{1}{\alpha} + a_{n-2} \cdot \frac{1}{\alpha^2} + \cdots + a_0 \cdot \frac{1}{\alpha^n} = 0.$$

这推出

$$\left|1 + a_{n-1}\mathrm{Re}\left(\frac{1}{\alpha}\right)\right| = \left|a_{n-2}\mathrm{Re}\left(\frac{1}{\alpha^2}\right) + \cdots + a_0\mathrm{Re}\left(\frac{1}{\alpha^n}\right)\right|.$$

由于 $\frac{1}{\alpha} = \frac{\overline{\alpha}}{|\alpha|^2}$, 我们由假设的 $\mathrm{Re}(\alpha) \geq \phi > 0$ 得出 $a_{n-1}\mathrm{Re}\left(\frac{1}{\alpha}\right) \geq 0$, 从而有 $1 \leq \left|1 + a_{n-1}\mathrm{Re}\left(\frac{1}{\alpha}\right)\right|$. 此外, 我们有不等式

$$a_{n-k}\mathrm{Re}\left(\frac{1}{\alpha^k}\right) \leq a_{n-k}\left|\frac{1}{\alpha^k}\right| \leq \frac{1}{|\alpha|^k},$$

其中第一个不等号是由对于任何复数 z, $\mathrm{Re}(z) \leq |z|$ 得出, 而第二个不等号是由题目所给的条件 $a_{n-k} \in [0,1]$ 得出. 于是, 由三角不等式, 我们有

$$\begin{aligned} 1 &\leq \left|a_{n-2}\mathrm{Re}\left(\frac{1}{\alpha^2}\right) + \cdots + a_0\mathrm{Re}\left(\frac{1}{\alpha^n}\right)\right| \\ &\leq \left|a_{n-2}\mathrm{Re}\left(\frac{1}{\alpha^2}\right)\right| + \left|a_{n-3}\mathrm{Re}\left(\frac{1}{\alpha^3}\right)\right| + \cdots + \left|a_0\mathrm{Re}\left(\frac{1}{\alpha^n}\right)\right| \\ &\leq \frac{1}{|\alpha|^2} + \frac{1}{|\alpha|^3} + \cdots + \frac{1}{|\alpha|^n}. \end{aligned}$$

现在, 由于 $|\alpha| \geq \operatorname{Re}(\alpha) \geq \phi > 1$, 我们有

$$1 \leq \frac{1}{|\alpha|^2} + \frac{1}{|\alpha|^3} + \cdots + \frac{1}{|\alpha|^n} < \frac{1}{|\alpha|^2} + \frac{1}{|\alpha|^3} + \cdots = \frac{1}{|\alpha|(|\alpha|-1)},$$

这里我们把对应的无限级数作为该有限几何级数的上界.

但是这个不等式等价于 $|\alpha|^2 - |\alpha| - 1 < 0$. 解这个二次不等式, 我们得到 $|\alpha| < \phi = \frac{1+\sqrt{5}}{2}$. 再一次使用如下事实: 对于所有 $z \in \mathbb{C}$, $\operatorname{Re}(z) \leq |z|$, 我们就有 $\operatorname{Re}(\alpha) < \phi$, 这与我们的假设矛盾, 从而题目得证.

例 11.17 设 P 是由

$$P(x) = ax^3 + bx^2 + cx + d$$

给出的三次多项式, 其中 a, b, c, d 是整数并且 $a \neq 0$. 假设对于无限多个整数对 (x, y) $(x \neq y)$, $xP(x) = yP(y)$. 证明: 方程 $P(x) = 0$ 有整数根.

解 设 x, y 是满足方程 $xP(x) = yP(y)$ 的互异实数. 由于 P 是三次的, 我们有

$$a(x^4 - y^4) + b(x^3 - y^3) + c(x^2 - y^2) + d(x - y) = 0.$$

因为 x 和 y 互异, 我们可以将上式除以 $x - y$ 而得到

$$a(x^3 + x^2y + xy^2 + y^3) + b(x^2 + xy + y^2) + c(x + y) + d = 0.$$

令 $x + y = s$ 且 $x^2 + y^2 = t$. 我们可以将上面的等式重写为

$$ast + \frac{b(s^2 + t)}{2} + cs + d = 0,$$

它等价于

$$(2as + b)t = -(bs^2 + 2cs + 2d).$$

由不等式 $(x - y)^2 \geq 0$, 我们得到 $x^2 + y^2 \geq \frac{(x+y)^2}{2}$, 或者写为 $t \geq \frac{s^2}{2}$. 于是我们可以用它推出

$$s^2|2as + b| \leq 2|bs^2 + 2cs + 2d|.$$

由于上式的左边是关于 s 的三次式, 右边是关于 s 的二次式, 这个不等式只能对于有限多个 s 的值成立, 然而等式 $xP(x) = yP(y)$ 对无限多对 (x, y) 成立. 这推出了对于无限多个 x, 从而对所有的 x, 至少存在一个 s 使得

$$xP(x) = yP(y) = (s - x)P(s - x).$$

若 s 不等于 0, 显然 s 是 $P(x)$ 的一个根. 若 $s = 0$, 则我们得到 $P(x) = -P(-x)$. 这推出 $b = d = 0$, 因此 $P(x) = ax^3 + cx$. 在这种情形, 0 是 $P(x)$ 的一个根.

12 三角代换和更多主题

许多题目依靠几何学、三角学和代数学之间的相互作用可以有很巧妙的解法. 在本章, 我们探索一些五花八门的杂题, 它们虽然是代数问题, 但是都有自然的几何学和三角学解释. 除了基本的三角恒等式, 解这些题几乎没用到其他理论. 我们用一系列各式各样的例题来帮助阐明解题所需的这些基本代换和技术, 它们可以通过从几何的观点重新审视题目来化简许多代数问题.

例 12.1 证明: 对所有 $a, b, c > 0$, 我们有

$$\sqrt{a^2 - ab + b^2} + \sqrt{b^2 - bc + c^2} \geq \sqrt{a^2 + ac + c^2}.$$

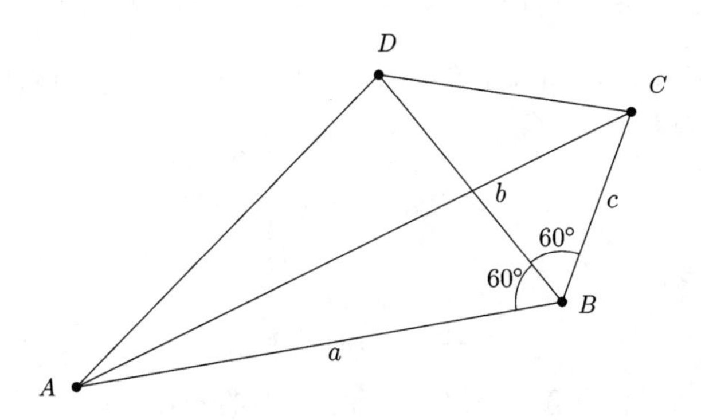

解 在上面的凸四边形 $ABCD$ 中, 令 $BA = a$, $BD = b$, $BC = c$, 这里 $\angle ABD = \angle CBD = 60°$. 由余弦定理,

$$\begin{aligned} AD &= \sqrt{a^2 - 2ab\cos 60° + b^2} = \sqrt{a^2 - ab + b^2}, \\ DC &= \sqrt{b^2 - 2bc\cos 60° + c^2} = \sqrt{b^2 - bc + c^2}, \\ AC &= \sqrt{a^2 - 2ac\cos 120° + c^2} = \sqrt{a^2 + ac + c^2}. \end{aligned}$$

由三角不等式, 我们有 $AD + DC \geq AC$, 题目得证.

例 12.2 求方程

$$x^2 + \frac{9x^2}{(x+3)^2} = 16$$

的实数解.

解 在方程的左边提取因子 x^2, 我们得到

$$x^2\left(1+\left(\frac{3}{x+3}\right)^2\right)=16.$$

现在令 $\frac{3}{x+3}=\tan\alpha$. 那么 $1+\left(\frac{3}{x+3}\right)^2=\sec^2\alpha$ 并且 $x=\frac{3(1-\tan\alpha)}{\tan\alpha}$. 于是原方程化简为

$$\frac{9(1-\tan\alpha)^2}{\sin^2\alpha}=16.$$

将所有项用正弦和余弦表示, 上式等价于

$$\frac{1}{\sin^2\alpha}+\frac{1}{\cos^2\alpha}-\frac{2}{\sin\alpha\cos\alpha}=\frac{16}{9}.$$

在方程两边同时乘以 $\sin^2\alpha\cos^2\alpha$, 去掉分母, 方程化简为

$$\cos^2\alpha+\sin^2\alpha-2\sin\alpha\cos\alpha=\frac{16}{9}\sin^2\alpha\cos^2\alpha.$$

使用恒等式 $\sin^2\alpha+\cos^2\alpha=1$ 和 $\sin 2\alpha=2\sin\alpha\cos\alpha$, 我们可以将上式写成关于 $\sin 2\alpha$ 的二次方程, 并且化简为

$$\frac{4}{9}\sin^2 2\alpha+\sin 2\alpha-1=0,$$

将其因式分解得到

$$\frac{1}{9}(4\sin 2\alpha-3)(\sin 2\alpha+3)=0.$$

解 $\sin 2\alpha=-3$ 显然没有意义, 因为它在正弦函数的值域 $[-1,1]$ 之外. 因此 $\sin 2\alpha=\frac{3}{4}$, 并且 $\cos 2\alpha=\sqrt{1-\sin^2 2\alpha}=\pm\frac{\sqrt{7}}{4}$. 从而 $\cot 2\alpha=\frac{\cos 2\alpha}{\sin 2\alpha}=\pm\frac{\sqrt{7}}{3}$. 我们由此解出 x:

$$x=\frac{3(1-\tan\alpha)}{\tan\alpha}=3\left(\cot 2\alpha+\frac{1}{\sin 2\alpha}-1\right)=1\pm\sqrt{7}.$$

例 12.3 设 a,b,c 是正实数并且满足 $a^2\geq b^2+bc+c^2$. 证明

$$a>\min(b,c)+\frac{|b^2-c^2|}{a}.$$

解 若 a_0,b,c 成为一个三角形的三边, 其中 b 和 c 的夹角为 120°, 则由余弦定理, $a_0^2=b^2+bc+c^2$. 根据已知条件, 我们有 $a^2\geq a_0^2$. 由于我们交换 b,c 并不改变题目的内容, 不失一般性, 我们可以假设 $b\leq c$. 现在, 要证明的不等式化简为

$$a>b+\frac{c^2-b^2}{a}.$$

这等价于要证明

$$a^2 - ab + b^2 > c^2.$$

注意到 $a \geq a_0 > b$, 这是因为 a_0 是以 a_0, b, c 为三边的三角形中 $120°$ 角的对边. 我们将不等式写成下面的形式

$$a(a-b) + b^2 > c^2.$$

可以看出, 由于 $a > b$, 不等式的左边当 a 增大时是严格增的. 那么我们只需对上面的不等式在 a 达到它的最小值 a_0 时的情形进行证明. 我们要来证明:

$$a_0^2 - a_0 b + b^2 > c^2.$$

由余弦定理, 注意到这个不等式的左边是一个以 a_0, b 为其两条边并且它们的夹角是 $60°$ 的三角形的第三条边的长度的平方.

再次考虑我们一开始提到的三角形. a_0 和 b 的夹角严格小于 $60°$, 这是因为 b 和 c 的夹角是 $120°$. 由于一般地, 三角形的第三条边的长度会随着前两条边的夹角的角度的增大而增大, 我们有

$$a_0^2 - a_0 b + b^2 > c^2,$$

从而题目得证.

例 12.4 设 a, b, c 是正实数并且设 $u = 2a^2 + 2ab + b^2$, $v = b^2 + c^2$, $w = c^2 + 2ca + 2a^2$. 证明 $u + v + w = 2$ 当且仅当 $uv + vw + wu = (ab + bc + ca)^2 + 1$.

解 u, v, w 的选择给出了如下的三角形:

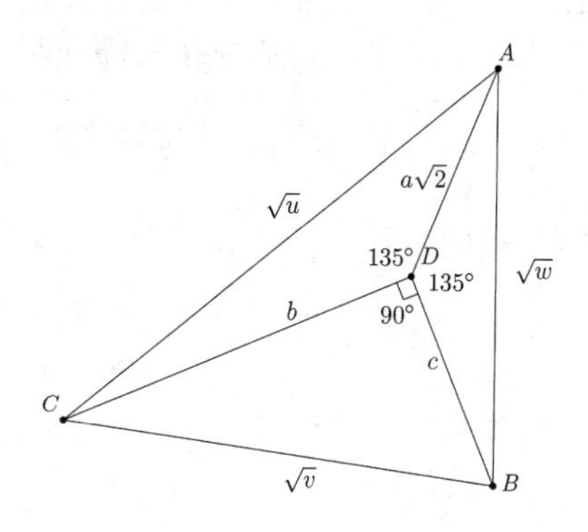

关于三角形 ADC, ADB 和 BDC 的余弦定理还原了题目给出的对于 u, v, w

的条件. 由 Heron 公式, 三角形 ABC 的面积为

$$\sqrt{\left(\frac{\sqrt{u}+\sqrt{v}+\sqrt{w}}{2}\right)\left(\frac{-\sqrt{u}+\sqrt{v}+\sqrt{w}}{2}\right)\left(\frac{\sqrt{u}-\sqrt{v}+\sqrt{w}}{2}\right)\left(\frac{\sqrt{u}+\sqrt{v}-\sqrt{w}}{2}\right)}$$
$$=\frac{1}{4}\sqrt{2(uv+vw+wu)-(u^2+v^2+w^2)}.$$

现在, 同样的面积

$$\begin{aligned}S_{\triangle ABC}&=S_{\triangle ADC}+S_{\triangle ADB}+S_{\triangle BDC}\\&=\frac{ab\sqrt{2}\sin 135^\circ}{2}+\frac{bc}{2}+\frac{ca\sqrt{2}\sin 135^\circ}{2}\\&=\frac{ab+bc+ca}{2}.\end{aligned}$$

从而

$$\frac{1}{4}\sqrt{4(uv+vw+wu)-(u+v+w)^2}=\frac{ab+bc+ca}{2},$$

它等价于

$$uv+vw+wu-\left(\frac{u+v+w}{2}\right)^2=(ab+bc+ca)^2.$$

于是题目得证.

例 12.5 设 $x,y,z>1$ 并且 $\frac{1}{x}+\frac{1}{y}+\frac{1}{z}=2$. 证明

$$\sqrt{x+y+z}\geq\sqrt{x-1}+\sqrt{y-1}+\sqrt{z-1}.$$

解 我们回到一道在前面第 9 章中解过的题——例 9.10. 我们现在给出一个三角代换的解法.

令 $(x,y,z)=(a+1,b+1,c+1)$, 其中 a,b,c 是正实数. 注意到这时题目中的条件等价于 $ab+bc+ca+2abc=1$. 于是我们现在只需证明

$$\sqrt{a}+\sqrt{b}+\sqrt{c}\leq\sqrt{a+b+c+3}.$$

将这个不等式的两边平方, 我们得到

$$\sqrt{ab}+\sqrt{bc}+\sqrt{ca}\leq\frac{3}{2}.$$

现在, 我们将使用下面的引理来做一个代换:

引理 若 x,y,z 是正实数并且满足

$$x^2+y^2+z^2+2xyz=1,$$

则存在三角形 ABC 满足 $x=\sin\frac{A}{2}, y=\sin\frac{B}{2}, z=\sin\frac{C}{2}$.

反之, 设 ABC 是一个三角形. 那么

$$\sin^2\frac{A}{2}+\sin^2\frac{B}{2}+\sin^2\frac{C}{2}+2\sin\frac{A}{2}\sin\frac{B}{2}\sin\frac{C}{2}=1.$$

证明 把 $x^2+y^2+z^2+2xyz=1$ 看作关于变量 x 的二次方程. 那么由于 x 是正的, 由二次方程的求根公式, 我们有

$$x=\frac{-2yz+\sqrt{4y^2z^2-4(y^2+z^2-1)}}{2}=-yz+\sqrt{(1-y^2)(1-z^2)}.$$

由于 $x^2+y^2+z^2+2xyz=1$ 且 $x,y,z>0$, 显然 $x,y,z\in(0,1)$. 现在, 我们做代换 $y=\sin u$ 和 $z=\sin v$, 其中 $0<u,v<\frac{\pi}{2}$. 于是

$$x=-\sin u\sin v+\cos u\cos v=\cos(u+v).$$

令 $u=\frac{B}{2}, v=\frac{C}{2}$, $A=\pi-B-C$. 因为 $1>y^2+z^2=\sin^2\frac{B}{2}+\sin^2\frac{C}{2}$, 我们有

$$\cos^2\frac{B}{2}>\sin^2\frac{C}{2}.$$

因为 $0<\frac{B}{2},\frac{C}{2}<\frac{\pi}{2}$, 我们可以在上式的两边取平方根, 得到

$$\cos\frac{B}{2}>\sin\frac{C}{2}=\cos\left(\frac{\pi}{2}-\frac{C}{2}\right),$$

这推出 $\frac{B}{2}<\frac{\pi}{2}-\frac{C}{2}$, 即 $B+C<\pi$. 最终, $x=\cos(u+v)=\sin\frac{A}{2}, y=\sin\frac{B}{2}, z=\sin\frac{C}{2}$, 其中 A,B,C 是一个三角形的三个角. 反之, 若 ABC 是一个三角形, 我们可以将上面的论证逆向地进行, 得到所需的结果. 于是引理得证.

回到原来的题目, 由于 a,b,c 满足 $ab+bc+ca+2abc=1$, 我们可以使用引理中的代换, 这时 $x=\sqrt{ab}, y=\sqrt{bc}$, $z=\sqrt{ca}$. 特别地, 令 $(ab,bc,ca)=(\sin^2\frac{\alpha}{2},\sin^2\frac{\beta}{2},\sin^2\frac{\gamma}{2})$, 其中 α,β,γ 是一个三角形的三个角. 于是问题化简为证明

$$\sin\frac{\alpha}{2}+\sin\frac{\beta}{2}+\sin\frac{\gamma}{2}\le\frac{3}{2},$$

这是一个著名的结论, 可以用 $f(x)=\sin x$ 时的 Jensen 不等式来证明.

例 12.6 设 a,b,c 是固定的正实数. 求方程组

$$\begin{cases}x+y+z=a+b+c,\\4xyz-(a^2x+b^2y+c^2z)=abc\end{cases}$$

的所有正实数解 x,y,z.

解 将第二个方程除以 xyz, 我们得到

$$4=\frac{a^2}{yz}+\frac{b^2}{zx}+\frac{c^2}{xy}+\frac{abc}{xyz}.$$

我们可以令

$$X=\frac{a}{\sqrt{yz}},\quad Y=\frac{b}{\sqrt{zx}},\quad Z=\frac{c}{\sqrt{xy}},$$

则方程变为 $4=X^2+Y^2+Z^2+XYZ$. 由于已知 $a,b,c,x,y,z>0$, 我们一定有 $X,Y,Z>0$. 从而

$$X<2,\quad Y<2,\quad Z<2.$$

我们将方程看作关于 Z 的二次方程, 写为 $Z^2+XYZ+X^2+Y^2-4=0$. 因为 $Z>0$, 由二次方程的求根公式, 我们有

$$Z=\frac{-XY+\sqrt{X^2Y^2+16-4X^2-4Y^2}}{2}=\frac{-XY+\sqrt{(4-X^2)(4-Y^2)}}{2}.$$

由于前面已经得出 $X,Y,Z\in(0,2)$, 我们可以做代换 $X=2\sin\alpha$, $Y=2\sin\beta$, 其中 $0<\alpha,\beta<\frac{\pi}{2}$. 于是 $Z=2\cos(\alpha+\beta)$. 将它们代入 X,Y 和 Z 的定义式, 我们有 $a=2\sqrt{yz}\sin\alpha$, $b=2\sqrt{zx}\sin\beta$, $c=2\sqrt{xy}\cos(\alpha+\beta)$.

现在由第一个方程, 我们得到

$$x+y+z=2\sqrt{yz}\sin\alpha+2\sqrt{zx}\sin\beta+2\sqrt{xy}\cos(\alpha+\beta).$$

我们将上式凑完全平方, 写成

$$(\sqrt{x}\cos\beta-\sqrt{y}\cos\alpha)^2+(\sqrt{x}\sin\beta+\sqrt{y}\sin\alpha-\sqrt{z})^2=0.$$

我们知道, 一个平方和等于零, 则它的每一个平方项必须为零. 于是

$$\sqrt{z}=\sqrt{x}\sin\beta+\sqrt{y}\sin\alpha=\frac{1}{\sqrt{z}}\left(\frac{a}{2}+\frac{b}{2}\right).$$

这推出 $z=\frac{a+b}{2}$. 由对称性, 我们得到 $x=\frac{b+c}{2}, y=\frac{c+a}{2}$. 经检验, 这些值确实满足原方程组.

例 12.7 已知 x,y,z 是实数并且满足

$$x=\sqrt{y^2-\frac{1}{16}}+\sqrt{z^2-\frac{1}{16}},$$

$$y=\sqrt{z^2-\frac{1}{25}}+\sqrt{x^2-\frac{1}{25}},$$

$$z=\sqrt{x^2-\frac{1}{36}}+\sqrt{y^2-\frac{1}{36}},$$

求 $x+y+z$.

解 考虑一个边长为 x, y, z 的三角形, 其各边上的高分别为 $\frac{1}{4}, \frac{1}{5}, \frac{1}{6}$. 由 Pythagoras 定理, 显然如果这样的一个三角形是锐角三角形, 那么它将满足题目中的条件.

现在我们来证明这个三角形是锐角三角形. 回想: 一般地, 一个边长分别为 a, b, c 的三角形是锐角三角形当且仅当 $a^2 + b^2 > c^2$, 其中 $a \le b \le c$. 令 K 为这个三角形的面积. 若 h_a, h_b, h_c 分别是边长 a, b, c 对应的高的长度, 则 $K = \frac{1}{2}ah_a = \frac{1}{2}bh_b = \frac{1}{2}ch_c$, 于是条件 $a^2 + b^2 > c^2$ 等价于

$$(1/h_a)^2 + (1/h_b)^2 > (1/h_c)^2,$$

其中 $\frac{1}{h_a} \le \frac{1}{h_b} \le \frac{1}{h_c}$. 由此我们得到这个三角形是锐角三角形, 因为 $4^2 + 5^2 > 6^2$.

现在, 我们有

$$\frac{1}{4}x = \frac{1}{5}y = \frac{1}{6}z = 2K.$$

我们整理后得到 $y = \frac{5}{4}x, z = \frac{3}{2}x$. 那么三角形的半周长 s 等于

$$\frac{x+y+z}{2} = \frac{15}{8}x.$$

这时我们可以应用 Heron 定理, 得到

$$K^2 = \left(\frac{x}{8}\right)^2 = s(s-x)(s-y)(s-z) = \left(\frac{15}{8}x\right)\left(\frac{7}{8}x\right)\left(\frac{5}{8}x\right)\left(\frac{3}{8}x\right),$$

这推出

$$64 = 15 \cdot 7 \cdot 3 \cdot 5x^2.$$

我们解这个方程并取正根, 得到 $x = \frac{8}{15\sqrt{7}}$, 由此容易算出 $x + y + z = \frac{15}{4}x = \frac{2\sqrt{7}}{7}$.

例 12.8 设 $P_1(x) = x^2 - 2$ 并且 $P_i(x) = P_1(P_{i-1}(x)), i = 2, 3, \cdots$. 证明: 对于每个正整数 n, 方程 $P_n(x) = x$ 的根都是正数并且是互异的.

解 注意到对于 $x > 2$, 我们有 $x^2 - 2 > x$, 从而由归纳法, 对于所有 $n \ge 1$, $P_n(x) > x$. 若 $x < -2$, 则 $P_1(x) > 2$, 这推出对于所有 $n \ge 1$, $P_n(x) > 2$. 于是 $P_n(x) = x$ 的所有的根都位于区间 $[-2, 2]$ 中, 因此代换 $x = 2\cos t$ 是合理的.

现在, 观察到 $P_1(2\cos t) = 4\cos^2 t - 2 = 2\cos 2t$, 并且一般地, 我们有

$$P_n(2\cos t) = 2\cos 2^n t.$$

于是方程 $P_n(x) = x$ 变为

$$\cos 2^n t = \cos t,$$

它有 2^n 个不同的解:

$$t = \frac{2\pi k}{2^n - 1}\ (k = 0, 1, \cdots, 2^{n-1} - 1) \quad 和 \quad t = \frac{2\pi k}{2^n + 1}\ (k = 1, \cdots, 2^{n-1}).$$

因为 $P_n(x) - x$ 是一个 2^n 次多项式, 所以这些解就是方程全部的解, 从而题目得证.

例 12.9 求方程组

$$\begin{cases} x+y+z=xyz, \\ 3\left(x+\dfrac{1}{x}\right)=5\left(y+\dfrac{1}{y}\right)=7\left(z+\dfrac{1}{z}\right) \end{cases}$$

的正实数解.

解 令 $x=\cot\frac{A}{2}$, $y=\cot\frac{B}{2}$, 其中 $0<A,B<\pi$. 那么由第一个方程, 我们有

$$z=\frac{x+y}{xy-1}=\frac{\cot\dfrac{A}{2}+\cot\dfrac{B}{2}}{\cot\dfrac{A}{2}\cot\dfrac{B}{2}-1}=\frac{1}{\cot\left(\dfrac{A}{2}+\dfrac{B}{2}\right)}=\frac{1}{\cot\left(\dfrac{\pi}{2}-\dfrac{C}{2}\right)}$$
$$=\frac{1}{\tan\dfrac{C}{2}}=\cot\frac{C}{2},$$

其中 $C=\pi-(A+B)$. 这表明 A,B,C 是一个三角形中的三个角. 由第二个方程, 我们有

$$3\left(\frac{\cos\dfrac{A}{2}}{\sin\dfrac{A}{2}}+\frac{\sin\dfrac{A}{2}}{\cos\dfrac{A}{2}}\right)=5\left(\frac{\cos\dfrac{B}{2}}{\sin\dfrac{B}{2}}+\frac{\sin\dfrac{B}{2}}{\cos\dfrac{B}{2}}\right)=7\left(\frac{\cos\dfrac{C}{2}}{\sin\dfrac{C}{2}}+\frac{\sin\dfrac{C}{2}}{\cos\dfrac{C}{2}}\right),$$

这推出

$$\frac{3}{\dfrac{1}{2}\sin A}=\frac{5}{\dfrac{1}{2}\sin B}=\frac{7}{\dfrac{1}{2}\sin C}.$$

由正弦定理, 这意味着以 A,B,C 为三个角的三角形相似于边长分别为 3, 5, 7 的三角形, 那么由余弦定理, 我们计算出

$$\cos A=\frac{13}{14},\quad \cos B=\frac{11}{14},\quad \cos C=-\frac{1}{2}.$$

利用恒等式

$$\cot\frac{\theta}{2}=\sqrt{\frac{1+\cos\theta}{1-\cos\theta}},$$

我们得到方程组的唯一解 $x=\cot\frac{A}{2}=3\sqrt{3}$, $y=\cot\frac{B}{2}=\frac{5\sqrt{3}}{3}$, $z=\cot\frac{C}{2}=\frac{\sqrt{3}}{3}$.

例 12.10 设 $a_0=\sqrt{2}+\sqrt{3}+\sqrt{6}$, 并且对于 $n\geq 0$, $a_{n+1}=\frac{a_n^2-5}{2(a_n+2)}$. 求通项 a_n 的闭式表达式.

解 我们断言 $a_n=\cot\left(\frac{2^{n-3}\pi}{3}\right)-2$. 我们首先证明这个公式对于 $n=0$ 成立. 事实上, 我们有

$$a_0+2=\cot\frac{\pi}{24}=\frac{\cos\dfrac{\pi}{24}}{\sin\dfrac{\pi}{24}}=\frac{2\cos^2\dfrac{\pi}{24}}{2\sin\dfrac{\pi}{24}\cos\dfrac{\pi}{24}}=\frac{1+\cos\dfrac{\pi}{12}}{\sin\dfrac{\pi}{12}}.$$

利用公式 $\cos\frac{\pi}{12}=\cos\left(\frac{\pi}{3}-\frac{\pi}{4}\right)$ 和对于正弦函数的类似公式, 我们可以容易地计算出上面分式的值:

$$\frac{1+\cos\dfrac{\pi}{12}}{\sin\dfrac{\pi}{12}}=\frac{4+\sqrt{6}+\sqrt{2}}{\sqrt{6}-\sqrt{2}}.$$

我们将分母有理化, 得到上式等价于

$$\cot\frac{\pi}{24}=2+\sqrt{2}+\sqrt{3}+\sqrt{6},$$

因此 $a_0=\cot\frac{\pi}{24}-2$.

在证明了 $n=0$ 的情形之后, 我们现在转向证明一般情形.

我们去除常数项, 来证明 $a'_n=\cot\left(\frac{2^{n-3}\pi}{3}\right)$, 其中 $a'_n=a_n+2$, $n\geq 0$. 于是递推公式变成

$$a'_{n+1}-2=\frac{(a'_n-2)^2-5}{2a'_n},$$

它可以化简为 $a'_{n+1}=\frac{a'^2_n-1}{2a'_n}$. 现在假设公式对于 k 成立, 即 $a'_k=\cot\left(\frac{2^{k-3}\pi}{3}\right)$. 那么我们有

$$a'_{k+1}=\frac{\cot^2\left(\dfrac{2^{k-3}\pi}{3}\right)-1}{2\cot\left(\dfrac{2^{k-3}\pi}{3}\right)}=\cot\left[2\left(\frac{2^{k-3}\pi}{3}\right)\right]=\cot\left(\frac{2^{k-2}\pi}{3}\right),$$

这就完成了归纳证明.

例 12.11 设 a,b,c 是正实数, 并且

$$a+b+c+1=4abc.$$

证明

$$\frac{1}{a}+\frac{1}{b}+\frac{1}{c}\geq 3\geq\frac{1}{\sqrt{ab}}+\frac{1}{\sqrt{bc}}+\frac{1}{\sqrt{ca}}.$$

解 我们将题目中的条件重写为

$$\frac{1}{bc}+\frac{1}{ca}+\frac{1}{ab}+\frac{1}{abc}=4.$$

现在, 令 $x=\frac{1}{2\sqrt{bc}}, y=\frac{1}{2\sqrt{ca}}, z=\frac{1}{2\sqrt{ab}}$. 那么 x,y,z 满足关系式 $x^2+y^2+z^2+2xyz=1$. 于是我们可以使用在例 12.5 的引理中给出的半角代换. 令 $x=\frac{1}{2\sqrt{bc}}=\sin\frac{\alpha}{2}$, $y=\sin\frac{\beta}{2}$, $z=\sin\frac{\gamma}{2}$, 其中 α,β,γ 是一个三角形的三个角. 这推出

$$\left(\frac{1}{bc},\frac{1}{ca},\frac{1}{ab}\right)=\left(4\sin^2\frac{\alpha}{2},4\sin^2\frac{\beta}{2},4\sin^2\frac{\gamma}{2}\right).$$

将这些关系式相乘并取平方根, 我们得到

$$\frac{1}{abc}=8\sin\frac{\alpha}{2}\sin\frac{\beta}{2}\sin\frac{\gamma}{2}.$$

然后我们用上式分别除以关于 $\frac{1}{bc},\frac{1}{ca}$ 和 $\frac{1}{ab}$ 的关系式, 得到

$$\left(\frac{1}{a},\frac{1}{b},\frac{1}{c}\right)=\left(\frac{2\sin\frac{\beta}{2}\sin\frac{\gamma}{2}}{\sin\frac{\alpha}{2}},\frac{2\sin\frac{\gamma}{2}\sin\frac{\alpha}{2}}{\sin\frac{\beta}{2}},\frac{2\sin\frac{\alpha}{2}\sin\frac{\beta}{2}}{\sin\frac{\gamma}{2}}\right).$$

现在只需证明

$$\frac{\sin\frac{\beta}{2}\sin\frac{\gamma}{2}}{\sin\frac{\alpha}{2}}+\frac{\sin\frac{\gamma}{2}\sin\frac{\alpha}{2}}{\sin\frac{\beta}{2}}+\frac{\sin\frac{\beta}{2}\sin\frac{\alpha}{2}}{\sin\frac{\gamma}{2}}\geq\frac{3}{2}\geq\sin\frac{\alpha}{2}+\sin\frac{\beta}{2}+\sin\frac{\gamma}{2}.$$

右边的不等式可以用 $f(x)=\sin x$ 时的 Jensen 不等式来证明. 对于左边的不等式, 若 α,β,γ 是一个三角形中三边 a,b,c 的对角, 回想恒等式 $\sin\frac{\alpha}{2}=\sqrt{\frac{(s-b)(s-c)}{bc}}$, 其中 $s=\frac{a+b+c}{2}$, 以及对 a,b,c 轮换后的相应的公式. 那么我们有

$$\frac{\sin\frac{\beta}{2}\sin\frac{\gamma}{2}}{\sin\frac{\alpha}{2}}=\frac{s-a}{a},$$

对不等式中的另外两项可以得到类似的关系式. 然后, 我们使用对偶原理的逆向变换. (对偶原理是说, 若 x,y,z 是实数, 则存在以 $a=y+z,b=z+x,c=x+y$ 为三边的三角形.) 令 $x=s-a$, $y=s-b$, $z=s-c$, 其中 s 是三角形的半周长. 左边的不等式就等价于

$$\frac{x}{y+z}+\frac{y}{x+z}+\frac{z}{x+y}\geq\frac{3}{2},$$

这是著名的 Nesbitt 不等式.

例 12.12 求满足

$$a+b+c+d+e=0,$$

$$a^3+b^3+c^3+d^3+e^3=0,$$

$$a^5+b^5+c^5+d^5+e^5=10$$

的所有实数 $a,b,c,d,e\in[-2,2]$.

解 由题目所给的 a,b,c,d,e 的范围, 我们可以做代换

$$a=2\cos A,\quad b=2\cos B,\quad c=2\cos C,\quad d=2\cos D,\quad e=2\cos E.$$

使用恒等式

$$2\cos 5\alpha=(2\cos\alpha)^5-5(2\cos\alpha)^3+5(2\cos\alpha),$$

我们有

$$2\cos 5A=a^5-5a^3+5a$$

以及对于 b,c,d,e 的类似关系式. 我们将它们加在一起, 得到

$$\sum_{cyc}2\cos 5A=\sum_{cyc}a^5-5\sum_{cyc}a^3+5\sum_{cyc}a=10,$$

这推出

$$\sum_{cyc}\cos 5A=5.$$

因为余弦函数的最大值是 1, 我们可以得出

$$\cos 5A=\cos 5B=\cos 5C=\cos 5D=\cos 5E=1.$$

将其代入 $2\cos 5A=a^5-5a^3+5a$, 我们有

$$a^5-5a^3+5a-2=0.$$

由有理根测试, $a=2$ 是一个根, 那么我们可以进行因式分解来得到等价的方程

$$(a-2)(a^4+2a^3-a^2-2a+1)=0.$$

如果这个四次因子是 $a^4+2a^3+3a^2+2a+1=(a^2+a+1)^2$ 那就太好了. 然而我们没有恰好这样的情况, 尽管如此我们还是受到了这个恒等式的启发, 因为这个四次表达式看起来有些类似. 进行了一些尝试后, 我们看出 $a^4+2a^3-a^2-2a+1=(a^2+a-1)^2$, 这给出了

$$(a-2)(a^2+a-1)^2=0.$$

由上面的方程以及对于其他变量的类似关系式, 我们得到

$$a,b,c,d,e\in\left\{2,\frac{\sqrt{5}-1}{2},-\frac{\sqrt{5}+1}{2}\right\}.$$

由 $\sum_{cyc} a = 0$, 我们得到在这 5 个数中, 有一个是 2, 两个是 $\frac{\sqrt{5}-1}{2}$, 另外两个是 $-\frac{\sqrt{5}+1}{2}$. 经过简单的验证, 我们得到 $\sum_{cyc} a^3 = 0$. 由关系式 $\sum_{cyc} a^5 - 5\sum_{cyc} a^3 + 5\sum_{cyc} a = 10$, $\sum_{cyc} a^5 = 10$ 也同样成立.

例 12.13 设 $a, b, c > 0$ 是实数并且满足

$$a^2 + b^2 + c^2 + abc = 4.$$

证明

$$ab + bc + ca - abc \leq 2.$$

解 首先描述一下我们将要用到的代换:

引理 1 *若 x, y, z 是正实数并且*

$$x^2 + y^2 + z^2 + 2xyz = 1,$$

则存在一个锐角三角形 ABC 满足 $x = \cos A, y = \cos B, z = \cos C$.

证明 首先注意到若 α, β, γ 是一个三角形的三个角, 则

$$A = \frac{\pi - \alpha}{2}, \quad B = \frac{\pi - \beta}{2}, \quad C = \frac{\pi - \gamma}{2}$$

满足条件 $A + B + C = \pi$ 和 $0 < A, B, C < \frac{\pi}{2}$. 特别地, 角 A, B, C 构成一个锐角三角形. 此外, 注意到

$$\sin\frac{\alpha}{2} = \sin\left(\frac{\pi}{2} - A\right) = \cos A, \quad \sin\frac{\beta}{2} = \cos B, \quad \sin\frac{\gamma}{2} = \cos C,$$

后两个等式可以用与导出第一个等式类似的方法得出. 现在, 回想在例 12.5 中证明了的引理, 它保证了三角形 $A'B'C'$ 的存在性, 其中 $x = \sin\frac{A'}{2}, y = \sin\frac{B'}{2}, z = \sin\frac{C'}{2}$. 应用上面描述的变换, 我们就证明了所需的结果.

由题目所给条件, 代换 $a = 2\cos A, b = 2\cos B, c = 2\cos C$ 是合理的, 其中 ABC 是一个锐角三角形. 我们进行代换并应用题目中的条件后, 只需证明

$$4\cos^2 A + 4\cos^2 B + 4\cos^2 C + 4\cos B\cos C + 4\cos C\cos A + 4\cos A\cos B \leq 6.$$

我们将上面的不等式除以 2 并且凑完全平方, 得到

$$(\cos A + \cos B)^2 + (\cos B + \cos C)^2 + (\cos C + \cos A)^2 \leq 3.$$

现在, 在上式的不等号两边同时减去 $\cos^2 A + \cos^2 B + \cos^2 C$, 我们得到等价的不等式

$$(\cos A + \cos B + \cos C)^2 \leq \sin^2 A + \sin^2 B + \sin^2 C.$$

为了证明此式, 我们将用到两个引理以及 Cauchy–Schwarz 不等式.

引理 2 若 A, B, C 是一个三角形的三个角, 则我们有

$$\sin 2A + \sin 2B + \sin 2C = 4 \sin A \sin B \sin C.$$

证明 由和差化积公式以及关系式 $A + B + C = \pi$, 我们有

$$\begin{aligned}\sin 2A + \sin 2B + \sin 2C &= 2\sin(A+B)\cos(A-B) + \sin 2C \\ &= 2\sin C\cos(A-B) + 2\sin C\cos C \\ &= 2\sin C \cdot [\cos(A-B) - \cos(A+B)] \\ &= 2\sin C \cdot [-2\sin A \sin(-B)] \\ &= 4\sin A \sin B \sin C.\end{aligned}$$

推论 若 A, B, C 是一个三角形的三个角, 则

$$\sum_{cyc} \frac{\cos A}{\sin B \sin C} = 2.$$

证明 我们对其去分母并使用正弦函数的倍角公式, 可以得出它显然等价于引理 2.

引理 3 若 A, B, C 是一个三角形的三个角, 则

$$2\sin A \sin B \cos C = \sin^2 A + \sin^2 B - \sin^2 C.$$

证明 首先注意到由积化和差公式, 我们有

$$2\sin B \cos C = \sin(B+C) + \sin(B-C) = \sin A + \sin(B-C).$$

现在, 引理的等式中等号左边的量可以写为

$$2\sin A \sin B \cos C = \sin^2 A + \sin A \sin(B-C).$$

再次使用积化和差公式, 我们得到

$$\begin{aligned}2\sin A \sin(B-C) &= \cos(A-B+C) - \cos(A+B-C) \\ &= \cos 2C - \cos 2B = 2\sin^2 B - 2\sin^2 C,\end{aligned}$$

这推出 $\sin A\sin(B-C)=\sin^2 B-\sin^2 C$. 从而

$$2\sin A\sin B\cos C=\sin^2 A+\sin A\sin(B-C)=\sin^2 A+\sin^2 B-\sin^2 C.$$

我们现在可以完成对于

$$(\cos A+\cos B+\cos C)^2\le\sin^2 A+\sin^2 B+\sin^2 C$$

的证明了. 由 Cauchy–Schwarz 不等式以及引理 2 和引理 3, 我们有

$$\begin{aligned}(\cos A+\cos B+\cos C)^2&=\left(\sum_{cyc}\sqrt{\cos A\sin B\sin C}\cdot\sqrt{\frac{\cos A}{\sin B\sin C}}\right)^2\\&\le\left(\sum_{cyc}\cos A\sin B\sin C\right)\left(\sum_{cyc}\frac{\cos A}{\sin B\sin C}\right)\\&=\sin^2 A+\sin^2 B+\sin^2 C.\end{aligned}$$

13 入门问题

1 设 a, b, c 是非零复数并且满足

$$a-\frac{1}{b}=3, \quad b-\frac{1}{c}=4, \quad c-\frac{1}{a}=5.$$

求 $abc-\frac{1}{abc}$.

2 设 a, b, c 是实数. 证明: 方程

$$\frac{1}{x+a}+\frac{1}{x+b}+\frac{1}{x+c}=\frac{3}{x}$$

有实数解.

3 求方程组

$$2x(x+1)=3y(y+1)=6(x+y+1)$$

的实数解.

4 解方程

$$9^x-8^x-6^x=1.$$

5 求方程

$$13x^5+x^4+2x^3+2x^2+x+\frac{1}{5}=0$$

的实数解.

6 求方程

$$\left(x+\frac{1}{x}\right)^3=3\left(x^2+\frac{1}{x^2}\right)+22$$

的实数解.

7 方程 $P(x)=x^3+ax^2+bx+c$, 其中 a, b, c 为实数, 有 3 个实根. 证明: 若 $-2 \leq a+b+c \leq 0$, 则这些根中至少有一个位于区间 $[0,2]$ 内.

8 将下面的表达式因式分解:

(a) $a(b-c)^2+b(c-a)^2+c(a-b)^2+8abc$;

(b) $a(b+c)^2+b(c+a)^2+c(a+b)^2-4abc$;

(c) $ab(a+b-c)+bc(b+c-a)+ca(c+a-b)+5abc$.

9 求方程组

$$\begin{cases} x+y^2=y^3, \\ y+x^2=x^3 \end{cases}$$

的实数解.

10 设 a 是正实数并且

$$\frac{a^2}{a^4-a^2+1}=\frac{4}{37}.$$

计算

$$\frac{a^3}{a^6-a^3+1}.$$

11 将下面的表达式因式分解:

$$ab(a+b)^2+bc(b+c)^2+ca(c+a)^2+4abc(a+b+c).$$

12 解方程

$$2^{3^x}=3^{4^x}.$$

13 设 a,b,c 是实数并且

$$5(a+b+c)-2(ab+bc+ca)=9.$$

证明: 等式

$$|3a-4b|=|5c-6|,\quad |3b-4c|=|5a-6|,\quad |3c-4a|=|5b-6|$$

中的任何两个可以推出第三个.

14 计算

$$\sum_{n\geq 2}\frac{3n^2+1}{(n^3-n)^3}.$$

15 解方程

$$\left(\sqrt{2-\sqrt{2}}\right)^x+\left(\sqrt{2+\sqrt{2}}\right)^x=2^x.$$

16 求满足

$$2\sqrt[3]{x}-3\sqrt[4]{x}=8$$

的所有正实数 x.

17 解方程

$$x^2+4(x-2)\sqrt{x-1}=0.$$

18 证明: 若 $x,y,z\in[0,1]$, 则

$$x^2+y^2+z^2\leq xyz+2.$$

19 已知 $a^2+b^2=c^2$, 证明

$$\log_{b+c}a+\log_{c-b}a=2(\log_{b+c}a)(\log_{c-b}a).$$

20 解方程

$$\sqrt[3]{\frac{x^3-3x+2}{x-2}}+\sqrt[3]{\frac{x^3-3x-2}{x+2}}=2\sqrt[3]{x^2-1}.$$

21 设 a,b 是实数并且方程 $x^3+ax^2+bx-1=0$ 的复根 z_1,z_2,z_3 满足 $|z_1|\geq 1$, $|z_2|\geq 1$, $|z_3|\geq 1$. 证明 $a+b=0$.

22 设 a,b,c 是互异的非零实数并且满足

$$a+\frac{1}{b}=b+\frac{1}{c}=c+\frac{1}{a}=k.$$

证明 $abc=-k$.

23 设 $a\geq b\geq c>0$. 证明

$$(a-b+c)\left(\frac{1}{a}-\frac{1}{b}+\frac{1}{c}\right)\geq 1.$$

24 设 a,b,c 是大于 $-\frac{1}{2}$ 的实数. 证明

$$\frac{a^2+2}{b+c+1}+\frac{b^2+2}{c+a+1}+\frac{c^2+2}{a+b+1}\geq 3.$$

25 求方程组

$$\begin{cases}7(a^5+b^5)=31(a^3+b^3),\\ a^3-b^3=3(a-b)\end{cases}$$

的实数解.

26 设 n 是大于 2 的整数. 求满足 $\{x\} \leq \{nx\}$ 的所有实数 x, 其中 $\{a\}$ 表示 a 的小数部分.

27 解方程

$$x + a^3 = \sqrt[3]{a - x},$$

其中 a 是实参数.

28 求满足

$$x^2 + y^2 + z^2 + 1 = xy + yz + zx + |x - 2y + z|$$

的所有实数三元组 (x, y, z).

29 设 z 是一个非零复数并且 $z^{23} = 1$. 计算

$$\sum_{k=0}^{22} \frac{1}{1 + z^k + z^{2k}}.$$

30 设 a, b, c 是互异实数并且满足

$$\frac{a}{b-c} + \frac{b}{c-a} + \frac{c}{a-b} = 0.$$

证明

$$\frac{a}{(b-c)^2} + \frac{b}{(c-a)^2} + \frac{c}{(a-b)^2} = 0.$$

31 设 f 和 g 是两个实系数多项式并且满足: 对所有实数 x,

$$f(x^2 + x + 1) = f(x)g(x).$$

证明: f 的次数是偶数.

32 求方程组

$$\begin{cases} (x-y)(x^2 - xy + y^2) = 7y^3, \\ (x+y)(x^2 + xy + y^2) = 9y^3 \end{cases}$$

的实数解.

33 设 a, b, c 是正实数并且 $a + b + c = 1$, 设

$$x = \frac{2ab}{a+b}, \quad y = \frac{2bc}{b+c}, \quad z = \frac{2ca}{c+a}.$$

证明

$$\frac{1}{-xy+yz+zx}+\frac{1}{xy-yz+zx}+\frac{1}{xy+yz-zx}=\frac{1}{xyz}.$$

34 求方程组

$$\begin{cases} x^2=y+2, \\ y^2=z+2, \\ z^2=x+2 \end{cases}$$

的实数解.

35 多项式 $P(x)$ 定义为

$$P(x)=(x+2x^2+\cdots+nx^n)^2=a_0+a_1x+\cdots+a_{2n}x^{2n}.$$

证明

$$a_{n+1}+a_{n+2}+\cdots+a_{2n}=\frac{n(n+1)(5n^2+5n+2)}{24}.$$

36 设 $z\in\mathbb{C}\setminus\mathbb{R}$ 且 $z^3\neq-1$. 证明: $\frac{1+z+z^2}{1-z+z^2}$ 是实数当且仅当 $|z|=1$.

37 对于所有实数 $x>1$, 确定

$$\frac{x^4-x^2}{x^6+2x^3-1}$$

能达到的最大值.

38 证明: 对于所有 $n\geq 3$,

$$\prod_{k=2}^{n-1}\left(\frac{1}{9}+\frac{k^2+k+1}{(k-1)^3}\right)=\frac{1}{3^{2n-1}}\left(\frac{n^3-n}{2}\right)^3.$$

39 求方程

$$3x^3-x^2y-xy^2+3y^3=2013$$

的整数解.

40 设 a,b,c 是正实数并且 $\frac{1}{a}+\frac{1}{b}+\frac{1}{c}\geq 1$. 证明

$$\frac{a+b}{\sqrt{ab+c}}+\frac{b+c}{\sqrt{bc+a}}+\frac{c+a}{\sqrt{ca+b}}\geq 3\sqrt[6]{abc}.$$

41 设 a,b,c 是互异实数. 化简

$$\frac{(a-b+c)^2}{(a-b)(b-c)}+\frac{(b-c+a)^2}{(b-c)(c-a)}+\frac{(c-a+b)^2}{(c-a)(a-b)}.$$

42 设 x 和 y 是实数并且

$$x^3+y^3+(x+y)^3+30xy=2000.$$

证明: $x+y=10$.

43 求方程组

$$\begin{cases}x^5+x-1=(y^3+y^2-1)z,\\ y^5+y-1=(z^3+z^2-1)x,\\ z^5+z-1=(x^3+x^2-1)y\end{cases}$$

的实数解, 其中 x,y,z 是实数并且 $x^3+y^3+z^3\geq 3$.

44 计算

$$1^2\cdot 2!+2^2\cdot 3!+\cdots+n^2\cdot(n+1)!.$$

45 实数 a,b,c,d,e,f 满足条件

$$a+b+c+d+e+f=10$$

和

$$(a-1)^2+(b-1)^2+(c-1)^2+(d-1)^2+(e-1)^2+(f-1)^2=6.$$

求 f 可能的最大值.

46 求方程组

$$\begin{cases}(xy)^{\lg z}+(yz)^{\lg x}=1.001,\\ (yz)^{\lg x}+(zx)^{\lg y}=10.001,\\ (zx)^{\lg y}+(xy)^{\lg z}=11\end{cases}$$

的实数解.

47 解方程组

$$\begin{cases}\sqrt{(x-2)^2+y^2}+\sqrt{(x+2)^2+y^2}=6,\\ 9x^2+5y^2=45.\end{cases}$$

48 解方程

$$\sqrt[n]{1+x}+2\sqrt[n]{1-x}=3\sqrt[2n]{1-x^2}.$$

49 设 a 和 b 是非负实数并且

$$2a^2+3ab+2b^2\le 7.$$

证明 $\max(2a+b,2b+a)\le 4$.

50 设 a,b,c 是正实数. 证明

$$\frac{1+a(b+c)}{(1+b+c)^2}+\frac{1+b(c+a)}{(1+c+a)^2}+\frac{1+c(a+b)}{(1+a+b)^2}\ge 1.$$

51 求方程组

$$\begin{cases}x^2-2y^2=\sqrt{y(x^3-4y^3)},\\ x^2+2y^2=2y\sqrt{y(5x-y)}\end{cases}$$

的实数解.

52 (a) 证明: 对于所有实数 x, $x^4-x^3-x+1\ge 0$.

(b) 求所有满足 $x_1+x_2+x_3=3$ 和 $x_1^3+x_2^3+x_3^3=x_1^4+x_2^4+x_3^4$ 的实数 x_1,x_2,x_3.

53 设a,b,c,d 是大于 0 的实数并且满足 $abcd=1$. 证明

$$\frac{1}{a+b+2}+\frac{1}{b+c+2}+\frac{1}{c+d+2}+\frac{1}{d+a+2}\le 1.$$

54 设 n 是正整数. 化简

$$S=\frac{\sqrt{n+\sqrt{0}}+\sqrt{n+\sqrt{1}}+\cdots+\sqrt{n+\sqrt{n^2-1}}+\sqrt{n+\sqrt{n^2}}}{\sqrt{n-\sqrt{0}}+\sqrt{n-\sqrt{1}}+\cdots+\sqrt{n-\sqrt{n^2-1}}+\sqrt{n-\sqrt{n^2}}}.$$

14　高级问题

1　求方程组

$$\begin{cases} x^3 = 3x + y, \\ y^3 = 3y + z, \\ z^3 = 3z + x \end{cases}$$

的实数解.

2　设 z_1, z_2, z_3, z_4 是方程

$$z^4 + az^3 + az + 1 = 0$$

的复根, 其中 a 是实数并且 $|a| \le 1$. 证明

$$|z_1| = |z_2| = |z_3| = |z_4| = 1.$$

3　对于所有 $x \in \mathbb{R}$, 求 $2^x - 4^x + 6^x - 8^x - 9^x + 12^x$ 的最小值.

4　设 m 和 n 是互异的正整数并且方程

$$z^{m+1} + z^m + 1 = 0 \quad 和 \quad z^{n+1} + z^n + 1 = 0$$

至少有一个公共解. 证明: $m \equiv n \equiv 1 \pmod 3$.

5　求所有满足下列条件的大于 1 的实数 x, y: 数

$$\sqrt{x-1} + \sqrt{y-1} \quad 和 \quad \sqrt{x+1} + \sqrt{y+1}$$

是不相邻的整数.

6　设 a, b, c 是正实数并且 $a^2 + b^2 + c^2 + abc = 4$. 证明

(a) $\dfrac{(2-a)(2-b)}{ab+2c} + \dfrac{(2-b)(2-c)}{bc+2a} + \dfrac{(2-c)(2-a)}{ca+2b} = 1;$

(b) $\dfrac{1}{ab+2c} + \dfrac{1}{bc+2a} + \dfrac{1}{ca+2b} = \dfrac{1}{a+b+c-2}.$

7　设 x, y, z 是实数. 证明

$$(x^2 + y^2 + z^2)^2 + xyz(x + y + z) \ge (xy + yz + zx)^2 + (x^2y^2 + y^2z^2 + z^2x^2).$$

8 求方程

$$(2x+y)(2y+x)=9\min(x,y)$$

的整数解.

9 设 $n\geq 4$ 并且 $a_1,a_2,\cdots,a_n$ 是实数, 满足

$$a_1+a_2+\cdots+a_n\geq n \quad 和 \quad a_1^2+a_2^2+\cdots+a_n^2\geq n^2.$$

证明

$$\max\{a_1,a_2,\cdots,a_n\}\geq 2.$$

10 设 $P(x)$ 是整系数多项式. 设 m 和 n 是整数并且

$$P(m)P(n)=-(m-n)^2.$$

证明: $P(m)+P(n)=0$.

11 设 $z_0+z_1+\cdots$ 是无穷复几何级数并且 $z_0=1$, $z_{2013}=\frac{1}{2013^{2013}}$. 求这个级数的所有可能的和的总和.

12 求方程组

$$\begin{cases}(x+1)(y+1)(z+1)=5\\ (\sqrt{x}+\sqrt{y}+\sqrt{z})^2-\min(x,y,z)=6\end{cases}$$

的非负整数解.

13 设 $n\geq 2$ 是正整数, $p\geq 3$ 是素数.

(a) 证明: 多项式

$$P(x)=x^n+2^p$$

可以写成两个整系数非常数多项式的积当且仅当 n 可以被 p 整除.

(b) 证明: 多项式

$$Q(x)=x^n+2^2$$

可以写成两个整系数非常数多项式的积当且仅当 n 可以被 4 整除.

14 设 a,b,c,d 是实数并且

$$a+b+c+d=a^7+b^7+c^7+d^7=0.$$

证明: $(a+b)(a+c)(a+d)=0$.

15 设 k 是整数并且设

$$n=\sqrt[3]{k+\sqrt{k^2-1}}+\sqrt[3]{k-\sqrt{k^2-1}}+1.$$

证明: n^3-3n^2 是整数.

16 对于所有的互异实数三元组 a,b,c, 证明不等式

$$\left|\frac{a+b}{a-b}\right|+\left|\frac{b+c}{b-c}\right|+\left|\frac{c+a}{c-a}\right|\geq 2,$$

并且求出等号成立的所有情况.

若我们还假设 $a,b,c\geq 0$, 证明

$$\left|\frac{a+b}{a-b}\right|+\left|\frac{b+c}{b-c}\right|+\left|\frac{c+a}{c-a}\right|\geq 3,$$

并且 3 是作为下界的可能的最大常数.

17 求满足

$$(z-z^2)(1-z+z^2)^2=\frac{1}{7}$$

的所有复数 z.

18 一个二次多项式 $f(x)$ 允许被多项式 $x^2f\left(1+\frac{1}{x}\right)$ 或 $(x-1)^2f\left(\frac{1}{x-1}\right)$ 代替. 若 p 和 q 为互异的正实数, 使用这些操作, 能否从 x^2+px+q 到达 x^2+qx+p?

19 设 a,b,c,d,e 是整数并且

$$a(b+c)+b(c+d)+c(d+e)+d(e+a)+e(a+b)=0.$$

证明: $a+b+c+d+e$ 整除 $a^5+b^5+c^5+d^5+e^5-5abcde$.

20 计算和式

$$\sum_{k=0}^{\lfloor\frac{n}{3}\rfloor}\binom{n}{3k}.$$

21 设 n 是正奇数. 求方程组

$$\begin{cases} \dfrac{1}{x_1}-x_1=\dfrac{2}{x_2}, \\ \dfrac{1}{x_2}-x_2=\dfrac{2}{x_3}, \\ \vdots \\ \dfrac{1}{x_n}-x_n=\dfrac{2}{x_1} \end{cases}$$

的实数解.

22 将 25 个首项系数为正的二次多项式放置在 5×5 的正方形表格中. 它们的 75 个系数都是取自从 -37 到 37 的整数 (每个数只用一次). 证明: 至少有一列中的所有多项式的和有实根.

23 求方程组

$$\begin{cases} \sqrt{xy}-\sqrt{(1-x)(1-y)}=\dfrac{\sqrt{5}+1}{4}, \\ \sqrt{x(1-y)}-\sqrt{y(1-x)}=\dfrac{\sqrt{5}-1}{4} \end{cases}$$

的实数解.

24 解方程

$$x+\sqrt{(x+1)(x+2)}+\sqrt{(x+2)(x+3)}+\sqrt{(x+3)(x+1)}=4,$$

其中 $x\geq -1$.

25 证明: 任何只取非负值的实系数多项式都能写成两个多项式的平方和.

26 求方程组

$$\begin{cases} ab(a+b)+bc(b+c)+ca(c+a)=2, \\ ab+bc+ca=-1, \\ ab(a^2+b^2)+bc(b^2+c^2)+ca(c^2+a^2)=-2 \end{cases}$$

的实数解.

27 设 $n\geq 3$ 是整数, 并且设 $a_2,a_3,\cdots,a_n$ 是满足 $a_2a_3\cdots a_n=1$ 的正数. 证明

$$(1+a_2)^2(1+a_3)^3\cdots(1+a_n)^n>n^n.$$

28 设 $p \geq 5$ 是素数. 求形如

$$x^p + px^k + px^l + 1, \quad k > l, \quad k, l \in \{1, 2, \cdots, p-1\}$$

的、在 $\mathbb{Z}$ 上不可约的多项式的个数.

29 若 $P(x), Q(x), R(x), S(x)$ 是满足

$$P(x^5) + xQ(x^5) + x^2R(x^5) = (x^4 + x^3 + x^2 + x + 1)S(x)$$

的多项式, 证明: $x - 1$ 是 $P(x)$ 的因子.

30 设 $a_0 \geq 2$ 且 $a_{n+1} = a_n^2 - a_n + 1, n \geq 0$. 证明: 对于所有 $n \geq 1$,

$$\log_{a_0}(a_n - 1)\log_{a_1}(a_n - 1)\cdots\log_{a_{n-1}}(a_n - 1) \geq n^n.$$

31 证明: $f(x) = 1 + x^p + x^{2p} + \cdots + x^{(p-1)p}$ 在 $\mathbb{Q}$ 上是不可约的.

32 设 p 和 q 是互异的奇素数. 证明

$$\sum_{k=1}^{\frac{p-1}{2}} \left\lfloor \frac{kq}{p} \right\rfloor + \sum_{k=1}^{\frac{q-1}{2}} \left\lfloor \frac{kp}{q} \right\rfloor = \frac{(p-1)(q-1)}{4}.$$

33 设 x, y, z 是正实数并且

$$(x-2)(y-2)(z-2) \geq xyz - 2.$$

证明

$$\frac{x}{\sqrt{x^5 + y^3 + z}} + \frac{y}{\sqrt{y^5 + z^3 + x}} + \frac{z}{\sqrt{z^5 + x^3 + y}} \leq \frac{3}{\sqrt{x + y + z}}.$$

34 设 p 是素数, k 是非负整数. 求方程

$$x^k(y - z) + y^k(z - x) + z^k(x - y) = p$$

的所有正整数解 (x, y, z).

35 证明: 对于每个正整数 n, 多项式

$$g(x) = (x + 1^2)(x + 2^2)\cdots(x + n^2) + 1$$

在 $\mathbb{Z}$ 上是不可约的.

36 设 a,b,c 是实数并且 $a+b+c=abc$. 证明

$$\frac{a}{1-a^2}+\frac{b}{1-b^2}+\frac{c}{1-c^2}=\frac{4abc}{(1-a^2)(1-b^2)(1-c^2)}.$$

37 设 p 是奇素数并且设

$$S_q=\frac{1}{2\cdot 3\cdot 4}+\frac{1}{5\cdot 6\cdot 7}+\cdots+\frac{1}{q(q+1)(q+2)},$$

其中 $q=\frac{3p-5}{2}$. 假设 $\frac{1}{p}-2S_q=\frac{m}{n}$, 其中 m 和 n 为整数. 证明 $m\equiv n \pmod{p}$.

38 设 a 和 b 是复数. 证明: 对于所有满足 $|z|=1$ 的 $z\in\mathbb{C}$, $|az+b\overline{z}|\le 1$ 当且仅当 $|a|+|b|\le 1$.

39 设 a 是大于 1 的实数. 计算

$$\frac{1}{a^2-a+1}-\frac{2a}{a^4-a^2+1}+\frac{4a^3}{a^8-a^4+1}-\frac{8a^7}{a^{16}-a^8+1}+\cdots.$$

40 求满足下面条件的所有正实数三元组 (x,y,z): 存在正实数 t 使得不等式

$$\frac{1}{x}+\frac{1}{y}+\frac{1}{z}+t\le 4,\quad x^2+y^2+z^2+\frac{2}{t}\le 5$$

同时成立.

41 设 a,b,c,d 是实数并且满足关系式 $a+b+c+d=6$ 和 $a^2+b^2+c^2+d^2=12$. 证明

$$36\le 4(a^3+b^3+c^3+d^3)-(a^4+b^4+c^4+d^4)\le 48.$$

42 设 $x_1,\cdots,x_{100}$ 是非负实数, 并且对于所有 $i=1,\cdots,100$,

$$x_i+x_{i+1}+x_{i+2}\le 1$$

(令 $x_{101}=x_1, x_{102}=x_2$). 求和式

$$S=\sum_{i=1}^{100}x_ix_{i+2}$$

可能的最大值.

43 (a) 对于满足条件 $xyz=1$ 的实数 $x,y,z\ne 1$, 证明不等式

$$\frac{x^2}{(x-1)^2}+\frac{y^2}{(y-1)^2}+\frac{z^2}{(z-1)^2}\ge 1.$$

(b) 证明: 存在无限多个有理数三元组 (x, y, z) 使得 (a) 中的不等式成为等式.

44 复数 z_1, z_2, z_3 满足 $|z_1| = |z_2| = |z_3| = 1$. 若对于 $k \in \{1, 2, 3\}$, $z_1^k + z_2^k + z_3^k$ 是整数, 证明 $z_1^{12} = z_2^{12} = z_3^{12}$.

45 设 a, b, c, d 是正实数并且 $abcd = 1$,

$$a + b + c + d > \frac{a}{b} + \frac{b}{c} + \frac{c}{d} + \frac{d}{a}.$$

证明

$$a + b + c + d < \frac{b}{a} + \frac{c}{b} + \frac{d}{c} + \frac{a}{d}.$$

46 设 $P(x)$ 是实系数多项式并且对所有 $x \geq 0$ 有 $P(x) > 0$. 证明: 存在正整数 m 使得多项式 $(1 + x)^m \cdot P(x)$ 的系数非负.

47 设 p 是素数并且设 $f(x)$ 是 d 次整系数多项式, 满足:

(a) $f(0) = 0$, $f(1) = 1$;

(b) 对于每个整数 $n \geq 0$, $f(n)$ 同余于 0 或 1 模 p.

证明 $d \geq p - 1$.

48 证明: 对于任何满足 $xyz \geq 1$ 的正实数 x, y, z,

$$\frac{x^5 - x^2}{x^5 + y^2 + z^2} + \frac{y^5 - y^2}{y^5 + z^2 + x^2} + \frac{z^5 - z^2}{z^5 + x^2 + y^2} \geq 0.$$

49 对于满足 $ab + bc + ca = 0$ 的所有实数三元组 (a, b, c), 求满足等式

$$P(a - b) + P(b - c) + P(c - a) = 2P(a + b + c)$$

的所有实系数多项式 $P(x)$.

50 对于所有实数 a, b, c, 求使得不等式

$$|ab(a^2 - b^2) + bc(b^2 - c^2) + ca(c^2 - a^2)| \leq M(a^2 + b^2 + c^2)^2$$

成立的最小值 M.

51 四个实数 p, q, r, s 满足

$$p + q + r + s = 9 \quad 和 \quad p^2 + q^2 + r^2 + s^2 = 21.$$

证明: 存在 (p, q, r, s) 的一个排列 (a, b, c, d) 使得

$$ab - cd \geq 2.$$

52 求满足下列条件的所有二次整系数首一多项式 $P(x)$: 存在整系数多项式 $Q(x)$ 使得多项式 $P(x)Q(x)$ 的所有系数或者是 $+1$ 或者是 -1.

53 设 a, b, c 是正实数并且满足

$$\min(a+b, b+c, c+a) > \sqrt{2} \quad 和 \quad a^2 + b^2 + c^2 = 3.$$

证明

$$\frac{a}{(b+c-a)^2} + \frac{b}{(c+a-b)^2} + \frac{c}{(a+b-c)^2} \geq \frac{3}{(abc)^2}.$$

54 设 $a_1, b_1, a_2, b_2, \cdots, a_n, b_n$ 是非负实数. 证明

$$\sum_{i,j=1}^{n} \min(a_i a_j, b_i b_j) \leq \sum_{i,j=1}^{n} \min(a_i b_j, a_j b_i).$$

15 入门问题的解答

1 设 a, b, c 是非零复数并且满足

$$a-\frac{1}{b}=3, \quad b-\frac{1}{c}=4, \quad c-\frac{1}{a}=5.$$

求 $abc-\frac{1}{abc}$.

解 将题目所给的关系式乘在一起, 我们引入了某种对称性:

$$\left(a-\frac{1}{b}\right)\left(b-\frac{1}{c}\right)\left(c-\frac{1}{a}\right)=60.$$

将上式的左边展开, 我们得到了等价的关系式

$$abc-\frac{1}{abc}-a-b-c+\frac{1}{a}+\frac{1}{b}+\frac{1}{c}=60.$$

另一方面, 我们将题目中的三个关系式相加, 得到

$$a+b+c-\frac{1}{a}-\frac{1}{b}-\frac{1}{c}=12.$$

最后, 将上面的两个等式相加, 我们得出

$$abc-\frac{1}{abc}=72.$$

2 设 a, b, c 是实数. 证明: 方程

$$\frac{1}{x+a}+\frac{1}{x+b}+\frac{1}{x+c}=\frac{3}{x}$$

有实数解.

解 去分母后, 我们将方程化为

$$x(x+b)(x+c)+x(x+a)(x+c)+x(x+a)(x+b)=3(x+a)(x+b)(x+c).$$

我们将上式展开, 消去了三次项, 得到二次方程

$$(a+b+c)x^2+2(ab+bc+ca)x+3abc=0.$$

为了证明它有实数解, 我们只需证明它的判别式是非负的. 判别式为

$$\begin{aligned}\Delta &= 4(ab+bc+ca)^2-4(a+b+c)(3abc)\\ &= 4(a^2b^2+b^2c^2+c^2a^2+2ab^2c+2abc^2+2a^2bc)-12(a^2bc+ab^2c+abc^2)\\ &= 2[(ab-bc)^2+(bc-ca)^2+(ca-ab)^2]\geq 0.\end{aligned}$$

判别式是实数的平方和, 显然是非负的, 于是题目得证.

3 求方程组

$$2x(x+1)=3y(y+1)=6(x+y+1)$$

的实数解.

解 我们把方程组写成

$$\begin{cases}x(x+1)=3(x+y+1),\\ y(y+1)=2(x+y+1).\end{cases}$$

用第一个方程减去第二个方程, 我们得到

$$x^2-y^2+x-y=x+y+1,$$

它等价于

$$(x-y)(x+y+1)=x+y+1.$$

因此或者 $x+y+1=0$ 或者 $x-y=1$.

在第一种情形, 将其代入方程组, 我们得到

$$x(x+1)=0 \quad 和 \quad y(y+1)=0,$$

这给出了解 $(x,y)=(0,-1)$ 和 $(-1,0)$.

在第二种情形, 当 $x-y=1$ 时, 把它代入第一个方程, 我们得到二次方程 $x^2-5x=0$, 于是又得出了一个解: $(x,y)=(5,4)$.

4 解方程

$$9^x-8^x-6^x=1.$$

解 将方程两边同时除以 9^x, 我们得到

$$1=\left(\frac{8}{9}\right)^x+\left(\frac{6}{9}\right)^x+\left(\frac{1}{9}\right)^x.$$

通过检验或画图, 我们看出 $x=3$ 是一个解, 这是因为

$$\frac{8^3+6^3+1^3}{9^3}=1.$$

此外, 由于上面方程的右边各项的底数都小于 1, 右边的函数是减函数, 从而我们得出这是唯一的解.

我们对原方程除以 9^x 是为了使方程中的非常数项的底数都小于 1, 这使得我们可以应用这种证明方法.

5 求方程

$$13x^5+x^4+2x^3+2x^2+x+\frac{1}{5}=0$$

的实数解.

解 将方程乘以 5, 我们得到

$$65x^5+5x^4+10x^3+10x^2+5x+1=0.$$

这看起来很像 $(x+1)^5$, 因此我们将方程重写为

$$64x^5+(x^5+5x^4+10x^3+10x^2+5x+1)=64x^5+(x+1)^5=0.$$

那么

$$(x+1)^5=-64x^5.$$

在上式的两边取五次方根, 我们有

$$x+1=-2x\sqrt[5]{2},$$

这推出 $x=\frac{-1}{1+2\sqrt[5]{2}}$.

6 求方程

$$\left(x+\frac{1}{x}\right)^3=3\left(x^2+\frac{1}{x^2}\right)+22$$

的实数解.

解 将方程重写为

$$\left(x+\frac{1}{x}\right)^3=3\left(x+\frac{1}{x}\right)^2+16.$$

现在我们可以使用代换 $x+\frac{1}{x}=y$, 将方程化简为

$$y^3-3y^2-16=0.$$

通过检验或用有理根定理测试数值, 我们得到解 $y=4$, 从而可以提取因子 $y-4$ 而得出

$$(y-4)(y^2+y+4)=0.$$

上面的二次因子没有实数解, 这是因为它的判别式 Δ 是负的: $\Delta=1^2-4\cdot 4<0$. 那么唯一可能的是 $x+\frac{1}{x}=4$, 它可以化为二次方程 $x^2-4x+1=0$. 我们容易解出 $x=2\pm\sqrt{3}$.

7 方程 $P(x)=x^3+ax^2+bx+c$, 其中 a,b,c 为实数, 有 3 个实根. 证明: 若 $-2\le a+b+c\le 0$, 则这些根中至少有一个位于区间 $[0,2]$ 内.

解 设 x_1,x_2,x_3 是多项式的根. 注意到 $a+b+c=P(1)-1$ 并且 $P(x)=(x-x_1)(x-x_2)(x-x_3)$. 那么

$$a+b+c=(1-x_1)(1-x_2)(1-x_3)-1.$$

由题目所给条件, 这推出

$$-1\le(1-x_1)(1-x_2)(1-x_3)\le 1.$$

在上式的两边取绝对值, 我们有

$$|(1-x_1)(1-x_2)(1-x_3)|=|1-x_1||1-x_2||1-x_3|\le 1.$$

从而三个量 $|1-x_i|$ 中至少有一个一定不超过 1. 不失一般性, 假设 $|1-x_1|\le 1$. 于是 $-1\le 1-x_1\le 1$, 这推出 $0\le x_1\le 2$.

8 将下面的表达式因式分解:

(a) $a(b-c)^2+b(c-a)^2+c(a-b)^2+8abc$;

(b) $a(b+c)^2+b(c+a)^2+c(a+b)^2-4abc$;

(c) $ab(a+b-c)+bc(b+c-a)+ca(c+a-b)+5abc$.

解 我们使用与例 2.7 相同的策略, 观察到将 $a=-b$ 代入可以使得所有表达式都等于 0. 因此 $(a+b)$ 是每个表达式的因子. 类似地, $(b+c)$ 和 $(c+a)$ 也是这些表达式的因子. 于是每个表达式都是 $k(a+b)(b+c)(c+a)$ 的形式. 将 $a=b=c=1$ 代入, 我们得到 $k=1$, 因此每个表达式都分解为 $(a+b)(b+c)(c+a)$.

9 求方程组

$$\begin{cases} x+y^2=y^3,\\ y+x^2=x^3 \end{cases}$$

的实数解.

解 我们肯定不会试着把 $x = y^3 - y^2$ 代入第二个方程, 因为那样会给出一个九次方程! 让我们取两个方程的差并且提出因子 $x - y$. 我们得到

$$x - y - (x^2 - y^2) = -(x^3 - y^3)$$

或等价地

$$(x - y)(1 - x - y) = -(x - y)(x^2 + xy + y^2).$$

首先考虑 $x - y = 0$ 的情形. 由于 $x = y$, 方程组化简为 $x + x^2 = x^3$. 这个方程有一个显然的解 $x = 0$, 在提取因子 x 后, 我们得到 $1 + x = x^2$, 它的解为 $\frac{1\pm\sqrt{5}}{2}$. 这给出了方程组的三组解.

现在考虑 $x \neq y$ 的情形. 这时我们可以将方程除以 $x - y$ 得到

$$1 - x - y = -(x^2 + xy + y^2).$$

将上面的关系式乘以 2 并且凑平方, 我们得到等价的关系式

$$(x - 1)^2 + (y - 1)^2 + (x + y)^2 = 0.$$

一个实平方和等于零, 则它的每一个平方项必须为零, 因此 $x - 1 = 0, y - 1 = 0$ 且 $x + y = 0$. 由于这显然是不可能的 (这样将出现 $2 = 0$ 的矛盾), 我们得出在这种情形下方程组没有解.

现在方程组的所有解都求出来了:

$$(x, y) \in \left\{(0, 0), \left(\frac{1+\sqrt{5}}{2}, \frac{1+\sqrt{5}}{2}\right), \left(\frac{1-\sqrt{5}}{2}, \frac{1-\sqrt{5}}{2}\right)\right\}.$$

10 设 a 是正实数并且

$$\frac{a^2}{a^4 - a^2 + 1} = \frac{4}{37}.$$

计算

$$\frac{a^3}{a^6 - a^3 + 1}.$$

解 我们对题目所给的方程取倒数, 将其写成

$$a^2 - 1 + \frac{1}{a^2} = \frac{a^4 - a^2 + 1}{a^2} = \frac{37}{4}.$$

我们需要计算

$$\frac{a^3}{a^6 - a^3 + 1} = \frac{1}{a^3 - 1 + \frac{1}{a^3}}.$$

这强烈地暗示我们考虑把 $x=a+\frac{1}{a}$ 作为实变量. 由于

$$a^2+\frac{1}{a^2}=x^2-2,$$

题目的条件给出

$$x^2=3+\frac{37}{4}=\frac{49}{4}.$$

因为 a 是正数, 所以 x 也是, 于是上面的关系式等价于 $x=\frac{7}{2}$. 现在观察到

$$x^3=a^3+\frac{1}{a^3}+3\left(a+\frac{1}{a}\right)=3x+a^3+\frac{1}{a^3},$$

这推出 $a^3+\frac{1}{a^3}=x^3-3x$. 从而我们可以计算出

$$\frac{a^3}{a^6-a^3+1}=\frac{1}{a^3-1+\frac{1}{a^3}}=\frac{1}{x^3-3x-1}=\frac{1}{\frac{251}{8}}=\frac{8}{251}.$$

11 将下面的表达式因式分解:

$$ab(a+b)^2+bc(b+c)^2+ca(c+a)^2+4abc(a+b+c).$$

解 观察到将 $a=-b$ 代入可以使得表达式等于 0. 因此 $a+b$ 是表达式的一个因子. 类似地, $b+c$ 和 $c+a$ 也是它的因子. 我们使用多项式除法得到它的因式分解 $(a+b)(b+c)(c+a)(a+b+c)$.

12 解方程

$$2^{3^x}=3^{4^x}.$$

解 我们在方程的两边取对数并且应用恒等式

$$\log_a(b^c)=c\log_a b,$$

得到

$$3^x\log 2=4^x\log 3.$$

再次在上式的两边取对数并且应用恒等式

$$\log_a(bc)=\log_a b+\log_a c$$

以及前面的恒等式, 我们有

$$x\log 3+\log\log 2=x\log 4+\log\log 3.$$

整理上式并且注意到 $\log 4 = 2\log 2$, 我们求出方程的解

$$x = \frac{\log\log 3 - \log\log 2}{\log 3 - 2\log 2}.$$

13 设 a, b, c 是实数并且

$$5(a+b+c) - 2(ab+bc+ca) = 9.$$

证明: 等式

$$|3a-4b| = |5c-6|, \quad |3b-4c| = |5a-6|, \quad |3c-4a| = |5b-6|$$

中的任何两个可以推出第三个.

解 首先, 观察到

$$\begin{aligned}
&(3a-4b)^2 - (5c-6)^2 + (3b-4c)^2 - (5a-6)^2 + (3c-4a)^2 - (5b-6)^2 \\
={}& 60\,(a+b+c) - 24\,(ab+ac+bc) - 108 \\
={}& 12\,(5(a+b+c) - 2(ab+bc+ca) - 9) = 0.
\end{aligned}$$

于是任何两个等式, 不失一般性, 例如

$$\begin{cases} |3a-4b| = |5c-6|\,, \\ |3b-4c| = |5a-6| \end{cases} \quad \Leftrightarrow \quad \begin{cases} (3a-4b)^2 = (5c-6)^2\,, \\ (3b-4c)^2 = (5a-6)^2 \end{cases}$$

立刻推出第三个

$$(3c-4a)^2 - (5b-6)^2 = 0 \quad \Leftrightarrow \quad |3c-4a| = |5b-6|\,.$$

14 计算

$$\sum_{n\geq 2} \frac{3n^2+1}{(n^3-n)^3}.$$

解 注意到 $2(3n^2+1) = (n+1)^3 - (n-1)^3$, 因此和式变为

$$\sum_{n\geq 2} \frac{1}{2(n(n-1))^3} - \frac{1}{2((n+1)n)^3},$$

我们显然可以使用裂项法, 得出答案为 $\frac{1}{16}$.

15 解方程

$$\left(\sqrt{2-\sqrt{2}}\right)^x + \left(\sqrt{2+\sqrt{2}}\right)^x = 2^x.$$

解 通过简单的检验我们就可得出 $x=2$ 是一个解. 我们断言它是唯一的解. 将方程两边同时除以 2^x, 我们得到

$$\left(\frac{\sqrt{2-\sqrt{2}}}{2}\right)^x+\left(\frac{\sqrt{2+\sqrt{2}}}{2}\right)^x=1.$$

因为上式左边两项的底数都小于 1, 所以它是减函数, 从而一定只有唯一解, 我们之前已经看到它就是 $x=2$.

16 求满足

$$2\sqrt[3]{x}-3\sqrt[4]{x}=8$$

的所有正实数 x.

解 因为 $\sqrt[4]{x}$ 是有定义的, 若 x 是一个解, 则 $x\geq 0$. 令 $y=\sqrt[12]{x}$, 则 $\sqrt[3]{x}=y^4$ 且 $\sqrt[4]{x}=y^3$, 于是方程变为 $2y^4-3y^3=8$.

我们现在得到了一个四次方程, 它仍然很难处理. 由有理根定理我们知道, 它的解一定是 8 的因子. 试错法给出了解 $y=2$, 这可以使我们提取因子 $y-2$. 由长除法我们得到

$$(y-2)(2y^3+y^2+2y+4)=0.$$

因此 $y=2$ 或 $2y^3+y^2+2y+4=0$. 对于后一个三次方程, 求它的实数解很困难, 但是求它的非负实数解 (在本题的情形中 $y\geq 0$) 比较容易. 由于该方程显然没有非负实数解, 我们得出 $y=2$ 是唯一解, 于是 $x=2^{12}$.

17 解方程

$$x^2+4(x-2)\sqrt{x-1}=0.$$

解 将方程写为

$$(x-2)^2+4(x-2)\sqrt{x-1}+4(x-1)=0,$$

它等价于

$$(x-2+2\sqrt{x-1})^2=0.$$

于是 $2\sqrt{x-1}=2-x$. 对上式平方后, 我们得到 $4x-4=4-4x+x^2$, 即 $x^2-8x+8=0$, 它的解为 $x=4\pm 2\sqrt{2}$. 由于在求解过程中对方程进行了平方处理, 我们需要小心地检验是否存在增根. 经验证, 只有 $4-2\sqrt{2}$ 满足题目中的方程.

18 证明: 若 $x, y, z \in [0,1]$, 则

$$x^2 + y^2 + z^2 \leq xyz + 2.$$

解 回想: 在任何区间 $[\alpha, \beta]$ 上的首项系数为正的二次方程在该区间的一个端点上达到最大值. 现在考虑方程 $f(x,y,z) = x^2 + y^2 + z^2 - xyz - 2$. 这个方程对于 x, y, z 的每一个都是二次的, 于是 f 的最大值在 $x, y, z \in \{0,1\}$ 时达到. 容易验证这些情形并且得到题目中的不等式成立.

19 已知 $a^2 + b^2 = c^2$, 证明

$$\log_{b+c} a + \log_{c-b} a = 2(\log_{b+c} a)(\log_{c-b} a).$$

解 已知条件等价于 $a^2 = (c+b)(c-b)$. 我们可以对上式取对数 $\log_{c+b}$ 和 $\log_{c-b}$, 得到下面两个关系式:

$$\begin{aligned} 2\log_{c+b} a &= \log_{c+b} a^2 = \log_{c+b}(c+b)(c-b) = \log_{c+b}(c-b) + 1, \\ 2\log_{c-b} a &= \log_{c-b} a^2 = \log_{c-b}(c+b)(c-b) = \log_{c-b}(c+b) + 1. \end{aligned}$$

将上面两式减 1 然后相乘, 我们得到

$$(2\log_{c+b} a - 1)(2\log_{c-b} a - 1) = \log_{c+b}(c-b)\log_{c-b}(c+b) = 1.$$

将上式左边的乘积展开, 我们有

$$4(\log_{c+b} a)(\log_{c-b} a) - 2\log_{c+b} a - 2\log_{c-b} a = 0.$$

再将上式除以 2 并整理, 我们最终得到

$$2(\log_{c+b} a)(\log_{c-b} a) = \log_{c+b} a + \log_{c-b} a.$$

20 解方程

$$\sqrt[3]{\frac{x^3 - 3x + 2}{x-2}} + \sqrt[3]{\frac{x^3 - 3x - 2}{x+2}} = 2\sqrt[3]{x^2 - 1}.$$

解 回想恒等式 $(a+b)^3 = a^3 + b^3 + 3ab(a+b)$. 令

$$a = \sqrt[3]{\frac{x^3 - 3x + 2}{x-2}}, \quad b = \sqrt[3]{\frac{x^3 - 3x - 2}{x+2}}.$$

注意到 1 是 $x^3 - 3x + 2$ 的一个根并且 -1 是 $x^3 - 3x - 2$ 的一个根, 我们容易得到因式分解

$$x^3 - 3x + 2 = (x-1)^2(x+2)$$

和

$$x^3-3x-2=(x+1)^2(x-2).$$

应用恒等式, 并且注意到由题目中的方程 $a+b=2\sqrt[3]{x^2-1}$, 我们有

$$\frac{x^3-3x+2}{x-2}+\frac{x^3-3x-2}{x+2}+6(x^2-1)=8(x^2-1),$$

整理后得到

$$2(x^2-1)=\frac{2(x^4-3x^2+4)}{x^2-4}.$$

将上式右边的分母乘到左边, 然后再将整个式子除以 2, 我们得到

$$x^4-5x^2+4=x^4-3x^2+4,$$

即 $2x^2=0$. 因此 $x=0$ 是唯一的解. 经验证, 它显然满足原方程.

21 设 a,b 是实数并且方程 $x^3+ax^2+bx-1=0$ 的复根 z_1,z_2,z_3 满足 $|z_1|\geq 1$, $|z_2|\geq 1$, $|z_3|\geq 1$. 证明 $a+b=0$.

解 由 Vieta 定理, 我们有 $z_1z_2z_3=1$. 于是 $|z_1z_2z_3|=|z_1|\cdot|z_2|\cdot|z_3|\geq 1$, 这推出 $|z_1|=|z_2|=|z_3|=1$.

令 $f(x)$ 表示题目所给的三次多项式. 因为 f 是三次的, 它一定至少有一个实根 (这对任何实系数奇次多项式都成立), 而这个根一定是 ± 1.

情形 1: 若三个根都是实根, 它们一定是 $1,1,1$ 或 $-1,-1,1$, 在每个情形由 Vieta 定理都有 $a+b=0$.

情形 2: $f(x)$ 恰好只有一个实根, 设其为 z_1. 由复共轭根定理, 其他两个根一定满足 $z_2=\alpha$, $z_3=\overline{\alpha}$, 其中复数 α 满足 $|\alpha|=1$. 那么我们有

$$1=z_1z_2z_3=z_1\alpha\overline{\alpha}=z_1|\alpha|^2=z_1.$$

现在我们应用 Vieta 定理来计算:

$$-a=z_1+z_2+z_3=1+\alpha+\overline{\alpha}=\alpha\overline{\alpha}+\alpha\cdot 1+\overline{\alpha}\cdot 1=z_2z_3+z_1z_2+z_3z_1=b,$$

这推出 $a+b=0$.

22 设 a,b,c 是互异的非零实数并且满足

$$a+\frac{1}{b}=b+\frac{1}{c}=c+\frac{1}{a}=k.$$

证明 $abc=-k$.

解 由 $c+\frac{1}{a}=k$, 我们得到 $c=\frac{ka-1}{a}$. 将其代入 $b+\frac{1}{c}=k$, 我们得到 $b=\frac{k^2a-k-a}{ka-1}$. 再将其代入 $a+\frac{1}{b}=k$, 我们有

$$a=\frac{k^3a-k^2-2ka+1}{k^2a-k-a}.$$

去分母后, 我们得到

$$(k^2-1)(a^2-ka+1)=0.$$

类似地, 对于其他两个变量, 我们有

$$(k^2-1)(b^2-kb+1)=0$$

和

$$(k^2-1)(c^2-kc+1)=0.$$

因为多项式 x^2-kx+1 不可能有 3 个互异的实根 a,b,c, 所以我们一定有 $k^2-1=0$. 从而

$$abc=a\cdot\frac{k^2a-k-a}{ka-1}\cdot\frac{ka-1}{a}=(k^2-1)a-k=-k.$$

23 设 $a\geq b\geq c>0$. 证明

$$(a-b+c)\left(\frac{1}{a}-\frac{1}{b}+\frac{1}{c}\right)\geq 1.$$

解 我们将不等式写成如下形式:

$$\frac{1}{a}-\frac{1}{b}+\frac{1}{c}\geq\frac{1}{a-b+c}.$$

它等价于

$$\frac{a+c}{ac}\geq\frac{a+c}{b(a-b+c)}.$$

因此现在只需证明

$$ac\leq b(a-b+c)\quad 即\quad (b-a)(b-c)\leq 0.$$

由已知条件, 上面的不等式成立, 定理得证.

24 设 a,b,c 是大于 $-\frac{1}{2}$ 的实数. 证明

$$\frac{a^2+2}{b+c+1}+\frac{b^2+2}{c+a+1}+\frac{c^2+2}{a+b+1}\geq 3.$$

解 令 $a+\frac{1}{2}=x, b+\frac{1}{2}=y, c+\frac{1}{2}=z$. 那么我们有 $x,y,z>0$ 并且不等式变成

$$\frac{\left(x-\frac{1}{2}\right)^2+2}{y+z}+\frac{\left(y-\frac{1}{2}\right)^2+2}{z+x}+\frac{\left(z-\frac{1}{2}\right)^2+2}{x+y}\geq 3$$

或

$$\frac{\left(x-\frac{3}{2}\right)^2+2x}{y+z}+\frac{\left(y-\frac{3}{2}\right)^2+2y}{z+x}+\frac{\left(z-\frac{3}{2}\right)^2+2z}{x+y}\geq 3.$$

由于实数的平方是非负的, 现在我们只需证明

$$\frac{2x}{y+z}+\frac{2y}{z+x}+\frac{2z}{x+y}\geq 3,$$

事实上它是 Nesbitt 不等式. 不等式成立当且仅当 $x=y=z=\frac{3}{2}$.

25 求方程组

$$\begin{cases}7(a^5+b^5)=31(a^3+b^3),\\ a^3-b^3=3(a-b)\end{cases}$$

的实数解.

解 我们分三种情形考虑.

第一种情形: $a=b$. 那么第一个方程变为 $7a^5=31a^3$, 因此 $a=b=0$ 或 $a=b=\pm\sqrt{\frac{31}{7}}$, 于是我们在这种情形得到了三组解.

第二种情形: $a=-b$. 那么第二个方程变为 $a^3=3a$, 它的解为 $a=0$ 和 $a=\pm\sqrt{3}$. 我们在这种情形得到了两组解, 因为解 $(0,0)$ 已经在第一种情形得到了.

第三种情形: $a\neq\pm b$. 这时我们把第一个方程除以 $a+b$ 并且把第二个方程除以 $a-b$, 得到

$$\begin{cases}7(a^4-a^3b+a^2b^2-ab^3+b^4)=31(a^2-ab+b^2),\\ a^2+ab+b^2=3.\end{cases}$$

由于

$$a^4-a^3b+a^2b^2-ab^3+b^4=(a^2+b^2)^2-a^2b^2-ab(a^2+b^2),$$

我们看出, 对于变量的一个更好的选择是 $x=a^2+b^2$ 和 $y=ab$. 于是方程组变为

$$\begin{cases}7(x^2-y^2-xy)=31(x-y),\\ x+y=3.\end{cases}$$

将 $y=3-x$ 代入上面的第一个方程, 我们得到二次方程

$$-7x^2+41x-30=0,$$

它的解为 $x=5$ 和 $x=\frac{6}{7}$.

若 $x=5$, 则 $y=3-x=-2$, 那么我们得到 $a^2+b^2=5$ 和 $ab=-2$. 于是

$$(a+b)^2=a^2+b^2+2ab=5-4=1,$$

因此 $a+b=1$ 或 $a+b=-1$. 若 $a+b=1$, 则由 Vieta 定理以及前面得到的 $ab=-2$, 我们得到 a,b 是方程 $x^2-x-2=0$ 的解, 所以 $(a,b)=(2,-1)$ 或 $(a,b)=(-1,2)$, 我们得到了两组新解. 若 $a+b=-1$, 则 a,b 是方程 $x^2+x-2=0$ 的解, 所以 $(a,b)=(-2,1)$ 或 $(a,b)=(1,-2)$, 我们又得到了两组新解.

若 $x=\frac{6}{7}$, 则 $y=3-\frac{6}{7}=\frac{15}{7}$, 于是

$$a^2+b^2=\frac{6}{7}, \quad ab=\frac{15}{7}.$$

但是这与不等式 $a^2+b^2\geq 2ab$ 矛盾, 因此这种情形没有解.

我们最终得到方程组的解为

$$(0,0), \quad \left(\sqrt{3},-\sqrt{3}\right), \quad \left(-\sqrt{3},\sqrt{3}\right), \quad \left(\sqrt{\frac{31}{7}},\sqrt{\frac{31}{7}}\right),$$

$$\left(-\sqrt{\frac{31}{7}},-\sqrt{\frac{31}{7}}\right), \quad (2,-1), \quad (-1,2), \quad (-2,1), \quad (1,-2).$$

26 设 n 是大于 2 的整数. 求满足 $\{x\}\leq\{nx\}$ 的所有实数 x, 其中 $\{a\}$ 表示 a 的小数部分.

解 我们设 $k\leq x<k+1$, 其中 k 是整数. 于是 $nk\leq nx<nk+n$. 令 I_r 表示区间 $\left[k+\frac{r}{n},k+\frac{r+1}{n}\right)$. 那么我们可以将包含 x 的区间 $[k,k+1)$ 做如下的分割:

$$[k,k+1)=\bigcup_{r=0}^{n-1}\left[k+\frac{r}{n},k+\frac{r+1}{n}\right)=\bigcup_{r=0}^{n-1}I_r.$$

假设 $x\in I_r$, 即 $x\in\left[k+\frac{r}{n},k+\frac{r+1}{n}\right)$. 那么 $nx\in[nk+r,nk+r+1)$. 因此若 $x\in I_r$, 不等式 $\{x\}\leq\{nx\}$ 等价于 $x-k\leq nx-nk-r$, 它化简为

$$x\geq k+\frac{r}{n-1}.$$

现在, 联合 $x\in\left[k+\frac{r}{n},k+\frac{r+1}{n}\right)$ 这一事实, 我们得到

$$k+\frac{r}{n}\leq k+\frac{r}{n-1}\leq x<k+\frac{r+1}{n}$$

并且我们得出结论:

(1) 若 $x \in I_0$, 它满足 $\{x\} \leq \{nx\}$.

(2) 若 $x \in I_r$, $r \geq 1$, 只有那些在子区间 $J_r \subset I_r$,

$$J_r = \left[k + \frac{r}{n-1}, k + \frac{r+1}{n}\right)$$

中的 x 满足不等式.

27 解方程

$$x + a^3 = \sqrt[3]{a - x},$$

其中 a 是实参数.

解 令 $x = y - a^3$. 方程变为

$$y = \sqrt[3]{a + a^3 - y},$$

这推出

$$y^3 = a + a^3 - y,$$

即 $y^3 + y - a^3 - a = 0$. 注意到 $y = a$ 是一个根, 我们可以将其分解为

$$(y-a)(y^2 + ay + a^2 + 1) = (y-a)\left(\left(y + \frac{a}{2}\right)^2 + \frac{3a^2+4}{4}\right) = 0.$$

因为上式中的二次因子没有实根, 所以方程有唯一解 $y = a$, 即 $x = a - a^3$.

28 求满足

$$x^2 + y^2 + z^2 + 1 = xy + yz + zx + |x - 2y + z|$$

的所有实数三元组 (x, y, z).

解 我们可以写

$$x^2 + y^2 + z^2 + 1 = xy + yz + zx + |x - y + z - y|,$$

然后将上式乘以 2 并且凑平方得到

$$(x-y)^2 + (y-z)^2 + (z-x)^2 + 2 = 2|x - y + z - y|.$$

由三角不等式, 我们有

$$(x-y)^2 + (y-z)^2 + (z-x)^2 + 2 \leq 2|x-y| + 2|y-z|.$$

上面的关系式等价于

$$(|x-y|-1)^2+(|y-z|-1)^2+(z-x)^2 \leq 0.$$

然而实数的平方和永远是非负的, 因此这迫使 $|x-y|=1$, $|y-z|=1$, $x=z$. 从而我们欲求的三元组 (x,y,z) 为 $(a,a-1,a)$, $(a,a+1,a)$, 其中 $a \in \mathbb{R}$. 将它们代入原方程, 我们验证出这些三元组确实是解.

29 设 z 是一个非零复数并且 $z^{23}=1$. 计算

$$\sum_{k=0}^{22} \frac{1}{1+z^k+z^{2k}}.$$

解 使用几何级数公式, 我们将题目中的和式重写为

$$\sum_{k=0}^{22} \frac{1}{1+z^k+z^{2k}} = \frac{1}{3}+\sum_{k=1}^{22} \frac{1-z^k}{1-z^{3k}} = \frac{1}{3}+\sum_{k=1}^{22} \frac{1-(z^{24})^k}{1-z^{3k}},$$

其中最后一个等式用到了已知条件 $z^{23}=1$. 我们再使用逆向的几何级数公式, 将上式写为

$$\frac{1}{3}+\sum_{k=1}^{22} \frac{1-(z^{24})^k}{1-z^{3k}} = \frac{1}{3}+\sum_{k=1}^{22}\sum_{j=0}^{7} z^{3kj}.$$

注意到对于 $j=1,2,\cdots,7$, 我们可以使用几何级数公式得到

$$\sum_{k=1}^{22} z^{3kj} = z^{3j}+z^{6j}+\cdots+z^{66j} = \frac{z^{69j}-z^{3j}}{z^{3j}-1}.$$

现在, 由于 $z^{23}=1$, 我们有

$$\frac{z^{69j}-z^{3j}}{z^{3j}-1} = \frac{1-z^{3j}}{z^{3j}-1} = -1.$$

对于 $j=0$, 我们平凡地得到

$$\sum_{k=1}^{22} z^{3kj} = 22.$$

于是我们可以计算出:

$$\frac{1}{3}+\sum_{k=1}^{22}\sum_{j=0}^{7} z^{3kj} = \frac{1}{3}+22+7\cdot(-1) = \frac{46}{3}.$$

30 设 a, b, c 是互异实数并且满足

$$\frac{a}{b-c}+\frac{b}{c-a}+\frac{c}{a-b}=0.$$

证明

$$\frac{a}{(b-c)^2}+\frac{b}{(c-a)^2}+\frac{c}{(a-b)^2}=0.$$

解 将题目条件中的关系式分别乘以 $\frac{1}{b-c}$, $\frac{1}{c-a}$, $\frac{1}{a-b}$, 然后把所得的三个新等式加在一起, 我们得到

$$\begin{aligned}&\frac{a}{(b-c)^2}+\frac{b}{(c-a)^2}+\frac{c}{(a-b)^2}\\&+\left[\frac{a+b}{(b-c)(c-a)}+\frac{b+c}{(c-a)(a-b)}+\frac{c+a}{(a-b)(b-c)}\right]=0.\end{aligned}$$

然而方括号中的表达式不过就是

$$\frac{a^2-b^2+b^2-c^2+c^2-a^2}{(a-b)(b-c)(c-a)}=0,$$

于是题目得证.

31 设 f 和 g 是两个实系数多项式并且满足: 对所有实数 x,

$$f(x^2+x+1)=f(x)g(x).$$

证明: f 的次数是偶数.

解 我们使用反证法, 假设 f 的次数是奇数. 注意到所有实系数奇次多项式至少有一个实根, 这可以由复共轭根定理推出. 因此, 我们可以令 r 是 f 的最大的实根. 于是由题目条件, $f(r^2+r+1)=0$. 然而 $r^2+r+1>r$, 因为它等价于 $r^2>-1$, 这就与我们假设的"r 是最大的实根"矛盾. 所以 f 的次数是偶数.

32 求方程组

$$\begin{cases}(x-y)(x^2-xy+y^2)=7y^3,\\(x+y)(x^2+xy+y^2)=9y^3\end{cases}$$

的实数解.

解 我们将两个方程相乘, 然后就可以利用立方和与立方差的因式分解公式了. 我们有

$$(x^3-y^3)(x^3+y^3)=63y^6,$$

它等价于 $x^6=64y^6$. 因此 $x=2y$ 或 $x=-2y$. 由第一个方程, 我们推出 $3y^3=7y^3$ 或 $-21y^3=7y^3$. 然而这时唯一的解就是 $y=0$ 和 $x=0$. 于是方程组的唯一解为 $(x,y)=(0,0)$.

33 设 a,b,c 是正实数并且 $a+b+c=1$, 设

$$x=\frac{2ab}{a+b},\quad y=\frac{2bc}{b+c},\quad z=\frac{2ca}{c+a}.$$

证明

$$\frac{1}{-xy+yz+zx}+\frac{1}{xy-yz+zx}+\frac{1}{xy+yz-zx}=\frac{1}{xyz}.$$

解 把题目条件中的三个关系式写为

$$\frac{1}{a}+\frac{1}{b}=\frac{2}{x},\quad \frac{1}{b}+\frac{1}{c}=\frac{2}{y},\quad \frac{1}{c}+\frac{1}{a}=\frac{2}{z}.$$

将它们加在一起并除以 2, 我们得到

$$\frac{1}{a}+\frac{1}{b}+\frac{1}{c}=\frac{1}{x}+\frac{1}{y}+\frac{1}{z}.$$

我们再用上式分别减去前面的三个式子, 得到

$$\frac{1}{c}=-\frac{1}{x}+\frac{1}{y}+\frac{1}{z},\quad \frac{1}{a}=\frac{1}{x}-\frac{1}{y}+\frac{1}{z},\quad \frac{1}{b}=\frac{1}{x}+\frac{1}{y}-\frac{1}{z}.$$

使用条件 $a+b+c=1$, 我们有

$$1=b+c+a=\frac{xyz}{-xy+yz+zx}+\frac{xyz}{xy-yz+zx}+\frac{xyz}{xy+yz-zx},$$

把上式除以 xyz 即完成证明.

34 求方程组

$$\begin{cases}x^2=y+2,\\ y^2=z+2,\\ z^2=x+2\end{cases}$$

的实数解.

解 若我们消去 y 和 z, 我们将得到一个关于 x 的多项式 P, 它的次数是 8. 显然这不是一个有效的解题方法. 令 $x=2\cos t$, $0\le t\le \pi$. 如果我们求出了 8 个解, 那么我们就得到了所有的解, 因为 P 的次数是 8.

我们使用余弦的倍角公式得到

$$y=x^2-2=4\cos^2 t-2=2\cos 2t,$$
$$z=y^2-2=4\cos^2 2t-2=2\cos 4t,$$
$$x=z^2-2=4\cos^2 4t-2=2\cos 8t.$$

于是 $\cos 8t=\cos t$, 这推出

$$8t+t=2k\pi,\ k\in\mathbb{Z} \quad 或 \quad 8t-t=2l\pi,\ l\in\mathbb{Z}.$$

由于 $0\le t\le \pi$, 我们得到

$$t=\frac{2k\pi}{9},\ k=0,1,2,3,4;\quad t=\frac{2l\pi}{7},\ l=1,2,3.$$

因此

$$x=2\cos\frac{2k\pi}{9},\ k=0,1,2,3,4;\quad x=2\cos\frac{2l\pi}{7},\ l=1,2,3$$

给出方程组的所有 8 个解. 那么方程组的解为

$$(x,y,z)=\left(2\cos\frac{2k\pi}{9},2\cos\frac{4k\pi}{9},2\cos\frac{8k\pi}{9}\right);\quad k=0,1,2,3,4$$

和

$$(x,y,z)=\left(2\cos\frac{2l\pi}{7},2\cos\frac{4l\pi}{7},2\cos\frac{8l\pi}{7}\right);\quad l=1,2,3.$$

35 多项式 $P(x)$ 定义为

$$P(x)=(x+2x^2+\cdots+nx^n)^2=a_0+a_1x+\cdots+a_{2n}x^{2n}.$$

证明

$$a_{n+1}+a_{n+2}+\cdots+a_{2n}=\frac{n(n+1)(5n^2+5n+2)}{24}.$$

解 一种简单的解题方法是将多项式展开, 用关于 n 的式子表示要证明的等式中左边的和数. 这当然是可行的, 但是我们选择一种更巧妙的方法.

首先注意到

$$a_0+a_1+\cdots+a_{2n}=P(1)=(1+2+\cdots+n)^2=\frac{n^2(n+1)^2}{4}.$$

我们现在要减掉多余的项.

对于 $1\le k\le n$, 通过匹配 P 的定义式的两边的系数, 我们有

$$a_k=1\cdot(k-1)+2\cdot(k-2)+\cdots+(k-1)\cdot 1=\frac{1}{6}(k^3-k),$$

这推出

$$a_0 + a_1 + \cdots + a_n = \frac{1}{6}\sum_{k=1}^{n}(k^3 - k) = \frac{1}{24}n(n+1)(n^2+n-2),$$

其中我们用到了标准恒等式

$$\sum_{k=1}^{n} k = \frac{n(n+1)}{2} \quad 和 \quad \sum_{k=1}^{n} k^3 = \left(\frac{n(n+1)}{2}\right)^2.$$

现在, 我们需要的和数 $a_n + a_{n+1} + \cdots + a_{2n}$ 即为

$$\begin{aligned}\sum_{k=0}^{2n} a_k - \sum_{k=0}^{n} a_k &= \frac{n^2(n+1)^2}{4} - \frac{1}{24}n(n+1)(n^2+n-2)\\ &= \frac{n(n+1)(5n^2+5n+2)}{24},\end{aligned}$$

题目得证.

36 设 $z \in \mathbb{C} \setminus \mathbb{R}$ 且 $z^3 \neq -1$. 证明: $\frac{1+z+z^2}{1-z+z^2}$ 是实数当且仅当 $|z| = 1$.

解 一个数是实数当且仅当它等于它的复共轭. 若题目所给的分数是实数, 则我们有

$$\frac{1+z+z^2}{1-z+z^2} = \frac{1+\overline{z}+\overline{z}^2}{1-\overline{z}+\overline{z}^2}.$$

注意到当 z 是 -1 的复立方根时, 上面的分母等于 0, 这是因为我们可以写 $1 - z + z^2 = \frac{z^3+1}{z+1}$. 由于我们假设了不存在这种情况, 那么我们可以去分母并使用恒等式 $z \cdot \overline{z} = |z|^2$ 来得到等价的关系式

$$\begin{aligned}&|z|^4 - z|z|^2 + z^2 + \overline{z}|z|^2 - |z|^2 + z + \overline{z}^2 - \overline{z} + 1\\ =&|z|^4 + z|z|^2 + z^2 - \overline{z}|z|^2 - |z|^2 - z + \overline{z}^2 + \overline{z} + 1.\end{aligned}$$

这等价于

$$z - \overline{z} = |z|^2(z - \overline{z}).$$

然而 $z \in \mathbb{C} \setminus \mathbb{R}$, 这推出 $z - \overline{z} \neq 0$. 于是我们可以在上式的两边同时除以 $z - \overline{z}$, 得到

$$1 = |z|^2,$$

从而推出 $|z| = 1$. 若 $|z| = 1$, 我们可以逆向进行上面所有的步骤, 得到题目所给的分数是实数. 题目得证.

37 对于所有实数 $x>1$, 确定

$$\frac{x^4-x^2}{x^6+2x^3-1}$$

能达到的最大值.

解 将这个分式的分子和分母同时除以 x^3, 我们如下计算出它的最大值:

$$\frac{x^4-x^2}{x^6+2x^3-1}=\frac{x-\dfrac{1}{x}}{x^3+2-\dfrac{1}{x^3}}=\frac{x-\dfrac{1}{x}}{\left(x-\dfrac{1}{x}\right)^3+2+3\left(x-\dfrac{1}{x}\right)}$$

$$\leq\frac{x-\dfrac{1}{x}}{3\left(x-\dfrac{1}{x}\right)+3\left(x-\dfrac{1}{x}\right)}=\frac{1}{6},$$

其中 $(x-\frac{1}{x})^3+1+1\geq 3(x-\frac{1}{x})$ 是由算术平均–几何平均不等式得到的. 不等式的等号当 $x-\frac{1}{x}=1$ 即 $x=\frac{1+\sqrt{5}}{2}$ 时成立.

38 证明: 对于所有 $n\geq 3$,

$$\prod_{k=2}^{n-1}\left(\frac{1}{9}+\frac{k^2+k+1}{(k-1)^3}\right)=\frac{1}{3^{2n-1}}\left(\frac{n^3-n}{2}\right)^3.$$

解 将乘积重写为

$$\prod_{k=2}^{n-1}\frac{1}{3^2}\cdot\frac{(k+2)^3}{(k-1)^3}.$$

于是我们可以使用裂项法, 得到该乘积等于

$$\frac{1}{3^{2n-4}}\left[\frac{(n-1)\cdot n\cdot(n+1)}{6}\right]^3,$$

上式化简后即为

$$\frac{1}{3^{2n-1}}\left(\frac{n^3-n}{2}\right)^3,$$

题目得证.

39 求方程

$$3x^3-x^2y-xy^2+3y^3=2013$$

的整数解.

解 观察到令 $x=-y$ 可以使得方程的左边变为 0. 因此 $x+y$ 是方程左边的多项式的一个因子. 于是我们得到方程等价于

$$(x+y)(3x^2-4xy+3y^2)=(x+y)(3(x+y)^2-10xy)=2013.$$

由此, 朴素的方法将会如下进行: 简单地注意到问题现在简化为验证各种情形, 因为 2013 的素分解为 $3\cdot 11\cdot 61$.

一种更有效率的方法是利用 $x+y$ 和 $x-y$, 这可以减少所需要的计算量. 注意到等式

$$3x^2-4xy+3y^2=\frac{1}{2}(x+y)^2+\frac{5}{2}(x-y)^2.$$

因为上式显然是非负的, 所以 $x+y$ 是 2013 的一个正因子. 此外, 我们有

$$\begin{aligned}2013&=(x+y)(3x^2-4xy+3y^2)=(x+y)(3(x+y)^2-10xy)\\&\geq(x+y)\left(3(x+y)^2-10\left(\frac{x+y}{2}\right)^2\right)=\frac{1}{2}(x+y)^3.\end{aligned}$$

这推出 $x+y\leq 4026<4096=16^3$. 因此 $x+y<16$. 而由于 $x+y$ 是 2013 的一个正因子, 它只有三个可能的值, 1, 3 或 11. 下面我们计算

$$(x-y)^2=\frac{2\cdot 2013-(x+y)^3}{5(x+y)},$$

当 $x+y=1$ 时 $(x-y)^2=805$, 当 $x+y=3$ 时 $(x-y)^2=\frac{1333}{5}$, 当 $x+y=11$ 时 $(x-y)^2=49$. 我们看到, 只有当 $x+y=11$ 时, $x-y$ 才是一个整数, 于是 $x-y=\pm 7$. 解由此得到的线性方程组, 我们得出原方程的整数解为 $(x,y)=(2,9)$ 和 $(9,2)$.

40 设 a,b,c 是正实数并且 $\frac{1}{a}+\frac{1}{b}+\frac{1}{c}\geq 1$. 证明

$$\frac{a+b}{\sqrt{ab+c}}+\frac{b+c}{\sqrt{bc+a}}+\frac{c+a}{\sqrt{ca+b}}\geq 3\sqrt[6]{abc}.$$

解 注意到题目所给条件等价于

$$ab+bc+ca\geq abc.$$

于是我们有

$$\frac{a+b}{\sqrt{ab+c}}=\frac{(a+b)\sqrt{c}}{\sqrt{abc+c^2}}\geq\frac{(a+b)\sqrt{c}}{\sqrt{ab+bc+ca+c^2}}=\frac{(a+b)\sqrt{c}}{\sqrt{(b+c)(c+a)}}.$$

要证明的不等式可以直接从关于 $\frac{(a+b)\sqrt{c}}{\sqrt{(b+c)(c+a)}}$, $\frac{(b+c)\sqrt{a}}{\sqrt{(c+a)(a+b)}}$ 和 $\frac{(c+a)\sqrt{b}}{\sqrt{(a+b)(b+c)}}$ 的算术平均–几何平均不等式得出.

41 设 a, b, c 是互异实数. 化简

$$\frac{(a-b+c)^2}{(a-b)(b-c)}+\frac{(b-c+a)^2}{(b-c)(c-a)}+\frac{(c-a+b)^2}{(c-a)(a-b)}.$$

解 1 令 $a-b+c=2x$, $a+b-c=2z$, $-a+b+c=2y$. 于是我们有 $a=x+z$, $b=z+y$, $c=y+x$, 其中 x, y, z 是互异的. 题目中的表达式就等于

$$\begin{aligned}&\frac{4x^2}{(x-y)(z-x)}+\frac{4z^2}{(z-x)(y-z)}+\frac{4y^2}{(y-z)(x-y)}\\&=4\cdot\frac{x^2(y-z)+z^2(x-y)+y^2(z-x)}{(x-y)(y-z)(z-x)}\\&=-4\cdot\frac{(x-y)(y-z)(z-x)}{(x-y)(y-z)(z-x)}=-4.\end{aligned}$$

解 2 若我们进行平移操作 $a\to a+t$, $b\to b+t$, $c\to c+t$, 则题目中的表达式 (我们将用 E 表示) 就变成

$$\begin{aligned}&\sum_{cyc}\frac{(a-b+c+t)^2}{(a-b)(b-c)}\\&=E+\sum_{cyc}\frac{2t(a-b+c)+t^2}{(a-b)(b-c)}\\&=E+\frac{1}{(a-b)(b-c)(c-a)}\sum_{cyc}[2t(c^2-a^2-bc+ab)+t^2(c-a)]\\&=E+0=E.\end{aligned}$$

因此, 不失一般性, 我们可以假设 $c=0$. 那么

$$\begin{aligned}E&=\frac{(a-b)^2}{(a-b)b}-\frac{(b+a)^2}{ab}-\frac{(a-b)^2}{a(a-b)}\\&=\frac{a-b}{b}-\frac{a-b}{a}-\frac{(b+a)^2}{ab}\\&=\frac{(a-b)^2-(b+a)^2}{ab}=-\frac{4ab}{ab}=-4.\end{aligned}$$

42 设 x 和 y 是实数并且

$$x^3+y^3+(x+y)^3+30xy=2000.$$

证明: $x+y=10$.

解 令 $s=x+y$ 且 $p=xy$. 那么

$$s^3-3sp+s^3+30p=2000,$$

因此

$$2s^3-3sp+(30p-2000)=0.$$

我们需要证明 $s=10$, 所以我们使用综合除法来证明 $s-10$ 是上式的一个因子.

我们得到 $2s^3-3sp+(30p-2000)=(s-10)(2s^2+20s+200-3p)=0$. 现在只剩下要证明 $2s^2+20s+200-3p\neq 0$. 我们使用反证法, 假设不然. 利用 $\frac{s^2}{4}\geq p$, 我们得到

$$\frac{3s^2}{4}\geq 3p=2s^2+20s+200.$$

从而

$$0\geq 5s^2+80s+800=5(s+8)^2+480,$$

矛盾. 这说明前面的假设不成立, 于是题目得证.

43 求方程组

$$\begin{cases}x^5+x-1=(y^3+y^2-1)z,\\ y^5+y-1=(z^3+z^2-1)x,\\ z^5+z-1=(x^3+x^2-1)y\end{cases}$$

的实数解, 其中 x,y,z 是实数并且 $x^3+y^3+z^3\geq 3$.

解 首先, 注意到 $x^5+x-1=(x^3+x^2-1)(x^2-x+1)$. 我们将三个方程乘在一起, 得到

$$\prod_{cyc}(x^3+x^2-1)\prod_{cyc}(x^2-x+1)=xyz\prod_{cyc}(x^3+x^2-1).$$

显然 $x^2-x+1\neq 0$, 因为它的判别式为负. 现在, 观察到 $xyz\neq 0$. 这是因为: 如果, 不失一般性, $x=0$, 第二个方程就推出

$$(y^3+y^2-1)(y^2-y+1)=0.$$

由于 $y^2-y+1>0$ (它的判别式为负), 我们有 $y^3+y^2-1=0$, 但是这样的话, 由第一个方程我们得到 $x^5+x-1=0$, 矛盾.

现在, 注意到 $x^3+x^2-1=0$ 可以推出 $y^3+y^2-1=z^3+z^2-1=0$. 这很容易证明: 首先假设 $x^3+x^2-1=0$. 那么第三个方程可以推出 $z^5+z-1=(z^3+z^2-1)(z^2-z+1)=0$, 由于早前已经说明 $z^2-z+1\neq 0$, 于是这就推出 $z^3+z^2-1=0$. 类似地, 我们还可以推出 $y^3+y^2-1=0$.

若

$$\prod_{cyc}(x^3+x^2-1)=0,$$

我们将有

$$x^3=1-x^2,\quad y^3=1-y^2,\quad z^3=1-z^2.$$

这推出 $x^3+y^3+z^3=3-(x^2+y^2+z^2)<3$, 与题目条件矛盾. 因此

$$\prod_{cyc}(x^3+x^2-1)$$

恒不为零.

最终, 仅有的可能就是

$$\prod_{cyc}(x^2-x+1)=xyz,$$

它等价于

$$\prod_{cyc}\left(x-1+\frac{1}{x}\right)=1.$$

现在, 对于正数 x, 我们有 $x+\frac{1}{x}\geq 2$, 因为它等价于 $(x-1)^2\geq 0$. 对于负数 x, 我们有 $x+\frac{1}{x}\leq -2$, 因为它等价于 $(x+1)^2\geq 0$. 我们由此得到

$$x+\frac{1}{x}-1\geq 2-1=1,\quad 对于 x>0;\quad x+\frac{1}{x}-1\leq -2-1=-3,\quad 对于 x<0.$$

因此满足条件的 x 的唯一值为 $x=1$, 这推出 $x=y=z=1$ 是方程组的唯一解.

44 计算

$$1^2\cdot 2!+2^2\cdot 3!+\cdots+n^2\cdot(n+1)!.$$

解 注意到

$$j^2(j+1)!=(j+2)(j-1)(j+1)!-(j+1)(j-2)j!,$$

于是我们可以使用裂项法, 得到

$$\sum_{j=1}^{n}j^2(j+1)!=(n+2)(n-1)(n+1)!-(1+1)(1-2)\cdot 1!=(n-1)(n+2)!+2.$$

45 实数 a,b,c,d,e,f 满足条件

$$a+b+c+d+e+f=10$$

和

$$(a-1)^2+(b-1)^2+(c-1)^2+(d-1)^2+(e-1)^2+(f-1)^2=6.$$

求 f 可能的最大值.

解 由已知条件, 我们有

$$6=\sum_{cyc}(a-1)^2=\sum_{cyc}a^2-2\sum_{cyc}a+6=\sum_{cyc}a^2-14,$$

从而得到

$$\sum_{cyc}a^2=20.$$

因为

$$a+b+c+d+e=10-f$$

且

$$a^2+b^2+c^2+d^2+e^2=20-f^2,$$

我们应用 Cauchy–Schwarz 不等式得到

$$(1^2+1^2+1^2+1^2+1^2)(a^2+b^2+c^2+d^2+e^2)$$

$$=5(a^2+b^2+c^2+d^2+e^2)\geq(a+b+c+d+e)^2,$$

它等价于

$$5(20-f^2)\geq(10-f)^2,$$

化简后为

$$3f^2-10f\leq 0.$$

由此我们得到 $0\leq f\leq\frac{10}{3}$. 最大值 $\frac{10}{3}$ 在

$$a=b=c=d=e=\frac{4}{3}$$

时达到.

46 求方程组

$$\begin{cases}(xy)^{\lg z}+(yz)^{\lg x}=1.001,\\(yz)^{\lg x}+(zx)^{\lg y}=10.001,\\(zx)^{\lg y}+(xy)^{\lg z}=11\end{cases}$$

的实数解.

解 我们把三个方程加在一起, 然后除以 2 得到

$$(xy)^{\lg z}+(yz)^{\lg x}+(zx)^{\lg y}=11.001.$$

再用上式减去原方程组的每一个方程, 我们得到了等价的方程组:

$$\begin{cases}(zx)^{\lg y}=10,\\(xy)^{\lg z}=1,\\(yz)^{\lg x}=0.001.\end{cases}$$

在上面每个方程的两边取以 10 为底的对数并且使用关系式 $\log_a(b^c)=c\log_a b$ 和 $\log_a(bc)=\log_a b+\log_a c$, 我们得到

$$\begin{cases}(\lg y)(\lg z+\lg x)=1,\\(\lg z)(\lg x+\lg y)=0,\\(\lg x)(\lg y+\lg z)=-3.\end{cases}$$

把三个方程加在一起, 然后除以 2, 我们得到

$$(\lg x)(\lg y)+(\lg y)(\lg z)+(\lg z)(\lg x)=\frac{1+0+(-3)}{2}=-1.$$

因此

$$(\lg z)(\lg x)=-2,\quad (\lg x)(\lg y)=-1,\quad (\lg y)(\lg z)=2.$$

把这三个方程乘在一起, 然后取平方根, 我们得到

$$(\lg x)(\lg y)(\lg z)=\pm 2.$$

再用上式分别除以前面三个方程的每一个, 我们就得出

$$\lg y=-1,\quad \lg z=-2,\quad \lg x=1$$

或

$$\lg y=1,\quad \lg z=2,\quad \lg x=-1.$$

因此方程组的解为

$$(x,y,z)=\left(10,\frac{1}{10},\frac{1}{100}\right)\quad 和\quad (x,y,z)=\left(\frac{1}{10},10,100\right).$$

47 解方程组

$$\begin{cases}\sqrt{(x-2)^2+y^2}+\sqrt{(x+2)^2+y^2}=6,\\9x^2+5y^2=45.\end{cases}$$

解 由第二个方程, 我们考虑椭圆

$$\frac{x^2}{5}+\frac{y^2}{9}=1.$$

根据椭圆的定义, 椭圆上的任何点到它的每个焦点的距离之和是常数. 我们计算出这个椭圆的焦点为 $F_1(0,2)$ 和 $F_2(0,-2)$, 那么对于椭圆上的任何点 P, 我们有 $PF_1+PF_2=6$.

第一个方程表明: 椭圆上的某个点 P 到点 $F_3(2,0)$ 和 $F_4(-2,0)$ 的距离之和也是 6. 这个条件说明方程组的解 (x,y) 一定也在椭圆

$$\frac{x^2}{9}+\frac{y^2}{5}=1$$

上.

解这两个椭圆方程组成的方程组, 我们就容易得到原方程组的解了. 为了简化计算过程, 由几何对称性, 我们可以使用 $x=y$ 或 $x=-y$ (因为 $F_1F_3F_2F_4$ 是正方形).

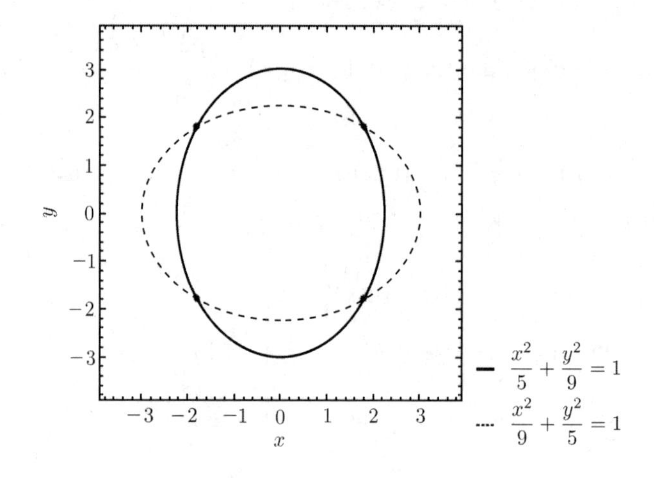

我们最终解出

$$(x,y)=\left(\frac{3}{14}\sqrt{70},\frac{3}{14}\sqrt{70}\right),\left(-\frac{3}{14}\sqrt{70},\frac{3}{14}\sqrt{70}\right),$$
$$\left(\frac{3}{14}\sqrt{70},-\frac{3}{14}\sqrt{70}\right),\left(-\frac{3}{14}\sqrt{70},-\frac{3}{14}\sqrt{70}\right).$$

48 解方程

$$\sqrt[n]{1+x}+2\sqrt[n]{1-x}=3\sqrt[2n]{1-x^2}.$$

解 通过代入数值, 我们可以检验出显然 $x \neq 1$ 且 $x \neq -1$. 在方程两边同时除以 $\sqrt[2n]{1-x^2}$, 我们得到

$$\sqrt[2n]{\frac{(1+x)^2}{1-x^2}}+2\sqrt[2n]{\frac{(1-x)^2}{1-x^2}}=3.$$

这等价于

$$\sqrt[2n]{\frac{1+x}{1-x}}+2\sqrt[2n]{\frac{1-x}{1+x}}=3.$$

我们做代换

$$\sqrt[2n]{\frac{1+x}{1-x}}=y,$$

得到

$$y+\frac{2}{y}=3,$$

上式化简为二次方程 $(y-1)(y-2)=0$.

当 $y=1$ 时, 我们得到 $x=0$; 当 $y=2$ 时, 我们得到 $x=\frac{4^n-1}{4^n+1}$. 这两个解都满足题目中的方程.

49 设 a 和 b 是非负实数并且

$$2a^2+3ab+2b^2 \leq 7.$$

证明 $\max(2a+b, 2b+a) \leq 4$.

解 不失一般性, 假设 $a \geq b$. 于是我们只需证明

$$\frac{7}{16}(2a+b)^2 \leq 2a^2+3ab+2b^2.$$

然而这等价于

$$28a^2+28ab+7b^2 \leq 32a^2+48ab+32b^2,$$

它可化简为 $0 \leq (2a+5b)^2$.

等号当 $(a,b)=\left(\frac{5}{2},-1\right)$ 时成立, 在另一种 $a<b$ 的情况, 等号当 $(a,b)=\left(-1,\frac{5}{2}\right)$ 时成立.

50 设 a, b, c 是正实数. 证明

$$\frac{1+a(b+c)}{(1+b+c)^2}+\frac{1+b(c+a)}{(1+c+a)^2}+\frac{1+c(a+b)}{(1+a+b)^2} \geq 1.$$

解 由 Cauchy–Schwarz 不等式, 我们有

$$\left(1+\frac{b}{a}+\frac{c}{a}\right)(1+ab+ac) \geq (1+b+c)^2,$$

因此

$$\frac{1+ab+ac}{(1+b+c)^2} \geq \frac{a}{a+b+c}.$$

类似地, 我们有

$$\frac{1+bc+ba}{(1+c+a)^2} \geq \frac{b}{a+b+c},$$

$$\frac{1+ca+cb}{(1+a+b)^2} \geq \frac{c}{a+b+c}.$$

将这三个不等式加在一起, 就完成了证明.

51 求方程组

$$\begin{cases} x^2-2y^2=\sqrt{y(x^3-4y^3)}, \\ x^2+2y^2=2y\sqrt{y(5x-y)} \end{cases}$$

的实数解.

解 我们将两个方程平方, 把方程组重新写为

$$\begin{cases} x^4-4x^2y^2+8y^4=x^3y, \\ x^4+4x^2y^2+8y^4=20xy^3. \end{cases}$$

我们再将上面的两个方程相乘, 左边形成了一个平方差:

$$(x^4+8y^4)^2-16x^4y^4=20x^4y^4,$$

它等价于

$$(x^4-4y^4)(x^4-16y^4)=0.$$

若 $x^4=4y^4$, 则 $x^2=2y^2$, 并且由方程组的第一个方程, 我们有 $y(x^3-4y^3)=0$. 从而 $(x,y)=(0,0)$.

若 $x^4=16y^4$, 则 $x=2y$. 另一种情况 $x=-2y$ 将会推出 $y(5x-y)=-11y^2\leq 0$, 而这使得方程组的第二个方程的平方根没有定义. 当 $x=2y$ 时, 方程组的两个方程都得到满足.

综上所述, 方程组的所有解为 $(x,y)=(2t,t), t\in\mathbb{R}$.

52 (a) 证明: 对于所有实数 x, $x^4 - x^3 - x + 1 \geq 0$.

(b) 求所有满足 $x_1 + x_2 + x_3 = 3$ 和 $x_1^3 + x_2^3 + x_3^3 = x_1^4 + x_2^4 + x_3^4$ 的实数 x_1, x_2, x_3.

解 (a) 注意到 1 显然是多项式的一个根, 我们可以将多项式分解为

$$x^4 - x^3 - x + 1 = (x-1)(x^3-1) = (x-1)^2(x^2+x+1).$$

由于 $x^2 + x + 1$ 的判别式为负, 对于所有 x, $x^2 + x + 1 > 0$. 题目得证.

(b) 由已知条件我们可以推出

$$\sum_{k=1}^{3}(x_k^4 - x_k^3 - x_k + 1) = 0.$$

由 (a), 我们有 $x_k^4 - x_k^3 - x_k + 1 = (x_k - 1)^2(x_k^2 + x_k + 1) = 0$, $k = 1, 2, 3$. 因此 $x_1 = x_2 = x_3 = 1$.

53 设a, b, c, d 是大于 0 的实数并且满足 $abcd = 1$. 证明

$$\frac{1}{a+b+2} + \frac{1}{b+c+2} + \frac{1}{c+d+2} + \frac{1}{d+a+2} \leq 1.$$

解 由算术平均–几何平均不等式, 我们有 $a + b \geq 2\sqrt{ab}$. 那么

$$\frac{1}{a+b+2} + \frac{1}{c+d+2} \leq \frac{1}{2\sqrt{ab}+2} + \frac{1}{2\sqrt{cd}+2}.$$

令 $\sqrt{ab} = x$. 由已知条件, $\sqrt{cd} = \frac{1}{x}$. 于是

$$\frac{1}{2\sqrt{ab}+2} + \frac{1}{2\sqrt{cd}+2} = \frac{1}{2}\left(\frac{1}{x+1} + \frac{x}{1+x}\right) = \frac{1}{2}.$$

类似地,

$$\frac{1}{b+c+2} + \frac{1}{d+a+2} \leq \frac{1}{2}.$$

将这两个不等式加在一起即可完成证明. 等号当 $a = b = c = d = 1$ 时成立.

54 设 n 是正整数. 化简

$$S = \frac{\sqrt{n+\sqrt{0}} + \sqrt{n+\sqrt{1}} + \cdots + \sqrt{n+\sqrt{n^2-1}} + \sqrt{n+\sqrt{n^2}}}{\sqrt{n-\sqrt{0}} + \sqrt{n-\sqrt{1}} + \cdots + \sqrt{n-\sqrt{n^2-1}} + \sqrt{n-\sqrt{n^2}}}.$$

解 对于非负实数 m, n 以及条件 $n^2 - m \geq 0$, 回想恒等式

$$\sqrt{n+\sqrt{m}} = \sqrt{\frac{n+\sqrt{n^2-m}}{2}} + \sqrt{\frac{n-\sqrt{n^2-m}}{2}}.$$

对于固定的 n, 考虑下面的和式 T:

$$T=\sum_{m=0}^{n^2}\sqrt{n+\sqrt{m}}.$$

由前面给出的恒等式,

$$\begin{aligned}T&=\sum_{m=0}^{n^2}\sqrt{\frac{n+\sqrt{n^2-m}}{2}}+\sum_{m=0}^{n^2}\sqrt{\frac{n-\sqrt{n^2-m}}{2}}\\&=\frac{1}{\sqrt{2}}\sum_{m=0}^{n^2}\sqrt{n+\sqrt{m}}+\frac{1}{\sqrt{2}}\sum_{m=0}^{n^2}\sqrt{n-\sqrt{m}}\\&=\frac{T}{\sqrt{2}}+\frac{1}{\sqrt{2}}\sum_{m=0}^{n^2}\sqrt{n-\sqrt{m}}.\end{aligned}$$

从而

$$T=\frac{1}{\sqrt{2}-1}\sum_{m=0}^{n^2}\sqrt{n-\sqrt{m}}.$$

现在计算题目中的和,

$$S=\frac{\sum_{m=0}^{n^2}\sqrt{n+\sqrt{m}}}{\sum_{m=0}^{n^2}\sqrt{n-\sqrt{m}}}=\frac{T}{\sum_{m=0}^{n^2}\sqrt{n-\sqrt{m}}}=1+\sqrt{2},$$

这表明对于所有正整数 n, 和 S 是一个常数.

16　高级问题的解答

1　求方程组

$$\begin{cases} x^3 = 3x + y, \\ y^3 = 3y + z, \\ z^3 = 3z + x \end{cases}$$

的实数解.

解　消去 y 和 z 会得到一个 27 次多项式. 那么若我们求出了 27 个解, 则我们就得到了所有的解. 现在做代换 $x = 2\cos t, 0 \leq t \leq \pi$.

我们需要用到恒等式 $\cos 3t = 4\cos^3 t - 3\cos t$. 这很容易证明: 将 $\cos(2t+t)$ 展开, 把所有的项都写成余弦函数的形式并且使用 $1 - \cos^2 t = \sin^2 t$. 由这个恒等式, 我们得到

$$y = x^3 - 3x = 8\cos^3 t - 6\cos t = 2\cos 3t,$$

类似地,

$$z = 2\cos 9t, \quad x = 2\cos 27t.$$

从而我们一定有 $\cos 27t = \cos t$, 即

$$27t + t = 2k\pi,\ k \in \mathbb{Z} \quad 或 \quad 27t - t = 2l\pi,\ l \in \mathbb{Z}.$$

由于 $0 \leq t \leq \pi$, 我们得到

$$t = \frac{k\pi}{14},\ k = 0, 1, \cdots, 14; \quad t = \frac{l\pi}{13},\ l = 1, 2, \cdots, 12.$$

因此

$$x = 2\cos\frac{k\pi}{14},\ k = 0, 1, \cdots, 14; \quad x = 2\cos\frac{l\pi}{13},\ l = 1, 2, \cdots, 12$$

给出了方程组的所有 27 个解. 那么方程组的解为

$$(x, y, z) = \left(2\cos\frac{k\pi}{14}, 2\cos\frac{3k\pi}{14}, 2\cos\frac{9k\pi}{14}\right), \quad k = 0, 1, \cdots, 14$$

和

$$(x, y, z) = \left(2\cos\frac{l\pi}{13}, 2\cos\frac{3l\pi}{13}, 2\cos\frac{9l\pi}{13}\right), \quad l = 1, 2, \cdots, 12.$$

2 设 z_1, z_2, z_3, z_4 是方程

$$z^4 + az^3 + az + 1 = 0$$

的复根, 其中 a 是实数并且 $|a| \leq 1$. 证明

$$|z_1| = |z_2| = |z_3| = |z_4| = 1.$$

解 由于方程的系数是对称的, 我们可以把它写成

$$z^2 + az + \frac{a}{z} + \frac{1}{z^2} = 0,$$

这可以使得我们能做代换 $w = z + \frac{1}{z}$. 于是方程化简为

$$w^2 - 2 + aw = 0.$$

解这个关于变量 w 的二次方程, 我们得到

$$w_{1,2} = \frac{-a \pm \sqrt{a^2+8}}{2}.$$

由已知条件 $-1 \leq a \leq 1$, 我们有 $a^2 \leq 1$ 以及

$$\begin{aligned} -2 = \frac{-1-\sqrt{1+8}}{2} \leq \frac{-a-\sqrt{a^2+8}}{2} &< \frac{-a+\sqrt{a^2+8}}{2} \\ &\leq \frac{1+\sqrt{1+8}}{2} = 2. \end{aligned}$$

因此 $w_1^2 \leq 4$ 且 $w_2^2 \leq 4$. 回到代换 $z + \frac{1}{z} = w$, 我们得到方程

$$z^2 - w_1 z + 1 = 0, \quad z^2 - w_2 z + 1 = 0.$$

从而

$$z_{1,2} = \frac{w_1}{2} \pm \mathrm{i}\sqrt{1 - \frac{w_1^2}{4}} \quad 且 \quad z_{3,4} = \frac{w_2}{2} \pm \mathrm{i}\sqrt{1 - \frac{w_2^2}{4}}.$$

那么我们有

$$|z_1| = |z_2| = \sqrt{\frac{w_1^2}{4} + 1 - \frac{w_1^2}{4}} = 1 \quad 且 \quad |z_3| = |z_4| = \sqrt{\frac{w_2^2}{4} + 1 - \frac{w_2^2}{4}} = 1,$$

题目得证.

3 对于所有 $x \in \mathbb{R}$, 求 $2^x - 4^x + 6^x - 8^x - 9^x + 12^x$ 的最小值.

解 设 E 为题目中的表达式, 并且设 $a=2^x, b=3^x$. 我们可以用 a 和 b 来表示 E 中的各项:

$$E=a-a^2+ab-a^3-b^2+a^2b.$$

将上式看成关于 b 的二次函数, 我们整理各项得到

$$E=-b^2+b(a^2+a)-a^3-a^2+a.$$

E 的判别式为

$$\Delta_E=(a^2+a)^2-4(-1)(-a^3-a^2+a)=[(a-2)(a+1)]^2-4.$$

我们希望判别式是一个完全平方数, 因为这样的话我们就容易对二次函数进行因式分解. 注意到

$$E+1=-b^2+b(a^2+a)-a^3-a^2+a+1,$$

并且 $E+1$ 的判别式为 $\Delta_{E+1}=(a^2-a-2)^2\geq 0$. 由于表达式 $E+1$ 更容易处理, 我们可以先求出 $E+1$ 的最小值, 然后记得最后减去 1 就行了. 二次式 $E+1$ 的根为

$$b=\frac{(a^2+a)\pm(a^2-a-2)}{2},$$

即 $b=a^2-1$ 和 $b=a+1$. 因此表达式 $E+1$ 可以分解为

$$\begin{aligned}E+1&=-(b-a^2+1)(b-a-1)=(a^2-b-1)(b-a-1)\\&=(4^x-3^x-1)(3^x-2^x-1).\end{aligned}$$

我们将证明 $E+1$ 的最小值是 0.

首先, 考虑 $x>1$ 的情形. 我们断言表达式的两个因子都是正的. 即我们将证明 $4^x-3^x-1>0$ 和 $3^x-2^x-1>0$. 我们像在之前的题目例 6.1 中那样来处理, 对两个因子分别除以 4^x 和 3^x, 得到等价的不等式

$$\left(\frac{1}{4}\right)^x+\left(\frac{3}{4}\right)^x-1<0 \tag{1}$$

和

$$\left(\frac{1}{3}\right)^x+\left(\frac{2}{3}\right)^x-1<0, \tag{2}$$

它们都是正确的, 因为当 $x=1$ 时它们成为等式, 而不等式左边是减函数, 这是由于指数的底小于 1.

现在, 考虑 $x<1$ 的情形. 我们断言表达式的两个因子都是负的. 即我们将证明 $4^x-3^x-1<0$ 和 $3^x-2^x-1<0$. 这等价于与 (1) 和 (2) 相反的不等式:

$$\left(\frac{1}{4}\right)^x+\left(\frac{3}{4}\right)^x-1>0$$

和

$$\left(\frac{1}{3}\right)^x + \left(\frac{2}{3}\right)^x - 1 > 0.$$

它们也是正确的, 因为当 $x = 1$ 时它们成为等式, 而不等式左边是减函数.

由于当 $x > 1$ 和 $x < 1$ 时 $E + 1 > 0$, 那么 $E + 1$ 的最小值是 0, 当 $x = 1$ 时取得. 我们减掉之前加上去的 1, 得到原表达式 E 的最小值是 -1.

4 设 m 和 n 是互异的正整数并且方程

$$z^{m+1} + z^m + 1 = 0 \quad \text{和} \quad z^{n+1} + z^n + 1 = 0$$

至少有一个公共解. 证明: $m \equiv n \equiv 1 \pmod 3$.

解 一个公共解 z 会同时满足 $z^m(z+1) = -1$ 和 $z^n(z+1) = -1$. 由于 $z + 1 \neq 0$, 我们可以将这两式相除, 得到 $z^{m-n} = 1$. 对上式取模, 我们得到 $|z|^{m-n} = 1$, 由此我们有 $|z| = 1$. 我们还可以对第一个方程的两边同时取模, 得到 $|z|^m|z+1| = 1$.

从而 $|z+1| = 1$, 并且若我们令 $z = a + b\mathrm{i}$, 则 $|z| = 1$ 推出 $a^2 + b^2 = 1$ 且 $|z+1| = 1$ 推出 $(a+1)^2 + b^2 = 1$. 将这两个方程相减, 我们得到 $2a + 1 = 0$, 因此 $z = -\frac{1}{2} \pm \mathrm{i}\frac{\sqrt{3}}{2}$, 三次单位根. 那么 $z^3 = 1$, $z \neq 1$ 并且 $z + 1 = \frac{1}{2} \pm \mathrm{i}\frac{\sqrt{3}}{2} = -\overline{z}$.

从而 $z^n \cdot \overline{z} = 1$ 且 $z^m \cdot \overline{z} = 1$, 这推出 $z^{m-1} = z^{n-1} = 1$. 因为 $z^3 = 1$ 且 $z \neq 1$, 题目得证.

5 求所有满足下列条件的大于 1 的实数 x, y: 数

$$\sqrt{x-1} + \sqrt{y-1} \quad \text{和} \quad \sqrt{x+1} + \sqrt{y+1}$$

是不相邻的整数.

解 设 $A = \sqrt{x-1} + \sqrt{y-1}$ 且 $B = \sqrt{x+1} + \sqrt{y+1}$, 其中 A 和 B 不相邻. 那么

$$B - A = \sqrt{x+1} - \sqrt{x-1} + \sqrt{y+1} - \sqrt{y-1},$$

我们“无理化”分母 (与有理化相反), 得到

$$B - A = \frac{2}{\sqrt{x+1} + \sqrt{x-1}} + \frac{2}{\sqrt{y+1} + \sqrt{y-1}}.$$

由于 $x, y > 1$, 我们有

$$\sqrt{x+1} + \sqrt{x-1} > \sqrt{2} \quad \text{和} \quad \sqrt{y+1} + \sqrt{y-1} > \sqrt{2}.$$

于是 $B - A < 2\sqrt{2} < 3$, 并且由于 A 和 B 是不相邻的整数, 我们有 $B - A = 2$.

由于 $\sqrt{\frac{5}{4}+1}+\sqrt{\frac{5}{4}-1}=2$, 关系式

$$\frac{2}{\sqrt{x+1}+\sqrt{x-1}}+\frac{2}{\sqrt{y+1}+\sqrt{y-1}}=2$$

告诉我们, x 和 y 不可能同时大于或同时小于 $\frac{5}{4}$. 不失一般性, 若我们假设 $x \le y$, 则 $x \le \frac{5}{4} \le y$.

现在由于 $x>1$, 我们有

$$\frac{2}{\sqrt{x+1}+\sqrt{x-1}}<\frac{2}{\sqrt{2}}=\sqrt{2},$$

因此

$$2-\frac{2}{\sqrt{y+1}+\sqrt{y-1}}<\sqrt{2},$$

这推出 $\sqrt{y+1}+\sqrt{y-1}<2+\sqrt{2}$, 则 $y<3$.

由于 $\frac{5}{4} \le y$, 我们有

$$A=\sqrt{x-1}+\sqrt{y-1} \ge \frac{1}{2},$$

并且由于 $x \le \frac{5}{4}$ 和 $y<3$, 我们有

$$B=\sqrt{x+1}+\sqrt{y+1}<\frac{3}{2}+2=\frac{7}{2}.$$

因为 A 和 B 不相邻并且 $A<B$, 我们得到 $A=1$, $B=3$. 令 $c=\sqrt{x-1}+\sqrt{x+1}$, $d=\sqrt{y-1}+\sqrt{y+1}$. 那么

$$c+d=A+B=4$$

并且

$$\frac{1}{c}+\frac{1}{d}=\frac{B-A}{2}=1.$$

因为 $\frac{1}{c}+\frac{1}{d}=\frac{c+d}{cd}=\frac{4}{cd}=1$, 我们有 $cd=4$. 于是由 Vieta 定理, c,d 是二次方程 $t^2-4t+4=0$ 的根, 这推出 $c=d=2$ 且 $x=y=\frac{5}{4}$.

6 设 a,b,c 是正实数并且 $a^2+b^2+c^2+abc=4$. 证明

(a) $\dfrac{(2-a)(2-b)}{ab+2c}+\dfrac{(2-b)(2-c)}{bc+2a}+\dfrac{(2-c)(2-a)}{ca+2b}=1$;

(b) $\dfrac{1}{ab+2c}+\dfrac{1}{bc+2a}+\dfrac{1}{ca+2b}=\dfrac{1}{a+b+c-2}$.

解 (a) 我们试着由已知关系式 $a^2+b^2+c^2+abc=4$ 来简化等式中左边的各项. 将关系式的两边都乘以 4, 再把两边都加上 a^2b^2, 我们得到等价的式子

$$4a^2+4b^2+4c^2+4abc+a^2b^2=16+a^2b^2.$$

整理后, 我们有

$$a^2b^2+4abc+4c^2=(ab+2c)^2=16-4a^2-4b^2+a^2b^2=(4-a^2)(4-b^2).$$

从而

$$\frac{(2-a)(2-b)}{ab+2c}=\frac{ab+2c}{(2+a)(2+b)},$$

等式中的其他两项也有类似的关系式.

这就将对称性引入了分母, 使得我们在通分时不会有什么困难. 我们有

$$\begin{aligned}&\frac{(2-a)(2-b)}{ab+2c}+\frac{(2-b)(2-c)}{bc+2a}+\frac{(2-c)(2-a)}{ca+2b}\\=&\frac{ab+2c}{(2+a)(2+b)}+\frac{bc+2a}{(2+b)(2+c)}+\frac{ca+2b}{(2+c)(2+a)}.\end{aligned}$$

通分后, 上式变为

$$\begin{aligned}&\frac{(2ab+4c+abc+2c^2)+(2bc+4a+abc+2a^2)+(2ca+4b+abc+2b^2)}{(2+a)(2+b)(2+c)}\\=&\frac{2(ab+bc+ca)+4(a+b+c)+3abc+2(a^2+b^2+c^2)}{(2+a)(2+b)(2+c)}.\end{aligned}$$

应用已知条件, 我们得到上式的分子即为

$$2(ab+bc+ca)+4(a+b+c)+abc+8=(2+a)(2+b)(2+c).$$

因此表达式的值为 1, 这就证明了 (a).

(b) 由 (a) 的结论, 我们有

$$\sum_{cyc}\frac{4-2a-2b+ab}{ab+2c}=1.$$

从上面和式的各项中分别减去 $\frac{ab+2c}{ab+2c}=1$, $\frac{bc+2a}{bc+2a}=1$, $\frac{ca+2b}{ca+2b}=1$, 我们得到

$$\sum_{cyc}\frac{4-2a-2b-2c}{ab+2c}=-2.$$

在上式的两边同时除以 $4-2a-2b-2c$, 我们得出

$$\sum_{cyc}\frac{1}{ab+2c}=\frac{1}{a+b+c-2},$$

这就证明了 (b).

7 设 x, y, z 是实数. 证明

$$(x^2+y^2+z^2)^2+xyz(x+y+z) \geq (xy+yz+zx)^2+(x^2y^2+y^2z^2+z^2x^2).$$

解 首先, 注意到对于任何实数 u, v, w, 我们有不等式

$$(u+v+w)^2 \geq 3(uv+vw+wu)$$

和

$$u^2+v^2+w^2 \geq uv+vw+wu,$$

这是因为它们都等价于

$$\frac{1}{2}[(u-v)^2+(v-w)^2+(w-u)^2] \geq 0,$$

而此式显然是正确的. 对第一个不等式做代换 $u=x^2, v=y^2, w=z^2$, 我们得到

$$(x^2+y^2+z^2)^2 \geq 3(x^2y^2+y^2z^2+z^2x^2),$$

再对第二个不等式做代换 $u=xy, v=yz, w=zx$, 我们得到

$$x^2y^2+y^2z^2+z^2x^2 \geq xyz(x+y+z).$$

把这两个式子放在一起, 我们有

$$\begin{aligned}
&(x^2+y^2+z^2)^2+xyz(x+y+z)\\
\geq\ & 3(x^2y^2+y^2z^2+z^2x^2)+xyz(x+y+z)\\
\geq\ & 2(x^2y^2+y^2z^2+z^2x^2)+2xyz(x+y+z)\\
=\ & (xy+yz+zx)^2+(x^2y^2+y^2z^2+z^2x^2),
\end{aligned}$$

从而题目得证.

8 求方程

$$(2x+y)(2y+x)=9\min(x,y)$$

的整数解.

解 为了消去方程中的 min 函数, 不失一般性, 假设 $x \geq y$. 于是方程就变为

$$(2x+y)(2y+x)=9y.$$

现在, 我们做代换 $x=-2y+m$, 其中 m 为整数, 来化简其中的一个因子. 那么方程化简为

$$9y=m(2m-3y).$$

这推出 m 是 3 的倍数. 令 $m=3n$, 其中 n 为整数, 我们得到

$$y=n(2n-y),$$

从而

$$y=\frac{2n^2}{n+1}=2n-2+\frac{2}{n+1}.$$

由于 y 是整数, $n+1$ 一定是 2 的因子, 这推出 $n+1=-2,-1,1$ 或 2. 于是我们计算出 $n=-3,-2,0$ 或 1, 因此 $y=-9,-8,0$ 或 1 且 $x=3n-2y=9,10,0$ 或 1. 那么我们得到方程的解 $\{x,y\}=\{9,-9\},\{10,-8\},\{0,0\},\{1,1\}$.

另一种解法的概要: 在得到方程

$$(2x+y)(2y+x)=9y$$

之后, 将其看作关于 y 的二次方程, 并且注意到由于我们在求整数解, 这个方程的判别式一定是完全平方数. 这种方法需要更多的计算, 涉及更多的情形, 不过还是能解出答案.

9 设 $n\geq 4$ 并且 $a_1,a_2,\cdots,a_n$ 是实数, 满足

$$a_1+a_2+\cdots+a_n\geq n \quad 和 \quad a_1^2+a_2^2+\cdots+a_n^2\geq n^2.$$

证明

$$\max\{a_1,a_2,\cdots,a_n\}\geq 2.$$

解 我们使用反证法, 假设结论不成立, 那么对于所有 i, $a_i<2$. 对于所有 i, 令 $b_i=2-a_i>0$, 并且令 $S=b_1+b_2+\cdots+b_n>0$. 由第一个不等式,

$$n\leq a_1+a_2+\cdots+a_n=2n-S,$$

从而 $S\leq n$. 由第二个不等式, 我们有

$$\begin{aligned}n^2&\leq a_1^2+a_2^2+\cdots+a_n^2=(2-b_1)^2+(2-b_2)^2+\cdots+(2-b_n)^2\\&=4n-4S+(b_1^2+b_2^2+\cdots+b_n^2)<4n-4S+S^2\\&=4n-4+(S-2)^2,\end{aligned}$$

这推出 $(S-2)^2>(n-2)^2$. 当 $S\geq 2$ 时, 我们取平方根得到 $S-2>n-2$, 即 $S>n$, 与 $S\leq n$ 矛盾. 当 $S<2$ 时, 我们取平方根得到 $2-S>n-2$, 这推出 $S<4-n\leq 0$, 与 $S>0$ 矛盾. 这些矛盾证明了题目的结论成立.

10 设 $P(x)$ 是整系数多项式. 设 m 和 n 是整数并且

$$P(m)P(n) = -(m-n)^2.$$

证明: $P(m)+P(n)=0$.

解 若 $m=n$, 显然 $P(m)=P(n)=0=P(m)+P(n)$. 现在假设 $m \neq n$. 由整系数多项式的一个熟悉的性质, 我们知道 $m-n \mid P(m)-P(n)$. 令 k 为满足 $P(m)-P(n)=k(m-n)$ 的整数. 由已知条件, $P(m)(-P(n))=(m-n)^2$. 根据 Vieta 定理, $P(m)$ 和 $-P(n)$ 是二次多项式

$$x^2-k(m-n)x+(m-n)^2$$

的根. 因为二次多项式的这两个根都是整数, 所以它的判别式一定是完全平方数. 判别式为

$$\Delta = (m-n)^2(k^2-4).$$

为了使它成为完全平方数, 我们一定有 k^2-4 是完全平方数, 令其为 l^2. 于是 $k^2-l^2=(k+l)(k-l)=4$, 而使得 k 和 l 都是整数的仅有的情形就是 $(k+l,k-l)=(2,2)$ 和 $(k+l,k-l)=(-2,-2)$. 从而 $k=\pm 2$ 且 $l=0$. 因此 $k^2-4=0$. 然而这就推出了 $\Delta=0$, 二次多项式有重根. 我们得到 $P(m)=-P(n)$, 题目得证.

11 设 $z_0+z_1+\cdots$ 是无穷复几何级数并且 $z_0=1$, $z_{2013}=\frac{1}{2013^{2013}}$. 求这个级数的所有可能的和的总和.

解 这个级数可能的公比是方程

$$r^{2013}=\frac{1}{2013^{2013}}$$

的根. 令这个方程的根为 $r_1,r_2,\cdots,r_{2013}$. 由熟知的无穷几何级数公式, 公比为 r_n 的级数的和是 $\frac{1}{1-r_n}$. 令 $x_n=\frac{1}{1-r_n}$. 我们要计算

$$\sum_{n=1}^{2013} x_n = \sum_{n=1}^{2013} \frac{1}{1-r_n}.$$

考虑多项式的根 $x_1,x_2,\cdots,x_n$. 由关系式

$$r_n^{2013}=\frac{1}{2013^{2013}},$$

我们有

$$\left(1-\frac{1}{x_n}\right)^{2013}=\frac{1}{2013^{2013}}.$$

这推出 x_n 是多项式方程

$$\frac{1}{2013^{2013}}x^{2013}-(x-1)^{2013}=0$$

的根. 多项式的首项系数是 $\frac{1}{2013^{2013}}-1$, 并且由二项式定理, 下一项的系数是 2013. 我们要求出这个多项式的所有根的和. 由 Vieta 定理, 它即为

$$-\frac{2013}{\frac{1}{2013^{2013}}-1}=\frac{2013^{2014}}{2013^{2013}-1}.$$

12 求方程组

$$\begin{cases}(x+1)(y+1)(z+1)=5\\(\sqrt{x}+\sqrt{y}+\sqrt{z})^2-\min(x,y,z)=6\end{cases}$$

的非负整数解.

解 显然, $\left(\frac{1}{4},1,1\right)$, $\left(1,\frac{1}{4},1\right)$ 和 $\left(1,1,\frac{1}{4}\right)$ 是方程组的非负整数解.

我们下面来证明这些是仅有的解. 由于方程组是对称的, 不失一般性, 我们假设 $x\le y\le z$. 那么方程组变为

$$\begin{cases}yz+y+z+1=\dfrac{5}{x+1},\\\sqrt{y}+\sqrt{z}=\sqrt{x+6}-\sqrt{x}=\dfrac{6}{\sqrt{x+6}+\sqrt{x}}.\end{cases}$$

用第一式减去第二式的平方, 再应用平方差恒等式, 我们得到

$$(\sqrt{yz}-1)^2=\left(\sqrt{\frac{5}{x+1}}+\frac{6}{\sqrt{x+6}+\sqrt{x}}\right)\left(\sqrt{\frac{5}{x+1}}-\frac{6}{\sqrt{x+6}+\sqrt{x}}\right).$$

应用关于凹函数 $f(t)=\sqrt{t+1}$ 的 Jensen 不等式, 我们得到

$$\begin{aligned}\frac{\sqrt{x+6}+\sqrt{x}}{6}&=\frac{5}{12}f\left(\frac{4x-1}{25}\right)+\frac{1}{12}f(4x-1)\\&\le\frac{1}{2}f\left(\frac{4x-1}{5}\right)=\sqrt{\frac{x+1}{5}},\end{aligned}$$

等号成立当且仅当 $4x-1=0$.

因此, $4x-1=0=\sqrt{yz}-1$. 将 $x=\frac{1}{4}$ 和 $yz=1$ 代回原方程组, 我们得到 $y+z=2$ 和 $\sqrt{y}+\sqrt{z}=2$, 由于 $2(y+z)=(\sqrt{y}+\sqrt{z})^2+(\sqrt{y}-\sqrt{z})^2$, 这推出 $y=z=1$.

13 设 $n \geq 2$ 是正整数, $p \geq 3$ 是素数.

(a) 证明: 多项式

$$P(x) = x^n + 2^p$$

可以写成两个整系数非常数多项式的积当且仅当 n 可以被 p 整除.

(b) 证明: 多项式

$$Q(x) = x^n + 2^2$$

可以写成两个整系数非常数多项式的积当且仅当 n 可以被 4 整除.

解 (a) 显然若 $n = pq$, 则由乘方和的因式分解公式, 我们有

$$x^n + 2^p = (x^q)^p + 2^p = (x^q + 2)(x^{q(p-1)} - x^{q(p-2)} \cdot 2 + \cdots + 2^{p-1}).$$

反过来, 设 $x^n + 2^p = f(x)g(x)$, 其中 $\deg f = d > 0$, $\deg g = e > 0$, 并且 $\deg f + \deg g = d + e = n$. 令 $z_1, z_2, \cdots, z_d$ 表示 f 的 d 个复根. 由于这些根也是 $x^n + 2^p = 0$ 的根, 我们有 $z_j = 2^{\frac{p}{n}}\zeta_j$, 其中 ζ_j, $j = 1, 2, \cdots, n$ 表示 -1 的 n 次单位根.

由 Vieta 公式, 这些根的乘积 $2^{\frac{pd}{n}}\zeta_1\zeta_2\cdots\zeta_d$ 一定是整数. 对它取模, 我们有

$$|2^{\frac{pd}{n}}\zeta_1\zeta_2\cdots\zeta_d| = 2^{\frac{pd}{n}}|\zeta_1\zeta_2\cdots\zeta_d| = 2^{\frac{pd}{n}}$$

是整数. 从而 $n \mid pd$. 若 $p \nmid n$, 则这将给出 $n \mid d$, 其中 $d < n$, 矛盾. 因此 p 整除 n.

(b) 设 $x^n + 2^2$ 是可约的, 即 $x^n + 2^2 = f(x)g(x)$, 其中 $\deg f = d > 0$, $\deg g = e > 0$, 并且 $d + e = n$. 由与 (a) 部分相同的论证, 若多项式是可约的, 则 $n \mid 2d$ 且 $n \mid 2e$. 因为 $d, e < n$, 所以 $2d, 2e < 2n$, 因此我们一定有 $n = 2d = 2e$.

若 f 和 g 的次数都是奇数, 由于奇数次多项式总有实根, 则这与 $x^n + 2^2 = x^{2d} + 2^2 > 0$ 没有实根相矛盾. 若 f 和 g 的次数都是偶数, 则 $n = 4k$, 其中 k 为正整数. 在这种情形, 我们模仿 Sophie Germain 恒等式的导出方法. 我们有

$$\begin{aligned} x^{4k} + 4 &= x^{4k} + 4x^{2k} + 4 - 4x^{2k} = (x^{2k} + 2)^2 - (2x^k)^2 \\ &= (x^{2k} + 2x^k + 2)(x^{2k} - 2x^k + 2), \end{aligned}$$

这表明多项式是可约的.

14 设 a, b, c, d 是实数并且

$$a + b + c + d = a^7 + b^7 + c^7 + d^7 = 0.$$

证明: $(a + b)(a + c)(a + d) = 0$.

解 令 S_k 为 a,b,c,d 的第 k 个对称和, P_k 为 a,b,c,d 的第 k 个乘方和, 即

$$P_k = a^k + b^k + c^k + d^k.$$

我们反复应用 Newton 恒等式, 得到

$P_2 = S_1P_1 - 2S_2 \Rightarrow P_2 = -2S_2,$

$P_3 = S_1P_2 - S_2P_1 + 3S_3 \Rightarrow P_3 = 3S_3,$

$P_4 = S_1P_3 - S_2P_2 + S_3P_1 - 4S_4 \Rightarrow P_4 = 2S_2^2 - 4S_4,$

$P_5 = S_1P_4 - S_2P_3 + S_3P_2 - S_4P_1 \Rightarrow P_5 = -5S_2S_3,$

$P_6 = S_1P_5 - S_2P_4 + S_3P_3 - S_4P_2 \Rightarrow P_6 = -2S_2^3 + 6S_2S_4 + 3S_3^2,$

$P_7 = S_1P_6 - S_2P_5 + S_3P_4 - S_4P_3 \Rightarrow P_7 = 7S_3(S_2^2 - S_4).$

由于 $P_7 = 0$, 我们有 $S_3(S_2^2 - S_4) = 0$. 下面我们分两种情况进行证明: 或者 $S_3 = 0$ 或者 $S_2^2 - S_4 = 0$.

若 $S_3 = 0$, 则由 Vieta 定理, a,b,c,d 是多项式 $f(t) = t^4 + S_2t^2 + S_4 = 0$ 的根. 由于 $f(-a) = f(a) = 0$, 我们得到 $-a$ 也是多项式的根 (若 $a = 0$, 则 0 是二重根). 于是由于 $S_1 = a+b+c+d = 0$, 并且或者 $b = -a$, 或者 $c = -a$, 或者 $d = -a$, 那么 $a+b$, $a+c$ 和 $a+d$ 之一等于 0. 这就推出了题目的结论.

另一方面, 若 $S_2^2 - S_4 = 0$, 则由对于 P_4 的 Newton 恒等式, 我们有 $P_4 = a^4 + b^4+c^4+d^4 = 2S_2^2-4S_4 = 4(S_2^2-S_4)-2S_2^2 = -2S_2^2 \leq 0$. 这就迫使 $a = b = c = d = 0$, 显然推出了题目的结论.

15 设 k 是整数并且设

$$n = \sqrt[3]{k+\sqrt{k^2-1}} + \sqrt[3]{k-\sqrt{k^2-1}} + 1.$$

证明: $n^3 - 3n^2$ 是整数.

解 令 $a = \sqrt[3]{k+\sqrt{k^2-1}}$ 且 $b = \sqrt[3]{k-\sqrt{k^2-1}}$, 那么 $n = a+b+1$. 这等价于 $a+b+(1-n) = 0$. 现在, 回想 $x+y+z=0$ 推出 $x^3+y^3+z^3 = 3xyz$, 这已在第 2 章的理论部分证明过.

令 $x = a$, $y = b$, $z = 1-n$, 我们有

$$a^3 + b^3 + (1-n)^3 = 3ab(1-n).$$

然而

$$ab = \sqrt[3]{(k+\sqrt{k^2-1})(k-\sqrt{k^2-1})} = \sqrt[3]{1} = 1$$

并且

$$a^3 + b^3 = k + \sqrt{k^2-1} + k - \sqrt{k^2-1} = 2k.$$

于是前面的关系式就等价于

$$2k-(n-1)^3=-3(n-1),$$

整理后得到

$$n^3-3n^2=2k-2,$$

从而题目得证.

16 对于所有的互异实数三元组 a,b,c, 证明不等式

$$\left|\frac{a+b}{a-b}\right|+\left|\frac{b+c}{b-c}\right|+\left|\frac{c+a}{c-a}\right|\geq 2,$$

并且求出等号成立的所有情况.

若我们还假设 $a,b,c\geq 0$, 证明

$$\left|\frac{a+b}{a-b}\right|+\left|\frac{b+c}{b-c}\right|+\left|\frac{c+a}{c-a}\right|\geq 3,$$

并且 3 是作为下界的可能的最大常数.

解 令 $x=\frac{a+b}{a-b}$, $y=\frac{b+c}{b-c}$, $z=\frac{c+a}{c-a}$. 注意到恒等式

$$(x-1)(y-1)(z-1)=\frac{8abc}{(a-b)(b-c)(c-a)}=(x+1)(y+1)(z+1),$$

这推出 $xy+yz+zx=-1$.

显然 $(xy)(yz)(zx)=(xyz)^2\geq 0$, 因此在 xy,yz,zx 中至少有一个必须是非负的. 假设 $xy\geq 0$, 那么我们有

$$|x|+|y|+|z|=|x+y|+|z|.$$

由算术平均–几何平均不等式, 我们有

$$|x|+|y|+|z|=|x+y|+|z|\geq 2\sqrt{|zx+yz|}=2\sqrt{1+xy}\geq 2,$$

这里我们用到了 $xy+yz+zx=-1$ 和 $xy\geq 0$. 于是题目中的不等式得证.

等号当 $|z|=|x+y|$ 且 $xy=0$ 时成立. 由对称性, 我们可以假设 $x=0$, 这时前面的关系式化简为 $-1=xy+yz+zx=yz$ 和 $|z|=|y|$. 这推出 $(y,z)=(1,-1)$ 或 $(-1,1)$, 从而 $\{x,y,z\}=\{0,1,-1\}$. 于是等号当 $\{a,b,c\}=\{0,t,-t\}$ 时成立, 其中 $t\neq 0$ 是某个实数.

对于要证明的第二部分, 若 $a,b,c\geq 0$, 我们有 $|a+b|=|a|+|b|\geq|a-b|$. 从而

$$\left|\frac{a+b}{a-b}\right|\geq 1.$$

类似地,

$$\left|\frac{b+c}{b-c}\right| \geq 1, \quad \left|\frac{c+a}{c-a}\right| \geq 1.$$

将上面三个不等式加在一起就能证明和数至少是 3. 现在我们通过说明这个和数可以任意地接近 3 来证明 3 是可能的最大常数. 取 $(a,b,c)=(0,1,n)$. 于是我们可以看出

$$\left|\frac{a+b}{a-b}\right| + \left|\frac{b+c}{b-c}\right| + \left|\frac{c+a}{c-a}\right| = 1 + \frac{n+1}{n-1} + 1 = 3 + \frac{2}{n-1},$$

对于充分大的 n, 它可以任意地接近 3.

17 求满足

$$(z-z^2)(1-z+z^2)^2 = \frac{1}{7}$$

的所有复数 z.

解 由熟知的恒等式

$$(x+y)^7 = x^7 + y^7 + 7xy(x+y)(x^2+xy+y^2)^2,$$

我们得到

$$(1-z)^7 = 1 - z^7 - 7(z-z^2)(1-z+z^2)^2.$$

由已知条件, 上式化简为

$$(1-z)^7 = -z^7,$$

它等价于

$$\left(-\frac{1}{z}+1\right)^7 = 1.$$

解 $z_1, z_2, \cdots, z_6$ 满足条件: $-\frac{1}{z}+1$ 是七次单位根, 即

$$-\frac{1}{z_k}+1 = \cos\frac{2k\pi}{7} + \mathrm{i}\sin\frac{2k\pi}{7},$$

$k=1,\cdots,6$. ($k=0$ 的情形不能得出有效解.) 它可化简为

$$\frac{1}{z_k} = 1 - \cos\frac{2k\pi}{7} - \mathrm{i}\sin\frac{2k\pi}{7} = 2\sin^2\frac{k\pi}{7} - 2\mathrm{i}\sin\frac{k\pi}{7}\cos\frac{k\pi}{7},$$

这等价于

$$z_k = \frac{1}{-2\mathrm{i}\sin\frac{k\pi}{7}\left(\cos\frac{k\pi}{7} + \mathrm{i}\sin\frac{k\pi}{7}\right)} = \frac{\cos\frac{k\pi}{7} - \mathrm{i}\sin\frac{k\pi}{7}}{-2\mathrm{i}\sin\frac{k\pi}{7}}$$

$$= \frac{1}{2}\left(1 + \mathrm{i}\cot\frac{k\pi}{7}\right), k=1,\cdots,6.$$

18 一个二次多项式 $f(x)$ 允许被多项式 $x^2f\left(1+\frac{1}{x}\right)$ 或 $(x-1)^2f\left(\frac{1}{x-1}\right)$ 代替. 若 p 和 q 为互异的正实数, 使用这些操作, 能否从 x^2+px+q 到达 x^2+qx+p?

解 令 $f(x)=ax^2+bx+c$. 那么我们有

$$x^2f\left(1+\frac{1}{x}\right)=(a+b+c)x^2+(b+2a)x+a$$

和

$$(x-1)^2f\left(\frac{1}{x-1}\right)=cx^2+(b-2c)x+a-b+c.$$

关键是观察到二次多项式 $f(x)$ 的判别式 Δ 在这些变换之下是不变的. 事实上, 我们有

$$\Delta=(b+2a)^2-4a(a+b+c)=(b-2c)^2-4c(a-b+c)=b^2-4ac.$$

x^2+px+q 的判别式是 p^2-4q, 而 x^2+qx+p 的判别式是 q^2-4p. 使得题目中的问题成立的唯一方式是这两个判别式相等, 即

$$p^2-4q=q^2-4p.$$

然而这等价于

$$p^2-q^2+4(p-q)=0,$$

即

$$(p-q)(p+q+4)=0,$$

由于 p 和 q 是互异的正实数, 这是不可能的. 因此不能从 x^2+px+q 到达 x^2+qx+p.

19 设 a,b,c,d,e 是整数并且

$$a(b+c)+b(c+d)+c(d+e)+d(e+a)+e(a+b)=0.$$

证明: $a+b+c+d+e$ 整除 $a^5+b^5+c^5+d^5+e^5-5abcde$.

解 设 a,b,c,d,e 是五次多项式 $P(x)$ 的 5 个根 r_1,r_2,r_3,r_4,r_5. 对于所有整数 j 和整数 k $(1\le k\le 5)$, 令 P_j 和 S_k 表示 5 个变量 r_i $(1\le i\le 5)$ 的乘方和与对称和:

$$P_j=\sum_{i=1}^{5}r_i^j,\quad S_k=\sum_{1\le j_1<j_2<\cdots<j_k\le 5}r_{j_1}r_{j_2}\cdots r_{j_k}.$$

我们已知 $S_2=0$, 现在要证明 P_1 整除 P_5-5S_5. 由 Vieta 定理, 我们有

$$P(x)=x^5-S_1x^4+S_2x^3-S_3x^2+S_4x-S_5.$$

若 i 是正整数且 $1 \le i \le 5$, 则

$$P(r_i) = r_i^5 - S_1 r_i^4 + S_2 r_i^3 - S_3 r_i^2 + S_4 r_i - S_5 = 0.$$

将这 5 个方程加在一起, 我们有

$$\sum_{i=1}^{5} P(r_i) = P_5 - S_1 P_4 + S_2 P_3 - S_3 P_2 + S_4 P_1 - 5S_5 = 0,$$

这里我们证明了 Newton 恒等式的一个特殊情形. 由于 $S_1 = P_1$, $S_2 = 0$, 并且 $P_2 = P_1^2 - 2S_2 = P_1^2$, 我们得到

$$P_5 - 5S_5 = S_1 P_4 - S_2 P_3 + S_3 P_2 - S_4 P_1 = P_1(P_4 + S_3 P_1 - S_4).$$

这推出 $P_1 \mid (P_5 - 5S_5)$, 题目得证.

20 计算和式

$$\sum_{k=0}^{\lfloor \frac{n}{3} \rfloor} \binom{n}{3k}.$$

解 由二项式定理, 这等价于求 $f(x) = (1+x)^n$ 的次数可以被 3 整除的那些项的系数之和. 设 $\omega = \cos \frac{2\pi}{3} + \mathrm{i} \sin \frac{2\pi}{3}$, 三次单位根. 那么我们有恒等式

$$1 + \omega^k + \omega^{2k} = \begin{cases} 3, & \text{若 } 3 \mid k, \\ 0, & \text{其他}. \end{cases}$$

它的证明很简单, 就是对于 k 模 3 的值的各种情况进行讨论. 若 $k \equiv 0 \pmod 3$, 则 $\omega^k = \omega^{2k} = 1$, 上面的和就等于 3. 若 $k \equiv 1 \pmod 3$, 则由 $\omega^3 = 1$, 我们有 $\omega^k = \omega$ 和 $\omega^{2k} = \omega^2$, 上面的和等于 $1 + \omega + \omega^2 = \frac{\omega^3 - 1}{\omega - 1} = 0$. $k \equiv 2 \pmod 3$ 的情况类似.

现在考虑 $\frac{f(1)+f(\omega)+f(\omega^2)}{3}$. 由上面的恒等式和二项式定理, 我们有

$$\begin{aligned} \sum_{k=0}^{\lfloor \frac{n}{3} \rfloor} \binom{n}{3k} &= \frac{f(1) + f(\omega) + f(\omega^2)}{3} = \frac{(1+1)^n + (1+\omega)^n + (1+\omega^2)^n}{3} \\ &= \frac{2^n + (-\omega)^n + (-\omega^2)^n}{3}, \end{aligned}$$

对于最后一个等式, 我们用到了 $1 + \omega + \omega^2 = 0$.

21 设 n 是正奇数. 求方程组

$$\begin{cases}\dfrac{1}{x_1}-x_1=\dfrac{2}{x_2},\\ \dfrac{1}{x_2}-x_2=\dfrac{2}{x_3},\\ \vdots\\ \dfrac{1}{x_n}-x_n=\dfrac{2}{x_1}\end{cases}$$

的实数解.

解 我们整理第一个方程得到

$$x_2=\frac{2x_1}{1-x_1^2}.$$

这类似于正弦的倍角公式, 因此我们做代换 $x_1=\tan a$, $0<a<\pi$. 那么

$$x_2=\frac{2\tan a}{1-\tan^2 a}=\tan 2a.$$

类似地, $x_3=\tan 4a, x_4=\tan 8a,\cdots,x_n=\tan 2^{n-1}a$, 并且由最后一个方程, $x_1=\tan 2^n a$. 因而 $x_1=\tan a=\tan 2^n a$, 这推出 $2^n a=a+k\pi$, 其中 k 为整数, 它等价于 $a(2^n-1)=k\pi$. 由于 $0<a<\pi$, 我们有 $0<k<2^n-1$. 由于 $a=\frac{k\pi}{2^n-1}$, 我们得到 2^n-2 个解

$$(x_1,x_2,\cdots,x_n)=\left(\tan\frac{k\pi}{2^n-1},\tan\frac{2k\pi}{2^n-1},\cdots,\tan\frac{2^{n-1}k\pi}{2^n-1}\right),$$

$k=1,\cdots,2^n-2$. (由于分母为奇数, 这些值都不会等于 $\tan\frac{\pi}{2}$, 因此不会出现没有定义的情况.)

22 将 25 个首项系数为正的二次多项式放置在 5×5 的正方形表格中. 它们的 75 个系数都是取自从 -37 到 37 的整数 (每个数只用一次). 证明: 至少有一列中的所有多项式的和有实根.

解 我们使用反证法, 假设表格的每一列中所有多项式的和都没有实根. 令 $S_j(x)$ 为第 j 列中所有多项式的和, 其中 $1\le j\le 5$. 由于每个二次多项式的首项系数都是正的, $S_j(x)$ 的首项系数也是正的. 因为 $S_j(x)$, $1\le j\le 5$ 是没有实根的二次多项式, 所以对于所有 x, $S_j(x)>0$, $1\le j\le 5$.

现在考虑表格中的所有多项式的和

$$S(x)=\alpha x^2+\beta x+\gamma.$$

由于对于所有 x, $S_j(x)>0$, 我们一定有

$$S(x)=\sum_{j=1}^{5} S_j(x)>0, \quad \text{对于所有 } x.$$

但是观察到

$$\alpha+\beta+\gamma=\sum_{k=-37}^{37} k=0.$$

这推出 $S(1)=0$, 与对于所有 x, $S(x)>0$ 矛盾. 因此至少有一列中的所有多项式的和 $S_j(x)$ 有实根.

23 求方程组

$$\begin{cases}\sqrt{xy}-\sqrt{(1-x)(1-y)}=\dfrac{\sqrt{5}+1}{4},\\ \sqrt{x(1-y)}-\sqrt{y(1-x)}=\dfrac{\sqrt{5}-1}{4}\end{cases}$$

的实数解.

解 由于 $\cos\frac{\pi}{5}=\frac{\sqrt{5}+1}{4}$ 且 $\sin\frac{\pi}{10}=\frac{\sqrt{5}-1}{4}$, 我们考虑应用三角代换.

为了保证根式有定义, 通过对各种情形的查验, 我们一定有 $1-x\geq 0$ 和 $x\geq 0$, 并且我们一定有 $1-y\geq 0$ 和 $y\geq 0$. 这推出 $0\leq x\leq 1$ 和 $0\leq y\leq 1$. 现在令 $x=\cos^2 u$, $y=\cos^2 v$, $0\leq u,v\leq\frac{\pi}{2}$. 于是方程组化为

$$\begin{cases}\cos u\cos v-\sin u\sin v=\cos\dfrac{\pi}{5},\\ \cos u\sin v-\cos v\sin u=\sin\dfrac{\pi}{10}.\end{cases}$$

回想三角函数的和差角公式, 这等价于

$$\begin{cases}\cos(u+v)=\cos\dfrac{\pi}{5},\\ \sin(v-u)=\sin\dfrac{\pi}{10}.\end{cases}$$

由 u 和 v 的取值范围, 我们可以得出 $u+v=\frac{\pi}{5}$, $v-u=\frac{\pi}{10}$. 因此 $2v=\frac{\pi}{5}+\frac{\pi}{10}=\frac{3\pi}{10}$, $2u=\frac{\pi}{5}-\frac{\pi}{10}=\frac{\pi}{10}$. 那么 $u=\frac{\pi}{20}$, $v=\frac{3\pi}{20}$, 由此得出

$$(x,y)=\left(\cos^2\frac{\pi}{20},\cos^2\frac{3\pi}{20}\right).$$

24 解方程

$$x+\sqrt{(x+1)(x+2)}+\sqrt{(x+2)(x+3)}+\sqrt{(x+3)(x+1)}=4,$$

其中 $x\geq -1$.

解 1 令 $f(x)$ 为方程左边的表达式, 并且令 $a=\sqrt{x+1}+\sqrt{x+2}$, $b=\sqrt{x+2}+\sqrt{x+3}$, $c=\sqrt{x+3}+\sqrt{x+1}$. 那么我们得到关系式

$$\begin{cases} ab=f(x)+2=6, \\ bc=f(x)+3=7, \\ ca=f(x)+1=5. \end{cases}$$

由于 $a^2b^2c^2=(ab)(bc)(ca)=210$, 我们有

$$a^2=(a^2b^2c^2)/(bc)^2=\frac{30}{7}.$$

类似地,

$$b^2=\frac{42}{5}, \quad c^2=\frac{35}{6}.$$

于是我们得到

$$2\sqrt{(x+1)(x+2)}=\frac{30}{7}-2x-3,$$

$$2\sqrt{(x+2)(x+3)}=\frac{42}{5}-2x-5,$$

$$2\sqrt{(x+3)(x+1)}=\frac{35}{6}-2x-4.$$

将这些关系式代入原始方程, 我们得到等价的方程

$$2x+\frac{30}{7}+\frac{42}{5}+\frac{35}{6}-6x-12=8,$$

由此计算出 $x=-\frac{311}{840}>-1$.

可以验证, 它满足题目中的方程:

$$x+1=\frac{529}{840}=\frac{23^2}{840}, \quad x+2=\frac{1369}{840}=\frac{37^2}{840}, \quad x+3=\frac{2209}{840}=\frac{47^2}{840}$$

并且

$$-\frac{311}{840}+\frac{23\cdot 37}{840}+\frac{37\cdot 47}{840}+\frac{47\cdot 23}{840}=4.$$

解 2 我们将方程改写为

$$x+2+\sqrt{(x+1)(x+2)}+\sqrt{(x+2)(x+3)}+\sqrt{(x+3)(x+1)}=6,$$

这样就可以漂亮地将其因式分解:

$$(\sqrt{x+2}+\sqrt{x+3})(\sqrt{x+2}+\sqrt{x+1})=6.$$

将上式的两边乘以 $\sqrt{x+2}+\sqrt{x+3}$ 和 $\sqrt{x+2}+\sqrt{x+1}$ 的共轭根式, 我们得到

$$[(x+2)-(x+3)][(x+2)-(x+1)]=6(\sqrt{x+2}-\sqrt{x+3})(\sqrt{x+2}-\sqrt{x+1}),$$

即

$$(\sqrt{x+2}-\sqrt{x+3})(\sqrt{x+2}-\sqrt{x+1})=-\frac{1}{6}.$$

我们将其展开为

$$x+2-\sqrt{(x+1)(x+2)}-\sqrt{(x+2)(x+3)}+\sqrt{(x+3)(x+1)}=-\frac{1}{6},$$

并且结合证明开始时的

$$x+2+\sqrt{(x+1)(x+2)}+\sqrt{(x+2)(x+3)}+\sqrt{(x+3)(x+1)}=6,$$

得到

$$2(x+2+\sqrt{(x+3)(x+1)})=6-\frac{1}{6}.$$

因此

$$\sqrt{x^2+4x+3}=\frac{11}{12}-x.$$

将上式平方后, 我们得到

$$x^2+4x+3=\frac{121}{144}-\frac{11}{6}x+x^2,$$

这推出 $x=-\frac{311}{840}>-1$.

25 证明: 任何只取非负值的实系数多项式都能写成两个多项式的平方和.

解 令 $F(x)$ 是满足题目要求的多项式. 若 $F(x)$ 是一个多项式的平方, 则我们写 $F(x)=G(x)^2+0^2$ 即可. 一般地, $F(x)$ 对于所有实数 x 是非负的当且仅当它具有偶次数并且形如

$$F(x)=R^2(x)(x^2+a_1x+b_1)(x^2+a_2x+b_2)\cdots(x^2+a_nx+b_n),$$

其中 $R(x)$ 是另一个多项式并且每个二次因子的判别式都是负的. 这可由代数基本定理和复共轭根定理得到. 所有的复根都以共轭对的形式出现, 而且对应的线性因子 $x-z$ 和 $x-\overline{z}$ 相乘就得到了判别式为负的二次多项式. 非二次因子 $R^2(x)$ 一定要是一个平方项, 这保证了 $F(x)$ 只取非负值.

我们凑平方:

$$x^2+a_kx+b_k=\left(x+\frac{a_k}{2}\right)^2+\Delta^2,\quad 其中\ \Delta=\sqrt{b_k-\frac{a_k^2}{4}},$$

然后可以写

$$F(x)=(P_1^2(x)+Q_1^2(x))(P_2^2(x)+Q_2^2(x))\cdots(P_n^2(x)+Q_n^2(x)),$$

其中 $P_1(x), P_2(x), \cdots, P_n(x), Q_1(x), Q_2(x), \cdots, Q_n(x)$ 为多项式. 因子 $R^2(x)$ 被包含在 $P_1^2(x)$ 和 $Q_1^2(x)$ 中. 使用 Lagrange 恒等式

$$(a^2+b^2)(c^2+d^2)=(ac+bd)^2+(ad-bc)^2,$$

我们可以用若干步将前面的乘积变换为 $P^2(x)+Q^2(x)$, 其中 $P(x)$ 和 $Q(x)$ 为多项式.

26 求方程组

$$\begin{cases} ab(a+b)+bc(b+c)+ca(c+a)=2, \\ ab+bc+ca=-1, \\ ab(a^2+b^2)+bc(b^2+c^2)+ca(c^2+a^2)=-2 \end{cases}$$

的实数解.

解 令

$$x=a+b+c, \quad y=ab+bc+ca, \quad z=abc.$$

注意到

$$2=ab(a+b)+bc(b+c)+ca(c+a)=(ab+bc+ca)(a+b+c)-3abc=xy-3z.$$

第二个方程等价于 $y=-1$, 因此上面的关系式变为 $x+3z=-2$. 于是第三个方程可以写为

$$\begin{aligned} -2&=ab(a^2+b^2)+bc(b^2+c^2)+ca(c^2+a^2) \\ &=ab(a^2+b^2+c^2-c^2)+bc(a^2+b^2+c^2-a^2)+ca(a^2+b^2+c^2-b^2) \\ &=(ab+bc+ca)(a^2+b^2+c^2)-abc(a+b+c) \\ &=(-1)(x^2-2y)-xz=-2-x^2-xz. \end{aligned}$$

因此 $x^2+xz=x(x+z)=0$.

现在有两种可能: 或者 $x=0$ 或者 $x+z=0$. 若 $x=0$, 则由关系式 $x+3z=-2$ 我们得到 $z=-\frac{2}{3}$, 因此 a,b,c 是方程 $t^3-t+\frac{2}{3}=0$ 的解. 但是由 Vieta 定理, 因为 t^2 的系数是 0, 所以这些根之和为 0, 这推出至少有一个根是正的. 不失一般性, 令这个正根为 a. 那么算术平均–几何平均不等式给出

$$1=a^2+\frac{1}{3a}+\frac{1}{3a}\geq 3\sqrt[3]{a^2\cdot\frac{1}{3a}\cdot\frac{1}{3a}}=\sqrt[3]{3},$$

矛盾. 于是 $x+z=0$, 我们联合 $x+3z=-2$ 得到 $z=-1$, $x=1$.

因此 a,b,c 是方程 $t^3-t^2-t+1=0$ 的解, 它可以写成 $(t-1)^2(t+1)=0$. 那么 (a,b,c) 是三元组 $(1,1,-1)$ 的所有排列.

27 设 $n \geq 3$ 是整数, 并且设 $a_2, a_3, \cdots, a_n$ 是满足 $a_2 a_3 \cdots a_n = 1$ 的正数. 证明

$$(1+a_2)^2(1+a_3)^3 \cdots (1+a_n)^n > n^n.$$

解 对于乘积中的每一项, 我们改变其中求和项的个数, 以便使用算术平均–几何平均不等式. 注意到

$$1 + a_k = \frac{1}{k-1} + \frac{1}{k-1} + \cdots + \frac{1}{k-1} + a_k.$$

应用算术平均–几何平均不等式, 我们得到

$$1 + a_k = \frac{1}{k-1} + \frac{1}{k-1} + \cdots + \frac{1}{k-1} + a_k \geq k \sqrt[k]{\left(\frac{1}{k-1}\right)^{k-1} a_k},$$

因此

$$(1+a_k)^k \geq \frac{k^k}{(k-1)^{k-1}} a_k.$$

现在,

$$(1+a_2)^2(1+a_3)^3 \cdots (1+a_n)^n \geq \frac{2^2\ 3^3 \cdots n^n}{1^1\ 2^2 \cdots (n-1)^{n-1}} a_2 a_3 \cdots a_n = n^n$$

(在最后一步, 我们用到已知条件 $a_2 a_3 \cdots a_n = 1$). 我们只剩下要证明不等式的等号不成立. 等号成立 (在算术平均–几何平均不等式中) 仅当对于所有 $k = 2, 3, \cdots, n$, $a_k = \frac{1}{k-1}$. 但是那样的话, 我们得到 $1 = a_2 a_3 \cdots a_n = \frac{1}{(n-1)!}$, 这与 $n \geq 3$ 矛盾.

28 设 $p \geq 5$ 是素数. 求形如

$$x^p + px^k + px^l + 1, \quad k > l, \quad k, l \in \{1, 2, \cdots, p-1\}$$

的、在 $\mathbb{Z}$ 上不可约的多项式的个数.

解 令 $P(x) = x^p + px^k + px^l + 1$. 若 $k - l$ 是奇数, 则 $(-1)^k + (-1)^l = 0$, 这推出 $x = -1$ 是 $P(x)$ 的一个根, 因此 $x + 1$ 是 $P(x)$ 的一个因子并且这个多项式不是不可约的. 若 $k - l$ 是偶数, 则 $(-1)^k = (-1)^l$. 我们将通过由 Eisenstein 判别法证明 $Q(x) = P(x-1)$ 是不可约的, 来证明 $P(x)$ 是不可约的, 这很像在例 11.12 中使用的策略. 事实上, 注意到

$$Q(x) = (x-1)^p + p(x-1)^k + p(x-1)^l + 1.$$

Q 的常数项为 $Q(0) = 2p(-1)^k$, 它是 p 的倍数, 但不是 p^2 的倍数. 首项系数是 1, 它显然不是 p 的倍数. 由二项式定理, 显然每个中间项的系数都是 p 的倍数. 由 Eisenstein 判别法, $Q(x)$ 是不可约的, 这推出 $P(x)$ 是不可约的.

因此, 我们需要的答案是满足 $k-l$ 为偶数的数对 $k>l$ 的个数, 它等于 $2\binom{(p-1)/2}{2}$.

29 若 $P(x), Q(x), R(x), S(x)$ 是满足

$$P(x^5)+xQ(x^5)+x^2R(x^5)=(x^4+x^3+x^2+x+1)S(x)$$

的多项式, 证明: $x-1$ 是 $P(x)$ 的因子.

解 在已知条件中出现了 $x^4+x^3+\cdots+1=\frac{x^5-1}{x-1}$ 和 x^5, 这启发我们将五次单位根代入方程. 事实上, 令 $\omega=\cos\frac{2\pi}{5}+\mathrm{i}\sin\frac{2\pi}{5}$, 我们将 $\omega, \omega^2, \omega^3, \omega^4, \omega^5=1$ 代入, 得到五个方程:

$$P(1)+\omega Q(1)+\omega^2R(1)=0, \tag{1}$$

$$P(1)+\omega^2Q(1)+\omega^4R(1)=0, \tag{2}$$

$$P(1)+\omega^3Q(1)+\omega R(1)=0, \tag{3}$$

$$P(1)+\omega^4Q(1)+\omega^3R(1)=0, \tag{4}$$

$$P(1)+Q(1)+R(1)=5S(1). \tag{5}$$

证明 $x-1\mid P(x)$ 等价于证明 $P(1)$ 为 0, 下面我们来证明.

首先, 观察到将上面五个方程加在一起得到

$$5P(1)+(1+\omega+\omega^2+\omega^3+\omega^4)Q(1)+(1+\omega+\omega^2+\omega^3+\omega^4)R(1)=5S(1).$$

然而 $1+\omega+\cdots+\omega^4=\frac{\omega^5-1}{\omega-1}=0$, 因此 $P(1)=S(1)$. 将其代入 (5), 我们得到

$$P(1)=\frac{Q(1)+R(1)}{4}.$$

考虑方程 (1) − (2) − (3) + (4) (这里的编号指的是前面的五个方程):

$$(\omega-\omega^2-\omega^3+\omega^4)Q(1)=(\omega-\omega^2-\omega^3+\omega^4)R(1).$$

现在, $\omega-\omega^2-\omega^3+\omega^4=\omega(1-\omega-\omega^2+\omega^3)\neq 0$, 因为

$$\mathrm{Im}(1-\omega-\omega^2+\omega^3)=-\sin\frac{2\pi}{5}-\sin\frac{4\pi}{5}+\sin\frac{6\pi}{5}\neq 0,$$

而这是由于上面的这几项都是负的. 因此, $Q(1)=R(1)$. 取 (1) − (2) 得到

$$(\omega-\omega^4)Q(1)=0.$$

显然 $\omega-\omega^4\neq 0$, 于是我们有 $Q(1)=R(1)=0$. 由第一个方程, 我们得到 $P(1)=0$, 题目得证.

30 设 $a_0 \geq 2$ 且 $a_{n+1} = a_n^2 - a_n + 1, n \geq 0$. 证明: 对于所有 $n \geq 1$,

$$\log_{a_0}(a_n - 1)\log_{a_1}(a_n - 1)\cdots\log_{a_{n-1}}(a_n - 1) \geq n^n.$$

解 我们整理递推公式得到 $a_{k+1} - 1 = a_k(a_k - 1)$, $k = 0, 1, \cdots, n-1$. 取它们的乘积, 我们有

$$\prod_{k=0}^{n-1}(a_{k+1} - 1) = \prod_{k=0}^{n-1}(a_k) \cdot \prod_{k=0}^{n-1}(a_k - 1).$$

我们可以容易地归纳证明: 对于所有 $k \geq 0$, $a_k > 1$, 从而上面的式子中有大量的项可以消去, 它可化简为

$$a_n - 1 = a_0 a_1 \cdots a_{n-1}(a_0 - 1) \geq a_0 a_1 \cdots a_{n-1}.$$

那么

$$\log_{a_k}(a_n - 1) \geq \log_{a_k} a_0 a_1 \cdots a_{n-1} = \log_{a_k} a_0 + \log_{a_k} a_1 + \cdots + \log_{a_k} a_{n-1}.$$

由算术平均–几何平均不等式, 我们有

$$\log_{a_k} a_0 + \log_{a_k} a_1 + \cdots + \log_{a_k} a_{n-1} \geq n\sqrt[n]{\log_{a_k} a_0 \log_{a_k} a_1 \cdots \log_{a_k} a_{n-1}}.$$

取它们的乘积, 我们得到

$$\prod_{k=0}^{n-1}\log_{a_k}(a_n - 1) \geq n^n \prod_{k=0}^{n-1}\sqrt[n]{\log_{a_k} a_0 \log_{a_k} a_1 \cdots \log_{a_k} a_{n-1}}.$$

由于 $\log_a b \cdot \log_b a = 1$,

$$\prod_{k=0}^{n-1}\sqrt[n]{\log_{a_k} a_0 \log_{a_k} a_1 \cdots \log_{a_k} a_{n-1}} = 1,$$

题目得证.

31 证明: $f(x) = 1 + x^p + x^{2p} + \cdots + x^{(p-1)p}$ 在 $\mathbb{Q}$ 上是不可约的.

解 我们像在之前的题目例 11.12 中那样来处理, 由 Eisenstein 判别法证明 $f(x+1)$ 是不可约的.

由几何级数公式, 我们可以写

$$f(x) = \frac{x^{p^2} - 1}{x^p - 1},$$

这推出

$$(x^p - 1)f(x) = x^{p^2} - 1.$$

将 $x+1$ 代入这个方程, 我们得到

$$((x+1)^p - 1)f(x+1) = (x+1)^{p^2} - 1,$$

我们可以用二项式定理将其展开, 然后除以 x 得到

$$\left(\sum_{k=0}^{p-1}\binom{p}{k+1}x^k\right)\cdot f(x+1) = \sum_{k=0}^{p^2-1}\binom{p^2}{k+1}x^k.$$

令 a_0 为 $f(x+1)$ 的常数项. 我们将上面方程两边的常数项置为相等, 得到 $pa_0 = p^2$, 从而 $a_0 = p$. 这满足 Eisenstein 判别法中的一条: $p \mid a_0$ 但 $p^2 \nmid a_0$.

取上面的方程 mod p, 我们得到 $x^{p-1}f(x+1) \equiv x^{p^2-1} \pmod p$, 这推出

$$f(x+1) \equiv x^{p^2-p} \pmod p.$$

x^{p^2-p} 是 $f(x+1)$ 中的最高次项, 因此 p 整除 $f(x+1)$ 的其他项的系数. 这联合前面的结论表明, $f(x+1)$ 满足 Eisenstein 判别法, 所以它是不可约的.

32 设 p 和 q 是互异的奇素数. 证明

$$\sum_{k=1}^{\frac{p-1}{2}}\left\lfloor\frac{kq}{p}\right\rfloor + \sum_{k=1}^{\frac{q-1}{2}}\left\lfloor\frac{kp}{q}\right\rfloor = \frac{(p-1)(q-1)}{4}.$$

解 考虑网格与直线 $y = \frac{q}{p}x$. 让我们来看一下由 $1 \le x \le \frac{p-1}{2}$ 和 $1 \le y \le \frac{q-1}{2}$ 定义的矩形. 我们考虑两个集合 $S_1 = \{(x,y) \mid qx > py\}$ 和 $S_2 = \{(x,y) \mid qx < py\}$, 其中 x 和 y 是整数. 那么 $|S_1|$ 等于第一个和而 $|S_2|$ 等于第二个和. 观察到 S_1 位于矩形中的直线下方, S_2 位于矩形中的直线上方. 由于直线不穿过任何格点, 我们得到 S_1, S_2 中的点都在我们的矩形网格上. 因此 $|S_1| + |S_2| = \frac{(p-1)(q-1)}{4}$, 题目得证.

在图书 *Mathematical Reflections: The First Two Years* 中, Titu Andreescu 和 Dorin Andrica 所写的文章 "On a Class of Sums Involving the Floor Function" 探索了计算类似的向下取整函数的和的技术.

33 设 x, y, z 是正实数并且

$$(x-2)(y-2)(z-2) \ge xyz - 2.$$

证明

$$\frac{x}{\sqrt{x^5+y^3+z}} + \frac{y}{\sqrt{y^5+z^3+x}} + \frac{z}{\sqrt{z^5+x^3+y}} \le \frac{3}{\sqrt{x+y+z}}.$$

解 由 Hölder 不等式, 我们有

$$(x^5+y^3+z)\left(\frac{1}{x}+1+z\right)\left(\frac{1}{x}+1+z\right)\geq(x+y+z)^3.$$

这等价于

$$\begin{aligned}\sum_{cyc}\frac{x}{\sqrt{x^5+y^3+z}}&\leq\sum_{cyc}\frac{1+x+xz}{(x+y+z)\sqrt{x+y+z}}\\&\leq\frac{1}{\sqrt{x+y+z}}\left(\frac{3+xy+yz+zx+x+y+z}{x+y+z}\right).\end{aligned}$$

注意到已知条件等价于

$$xy+yz+zx\leq 2(x+y+z)-3.$$

我们最终得到

$$\begin{aligned}&\frac{1}{\sqrt{x+y+z}}\left(\frac{3+xy+yz+zx+x+y+z}{x+y+z}\right)\\\leq&\frac{1}{\sqrt{x+y+z}}\left(\frac{3+2(x+y+z)-3+x+y+z}{x+y+z}\right)=\frac{3}{\sqrt{x+y+z}},\end{aligned}$$

题目得证.

34 设 p 是素数, k 是非负整数. 求方程

$$x^k(y-z)+y^k(z-x)+z^k(x-y)=p$$

的所有正整数解 (x,y,z).

解 若 $k=0,1$, 则方程的左边等于 0, 因此显然没有解. 假设 $k\geq 2$. 应用关系式 $a^n-b^n=(a-b)(a^{n-1}+a^{n-2}b+\cdots+ab^{n-2}+b^{n-1})$, 我们将方程的左边写为

$$\begin{aligned}(y-z)(x^k-y^k)+(x-y)(z^k-y^k)&=(x-y)(y-z)\sum_{i=0}^{k-1}[(x^i-z^i)y^{k-1-i}]\\&=(x-y)(y-z)(x-z)S_k,\end{aligned}$$

其中

$$S_k=\sum_{i=0}^{k-1}\left[\left(\sum_{j=0}^{i-1}x^jz^{i-1-j}\right)y^{k-1-i}\right]=\sum_{i+j+l=k-2}x^iy^jz^l.$$

若 $k\geq 3$, 则 S_k 是某个大于 2 的整数, 从而方程没有解, 因为方程的左边应该等于一个素数. 因此 $k=2$ 并且 $S_k=1$. 在这种情形, 注意到左边 $(x-y)(y-z)(x-z)$ 必须

是偶数, 因为若它是奇数, 就会使得 $x \not\equiv y \not\equiv z \pmod 2$, 而这是不可能的. 唯一的偶素数就是 $p=2$, 这推出 $(x,y,z)=(n+2,n+1,n),(n,n+2,n+1)$ 或 $(n+1,n,n+2)$, 其中 n 为正整数.

35 证明: 对于每个正整数 n, 多项式

$$g(x)=(x+1^2)(x+2^2)\cdots(x+n^2)+1$$

在 $\mathbb{Z}$ 上是不可约的.

解 我们使用反证法, 假设 $g(x)=A(x)B(x)$, 其中 A,B 为 $\mathbb{Z}$ 上的非常数多项式. 那么对于所有整数 k, $1\le k\le n$, 我们有

$$1=g(-k^2)=A(-k^2)B(-k^2),$$

这推出 $A(-k^2)=B(-k^2)=\pm1$. 于是, 由于当 $g(x)-1=0$ 时多项式 $A(x)-B(x)=0$, $A(x)-B(x)$ 可以被 $g(x)-1$ 整除. 然而由于 A 和 B 被假定为次数最高是 $n-1$ 的多项式, 这就使得 $A(x)-B(x)$ 为零多项式, 因此 $g(x)=(A(x))^2$. 这推出 $g(x)$ 的常数项 $(n!)^2+1$ 一定是完全平方数.

设 $(n!)^2+1=m^2$, 其中 m 为整数. 那么我们有 $(n!-m)(n!+m)=-1$. 这就使得或者 $n!-m=1$ 且 $n!+m=-1$, 或者反过来 $n!-m=-1$ 且 $n!+m=1$. 无论是哪种情况, 将两式相加都得出 $n!=0$, 而由于 n 是正整数, 这是不可能的. 这个矛盾表明 g 确实是不可约的.

注 设 p 是素数. 我们可以应用下面的不可约性判别法证明, 对于每个正整数 n, 多项式

$$P(x)=(x^p+1^2)(x^p+2^2)\cdots(x^p+n^2)+1$$

在 $\mathbb{Z}[x]$ 上是不可约的: 设 g 是整系数首一多项式, p 是素数. 若 g 在 $\mathbb{Z}[x]$ 上是不可约的并且 $\sqrt[p]{(-1)^{\deg g}g(0)}$ 是无理数, 则 $g(x^p)$ 在 $\mathbb{Z}[x]$ 上也是不可约的.

这个实用的不可约性检测方法的证明可以参见: Andreescu T, Dospinescu G. Problems from the Book [M]. Plano: XYZ Press, 2008, p. 494.

36 设 a,b,c 是实数并且 $a+b+c=abc$. 证明

$$\frac{a}{1-a^2}+\frac{b}{1-b^2}+\frac{c}{1-c^2}=\frac{4abc}{(1-a^2)(1-b^2)(1-c^2)}.$$

解 令 $a=\tan U$, $b=\tan V$, $0<U,V<\pi$. 那么由已知条件, 我们有

$$\begin{aligned}c&=\frac{a+b}{ab-1}=-\frac{\tan U+\tan V}{1-\tan U\tan V}\\&=-\tan(U+V)=\tan(\pi-(U+V))\\&=\tan W,\end{aligned}$$

其中 $U+V+W=\pi$. 因此

$$\tan(2U+2V+2W)=\tan 2\pi=0.$$

由正切函数的加法公式, 我们有

$$\frac{\tan 2U+\tan 2V+\tan 2W-\tan 2U\tan 2V\tan 2W}{1-\tan 2U\tan 2V-\tan 2V\tan 2W-\tan 2W\tan 2U}=0.$$

由于 $\tan 2x=\frac{2\tan x}{1-\tan^2 x}$, 我们有

$$\begin{aligned}&\frac{2\tan U}{1-\tan^2 U}+\frac{2\tan V}{1-\tan^2 V}+\frac{2\tan W}{1-\tan^2 W}\\=&\frac{2\tan U}{1-\tan^2 U}\cdot\frac{2\tan V}{1-\tan^2 V}\cdot\frac{2\tan W}{1-\tan^2 W},\end{aligned}$$

题目得证.

37 设 p 是奇素数并且设

$$S_q=\frac{1}{2\cdot3\cdot4}+\frac{1}{5\cdot6\cdot7}+\cdots+\frac{1}{q(q+1)(q+2)},$$

其中 $q=\frac{3p-5}{2}$. 假设 $\frac{1}{p}-2S_q=\frac{m}{n}$, 其中 m 和 n 为整数. 证明 $m\equiv n \pmod p$.

解 我们有

$$\begin{aligned}\frac{2}{k(k+1)(k+2)}&=\frac{(k+2)-k}{k(k+1)(k+2)}=\frac{1}{k(k+1)}-\frac{1}{(k+1)(k+2)}\\&=\frac{1}{k}-\frac{1}{k+1}-\left(\frac{1}{k+1}-\frac{1}{k+2}\right)\\&=\frac{1}{k}+\frac{1}{k+1}+\frac{1}{k+2}-\frac{3}{k+1}.\end{aligned}$$

因此

$$\begin{aligned}2S_q&=\left(\frac{1}{2}+\frac{1}{3}+\frac{1}{4}+\cdots+\frac{1}{q}+\frac{1}{q+1}+\frac{1}{q+2}\right)-3\left(\frac{1}{3}+\frac{1}{6}+\cdots+\frac{1}{q+1}\right)\\&=\left(\frac{1}{2}+\frac{1}{3}+\cdots+\frac{1}{\frac{3p-1}{2}}\right)-\left(1+\frac{1}{2}+\cdots+\frac{1}{\frac{p-1}{2}}\right),\end{aligned}$$

从而

$$\begin{aligned}1-\frac{m}{n}&=1+2S_q-\frac{1}{p}=\frac{1}{\frac{p+1}{2}}+\cdots+\frac{1}{p-1}+\frac{1}{p+1}+\cdots+\frac{1}{\frac{3p-1}{2}}\\&=\left(\frac{1}{\frac{p+1}{2}}+\frac{1}{\frac{3p-1}{2}}\right)+\cdots+\left(\frac{1}{p-1}+\frac{1}{p+1}\right)\\&=\frac{p}{\left(\frac{p+1}{2}\right)\left(\frac{3p-1}{2}\right)}+\cdots+\frac{p}{(p-1)(p+1)}.\end{aligned}$$

因为所有的分母都与 p 互素, 所以 $n-m$ 能被 p 整除, 题目得证.

38 设 a 和 b 是复数. 证明: 对于所有满足 $|z|=1$ 的 $z\in\mathbb{C}$, $|az+b\overline{z}|\le 1$ 当且仅当 $|a|+|b|\le 1$.

解 令 $|a|+|b|\le 1$ 并且考虑某个满足 $|z|=1$ 的 $z\in\mathbb{C}$. 由三角不等式, $|az+b\overline{z}|\le |az|+|b\overline{z}|=|a|+|b|\le 1$.

另一个方向的证明更有意思一些. 设对于所有满足 $|z|=1$ 的 $z\in\mathbb{C}$ 有 $|az+b\overline{z}|\le 1$. 由于 $a=0$ 或 $b=0$ 的情形是平凡的, 我们假设 $a,b\ne 0$. 由于条件对于所有 z 成立, 我们试着取一个比较方便的 z 值来证明所需的结果. 令 $\frac{b}{a}=r(\cos\theta+\mathrm{i}\sin\theta)$ 并且取 $z=\cos\frac{\theta}{2}+\mathrm{i}\sin\frac{\theta}{2}$. 那么我们有

$$1\ge|az+b\overline{z}|=|a||\overline{z}|\left|z^2+\frac{b}{a}\right|.$$

由 DeMoivre 定理, 我们有 $z^2=\cos\theta+\mathrm{i}\sin\theta$, 因此

$$\begin{aligned}1\ge|a||\overline{z}|\left|z^2+\frac{b}{a}\right|&=|a||(1+r)(\cos\theta+\mathrm{i}\sin\theta)|=|a|(1+r)\\&=|a|\left(1+\left|\frac{b}{a}\right|\right)=|a|+|b|,\end{aligned}$$

这样就完成了证明.

39 设 a 是大于 1 的实数. 计算

$$\frac{1}{a^2-a+1}-\frac{2a}{a^4-a^2+1}+\frac{4a^3}{a^8-a^4+1}-\frac{8a^7}{a^{16}-a^8+1}+\cdots.$$

解 令

$$S_n=\sum_{k=1}^{n}(-1)^{k-1}\frac{2^{k-1}a^{2^{k-1}-1}}{a^{2^k}-a^{2^{k-1}}+1}.$$

注意到

$$\frac{1}{a^2-a+1}-\frac{1}{a^2+a+1}=\frac{2a}{a^4+a^2+1},$$

$$-\frac{2a}{a^4-a^2+1}+\frac{2a}{a^4+a^2+1}=-\frac{4a^3}{a^8+a^4+1},$$

$$\vdots$$

$$(-1)^{n-1}\frac{2^{n-1}a^{2^{n-1}-1}}{a^{2^n}-a^{2^{n-1}}+1}+(-1)^n\frac{2^{n-1}a^{2^{n-1}-1}}{a^{2^n}+a^{2^{n-1}}+1}=(-1)^{n+1}\frac{2^n a^{2^n-1}}{a^{2^{n+1}}+a^{2^n}+1}.$$

将上面的这些等式加在一起, 我们得到

$$S_n-\frac{1}{a^2+a+1}=(-1)^{n+1}\frac{2^n a^{2^n-1}}{a^{2^{n+1}}+a^{2^n}+1}.$$

现在,

$$0\le\left|(-1)^{n+1}\frac{2^n a^{2^n-1}}{a^{2^{n+1}}+a^{2^n}+1}\right|\le\frac{2^n a^{2^n}}{a^{2^{n+1}}}=\frac{2^n}{a^{2^n}}$$

并且当 n 趋于无穷时 $\frac{2^n}{a^{2^n}}$ 趋于 0. 因此, 这个和的值为

$$\frac{1}{a^2+a+1}.$$

40 求满足下面条件的所有正实数三元组 (x,y,z): 存在正实数 t 使得不等式

$$\frac{1}{x}+\frac{1}{y}+\frac{1}{z}+t\le 4,\quad x^2+y^2+z^2+\frac{2}{t}\le 5$$

同时成立.

解 由算术平均–几何平均不等式, 我们有

$$4\ge\frac{1}{x}+\frac{1}{y}+\frac{1}{z}+t\ge 4\sqrt[4]{\frac{t}{xyz}}$$

和

$$5\ge x^2+y^2+z^2+\frac{2}{t}=x^2+y^2+z^2+\frac{1}{t}+\frac{1}{t}\ge 5\sqrt[5]{\left(\frac{xyz}{t}\right)^2}.$$

由第一个不等式, 我们得到 $xyz\ge t$; 由第二个不等式, 我们得到 $xyz\le t$. 这使得 $xyz=t$, 并且推出前面所有的不等式实际上都是等式. 因此,

$$\frac{1}{x}+\frac{1}{y}+\frac{1}{z}+xyz=4$$

并且

$$x^2+y^2+z^2+\frac{2}{xyz}=5.$$

算术平均–几何平均不等式当所有变量都相等时取等号, 这推出

$$\frac{1}{x}=\frac{1}{y}=\frac{1}{z}=xyz=1.$$

于是我们得到问题的唯一解 $x=y=z=t=1$.

41 设 a,b,c,d 是实数并且满足关系式 $a+b+c+d=6$ 和 $a^2+b^2+c^2+d^2=12$. 证明

$$36\le 4(a^3+b^3+c^3+d^3)-(a^4+b^4+c^4+d^4)\le 48.$$

解 为了将表达式

$$4\sum_{cyc}a^3-\sum_{cyc}a^4$$

用我们已知的量来表示, 我们写

$$\begin{aligned}&4(a^3+b^3+c^3+d^3)-(a^4+b^4+c^4+d^4)\\ =&-((a-1)^4+(b-1)^4+(c-1)^4+(d-1)^4)\\ &+6(a^2+b^2+c^2+d^2)-4(a+b+c+d)+4\\ =&-((a-1)^4+(b-1)^4+(c-1)^4+(d-1)^4)+52.\end{aligned}$$

现在我们可以做平移 $w=a-1$, $x=b-1$, $y=c-1$, $z=d-1$. 于是要证明的不等式化为

$$16\ge w^4+x^4+y^4+z^4\ge 4,$$

并且我们得到

$$\begin{aligned}w^2+x^2+y^2+z^2&=(a-1)^2+(b-1)^2+(c-1)^2+(d-1)^2\\ &=(a^2+b^2+c^2+d^2)-2(a+b+c+d)+4=4.\end{aligned}$$

由 Cauchy–Schwarz 不等式, 我们有

$$(1^2+1^2+1^2+1^2)((w^2)^2+(x^2)^2+(y^2)^2+(z^2)^2)\ge(w^2+x^2+y^2+z^2)^2,$$

这推出

$$w^4+x^4+y^4+z^4\ge\frac{(w^2+x^2+y^2+z^2)^2}{4}=4.$$

这就证明了不等式的右边部分. 对于不等式的左边部分, 我们有

$$\begin{aligned}16&=(w^2+x^2+y^2+z^2)^2\\ &=(w^4+x^4+y^4+z^4)+(2w^2x^2+2w^2y^2+2w^2z^2+2x^2y^2+2x^2z^2+2y^2z^2).\end{aligned}$$

然而作为平方和, 显然

$$2w^2x^2 + 2w^2y^2 + 2w^2z^2 + 2x^2y^2 + 2x^2z^2 + 2y^2z^2 \geq 0,$$

因此

$$w^4 + x^4 + y^4 + z^4 \leq (w^2 + x^2 + y^2 + z^2)^2 = 16.$$

42 设 $x_1, \cdots, x_{100}$ 是非负实数, 并且对于所有 $i = 1, \cdots, 100$,

$$x_i + x_{i+1} + x_{i+2} \leq 1$$

(令 $x_{101} = x_1, x_{102} = x_2$). 求和式

$$S = \sum_{i=1}^{100} x_i x_{i+2}$$

可能的最大值.

解 对于所有 $i = 1, \cdots, 50$, 令 $x_{2i} = 0$, $x_{2i-1} = \frac{1}{2}$. 那么

$$S = 50 \cdot \left(\frac{1}{2}\right)^2 = \frac{25}{2}.$$

我们断言, $\frac{25}{2}$ 即为可能的最大值.

对于任何 $1 \leq i \leq 50$, 由已知条件, 我们有

$$x_{2i-1} \leq 1 - x_{2i} - x_{2i+1} \quad \text{和} \quad x_{2i+2} \leq 1 - x_{2i} - x_{2i+1}.$$

现在, 我们将求和项用上面的不等式表示:

$$\begin{aligned} x_{2i-1}x_{2i+1} + x_{2i}x_{2i+2} &\leq (1 - x_{2i} - x_{2i+1})(x_{2i+1}) + x_{2i}(1 - x_{2i} - x_{2i+1}) \\ &= (x_{2i} + x_{2i+1})(1 - x_{2i} - x_{2i+1}). \end{aligned}$$

由算术平均–几何平均不等式, 我们有

$$(x_{2i} + x_{2i+1})(1 - x_{2i} - x_{2i+1}) \leq \left(\frac{(x_{2i} + x_{2i+1}) + (1 - x_{2i} - x_{2i+1})}{2}\right)^2 = \frac{1}{4}.$$

最后, 我们将题目中的和式改写为可以应用上述不等式的形式, 从而得到

$$S = \sum_{i=1}^{100} x_i x_{i+2} = \sum_{i=1}^{50} (x_{2i-1}x_{2i+1} + x_{2i}x_{2i+2}) \leq 50 \cdot \frac{1}{4} = \frac{25}{2}.$$

43 (a) 对于满足条件 $xyz=1$ 的实数 $x,y,z\neq 1$, 证明不等式

$$\frac{x^2}{(x-1)^2}+\frac{y^2}{(y-1)^2}+\frac{z^2}{(z-1)^2}\geq 1.$$

(b) 证明: 存在无限多个有理数三元组 (x,y,z) 使得 (a) 中的不等式成为等式.

解 (a) 首先, 做代换

$$\frac{x}{x-1}=a,\quad \frac{y}{y-1}=b,\quad \frac{z}{z-1}=c.$$

显然, 若 $a,b,c\neq 1$, 这等价于

$$x=\frac{a}{a-1},\quad y=\frac{b}{b-1},\quad z=\frac{c}{c-1}.$$

那么我们只需证明

$$a^2+b^2+c^2\geq 1.$$

现在, 由已知条件 $xyz=1$, 我们有

$$(a-1)(b-1)(c-1)=abc,$$

它等价于

$$a+b+c-1=ab+bc+ca,$$

我们由此得到

$$\begin{aligned}
&2(a+b+c-1)=(a+b+c)^2-(a^2+b^2+c^2)\\
\Rightarrow\ &a^2+b^2+c^2-2=(a+b+c)^2-2(a+b+c)\\
\Rightarrow\ &a^2+b^2+c^2-1=(a+b+c-1)^2.
\end{aligned}$$

由于 $(a+b+c-1)^2\geq 0$, 我们一定有 $a^2+b^2+c^2\geq 1$, 题目得证.

(b) 注意到等号成立, 即

$$a^2+b^2+c^2-1=(a+b+c-1)^2=0$$

当且仅当 $a^2+b^2+c^2=a+b+c=1$. 由于

$$a^2+b^2+c^2=(a+b+c)^2-2(ab+bc+ca)\quad 且\quad a^2+b^2+c^2\geq 1,$$

若 $a+b+c=1$, 我们一定有 $ab+bc+ca=0$.

因此使得等号成立的三元组 (a,b,c) 需要满足 $a,b,c\neq 1$ 并且是方程组

$$a+b+c=1,\quad ab+bc+ca=0$$

的解. 将 $c=1-a-b$ 代入第二个方程, 我们得到方程

$$a^2+ab+b^2=a+b.$$

将它看作关于 b 的二次方程

$$b^2+(a-1)b+a(a-1)=0,$$

我们计算其判别式, 得到

$$\Delta=(a-1)^2-4a(a-1)=(1-a)(1+3a).$$

因为我们需要得到 a,b,c 的有理数解, 所以判别式 Δ 必须是一个有理数的平方.

令 $a=\frac{e}{f}$. 那么我们可以写

$$\Delta=(1-a)(1+3a)=\frac{(f-e)(f+3e)}{f^2}.$$

为了使得 Δ 是一个有理数的平方, $f+3e$ 和 $f-e$ 也都要是完全平方数. 置 $f=e^2-e+1$ (它永远不为零, 因为它的判别式是负的), 我们有 $f+3e=(e+1)^2$ 和 $f-e=(e-1)^2$. 注意到当整数 e 变化时, 我们得到 a 的不同的值.

现在我们可以解关于 b 的二次方程, 得到其中一个解为 $b=\frac{f-1}{f}$, 由此我们可以计算另一个解 $c=1-a-b=\frac{1-e}{f}$. 从而我们解出 x,y,z, 得到 $x=-\frac{e}{(e-1)^2}$, $y=e-e^2$, $z=\frac{e-1}{e^2}$. 这就生成了满足等式情形的无限多个有理数三元组 (x,y,z).

44 复数 z_1,z_2,z_3 满足 $|z_1|=|z_2|=|z_3|=1$. 若对于 $k\in\{1,2,3\}$, $z_1^k+z_2^k+z_3^k$ 是整数, 证明 $z_1^{12}=z_2^{12}=z_3^{12}$.

解 令 S_k, $k=1,2,3$ 为变量 z_1,z_2,z_3 的第 k 个对称和. 由于 z_j 的乘方和是整数, 由 Newton 恒等式, 我们立即看出 S_k 是实数 (事实上它们是有理数, 但是我们用不上这个). 因为

$$|S_3|=|z_1z_2z_3|=1,$$

所以 $S_3=\pm1$. 由于 $S_1=z_1+z_2+z_3$ 是实数, 它等于它的复共轭, 从而

$$S_1=\overline{z_1}+\overline{z_2}+\overline{z_3}=\frac{1}{z_1}+\frac{1}{z_2}+\frac{1}{z_3}=\frac{z_1z_2+z_1z_3+z_2z_3}{z_1z_2z_3}=\frac{S_2}{S_3}.$$

于是 $S_2=S_1S_3$. 此外注意到由三角不等式,

$$|S_1|=|z_1+z_2+z_3|\le|z_1|+|z_2|+|z_3|=3.$$

现在情况很好, 因为问题可以被化简为很少的几个情形. 我们将使用前面的这些关系式以及 $S_1=z_1+z_2+z_3$ 是整数这一事实.

情形 1: 假设 $S_1 = 2$ 或 3. 由三角不等式, 我们有

$$3 = |z_1|^2 + |z_2|^2 + |z_3|^2 \geq z_1^2 + z_2^2 + z_3^2 = S_1^2 - 2S_2.$$

这推出 S_2 一定是正的, 那么 $S_3 = 1$ 并且从而 $S_2 = S_1$. 由 Vieta 定理, z_1, z_2, z_3 是

$$t^3 - 3t^2 + 3t - 1 = (t-1)^3, \quad 若\ S_1 = 3$$

或

$$t^3 - 2t^2 + 2t - 1 = (t-1)(t^2 - t + 1), \quad 若\ S_1 = 2$$

的根. 由第一个方程, 我们求出 $z_1 = z_2 = z_3 = 1$. 由第二个方程, 我们求出

$$\{z_1, z_2, z_3\} = \left\{1, \cos\frac{\pi}{3} + \mathrm{i}\sin\frac{\pi}{3}, \cos\frac{-\pi}{3} + \mathrm{i}\sin\frac{-\pi}{3}\right\}.$$

若 $S_1 = -2$ 或 -3, 我们得到上述解的负值.

情形 2: 假设 $S_1 = 1$. 那么 $S_2 = S_3 = \pm 1$. 由 Vieta 定理, z_1, z_2, z_3 是

$$t^3 - t^2 + t - 1 = (t^2 + 1)(t - 1), \quad 若\ S_2 = S_3 = 1$$

或

$$t^3 - t^2 - t + 1 = (t-1)^2(t+1), \quad 若\ S_2 = S_3 = -1$$

的根. 由第一个方程, 我们求出 $\{z_1, z_2, z_3\} = \{1, \mathrm{i}, -\mathrm{i}\}$. 由第二个方程, 我们求出 $\{z_1, z_2, z_3\} = \{1, 1, -1\}$. 若 $S_1 = -1$, 我们得到上述解的负值.

情形 3: 假设 $S_1 = 0$. 那么 $S_2 = 0$, 并且如之前注意到的, $S_3 = \pm 1$. 由 Vieta 定理, z_1, z_2, z_3 是

$$t^3 - 1 = (t-1)(t^2 + t + 1), \quad 若\ S_3 = 1$$

或

$$t^3 + 1 = (t+1)(t^2 - t + 1), \quad 若\ S_3 = -1$$

的根. 由第一个方程, 我们求出

$$\{z_1, z_2, z_3\} = \left\{1, \cos\frac{2\pi}{3} + \mathrm{i}\sin\frac{2\pi}{3}, \cos\frac{-2\pi}{3} + \mathrm{i}\sin\frac{-2\pi}{3}\right\}.$$

由第二个方程, 我们求出

$$\{z_1, z_2, z_3\} = \left\{-1, \cos\frac{\pi}{3} + \mathrm{i}\sin\frac{\pi}{3}, \cos\frac{-\pi}{3} + \mathrm{i}\sin\frac{-\pi}{3}\right\}.$$

使用 DeMoivre 定理计算复根的幂, 我们得出, 在所有上面的情形 $z_1^{12} = z_2^{12} = z_3^{12} = 1$, 题目得证.

45 设 a,b,c,d 是正实数并且 $abcd=1$,

$$a+b+c+d>\frac{a}{b}+\frac{b}{c}+\frac{c}{d}+\frac{d}{a}.$$

证明

$$a+b+c+d<\frac{b}{a}+\frac{c}{b}+\frac{d}{c}+\frac{a}{d}.$$

解 我们对于 $\frac{a}{b},\frac{a}{b},\frac{b}{c},\frac{a}{d}$ 应用算术平均–几何平均不等式得到

$$a=\sqrt[4]{\frac{a^4}{abcd}}=\sqrt[4]{\frac{a}{b}\cdot\frac{a}{b}\cdot\frac{b}{c}\cdot\frac{a}{d}}\leq\frac{1}{4}\left(\frac{a}{b}+\frac{a}{b}+\frac{b}{c}+\frac{a}{d}\right),$$

其中最左边的等式是由已知条件 $abcd=1$ 得到的. 使用相同的方法, 我们可以得到对于 b, c, d 的类似不等式:

$$b\leq\frac{1}{4}\left(\frac{b}{c}+\frac{b}{c}+\frac{c}{d}+\frac{b}{a}\right),$$

$$c\leq\frac{1}{4}\left(\frac{c}{d}+\frac{c}{d}+\frac{d}{a}+\frac{c}{b}\right),$$

$$d\leq\frac{1}{4}\left(\frac{d}{a}+\frac{d}{a}+\frac{a}{b}+\frac{d}{c}\right).$$

将这些不等式相加, 我们得到

$$a+b+c+d\leq\frac{3}{4}\left(\frac{a}{b}+\frac{b}{c}+\frac{c}{d}+\frac{d}{a}\right)+\frac{1}{4}\left(\frac{b}{a}+\frac{c}{b}+\frac{d}{c}+\frac{a}{d}\right).$$

这就推出若

$$a+b+c+d>\frac{a}{b}+\frac{b}{c}+\frac{c}{a}+\frac{d}{a},$$

则我们一定有

$$a+b+c+d<\frac{b}{a}+\frac{c}{b}+\frac{d}{c}+\frac{a}{d}.$$

46 设 $P(x)$ 是实系数多项式并且对所有 $x\geq0$ 有 $P(x)>0$. 证明: 存在正整数 m 使得多项式 $(1+x)^m\cdot P(x)$ 的系数非负.

解 我们首先考虑如下特殊情形: $P(x)=x^2-bx+c$ 是首项系数为 1 的二次多项式并且没有实根 (因此其判别式为负: $b^2-4c<0$). 在这种情形, 我们将 $A(x)=(1+x)^nP(x)$ 用二项式定理展开:

$$\begin{aligned}A(x)=x^{n+2}&+\left(\binom{n}{1}-b\right)x^{n-1}+\left(\binom{n}{2}-b\cdot\binom{n}{1}+c\right)x^{n-2}+\cdots\\&+\left(\binom{n}{k+2}-b\cdot\binom{n}{k+1}+c\cdot\binom{n}{k}\right)x^{n-k}+\cdots\\&+\left(\binom{n}{n}-b\cdot\binom{n}{n-1}+c\cdot\binom{n}{n-2}\right)x^2+\left(c\cdot\binom{n}{1}-b\right)x+c.\end{aligned}$$

我们看到 x^{n-k} 的系数将是 $\binom{n}{k+2}-b\cdot\binom{n}{k+1}+c\cdot\binom{n}{k}$. 将这个二项式系数展开并且通分, 我们得到

$$\begin{aligned}&\frac{n!}{(k+2)!(n-k)!}\left((n-k)(n-k-1)-b(k+2)(n-k)+c(k+1)(k+2)\right)\\=&\frac{n!}{(k+2)!(n-k)!}\left((1+b+c)k^2+(1+2b+3c-(b+2)n)k+(n^2-(2b+1)n+2c)\right).\end{aligned}$$

第二个因子是关于 k 的首项系数为正 (因为 $P(-1)=1+b+c>0$) 的一元二次多项式. 它的判别式为

$$\Delta=(b^2-4c)n^2+2(2b^2+b+bc-4c)n+(2b+1)^2+c^2+4bc-2c.$$

将其看成关于 n 的多项式, 我们看出由于它的首项系数是负的, 对于所有足够大的 n, 我们将有 $\Delta<0$. 然而这正是我们所需要的, 因为这推出了对于大的 n, 上面关于 k 的二次式总是正的. 从而 $A(x)$ 的每个系数都是正的.

注意到要证明的结论在下述情形也成立: $P(x)=x+r$ 是线性多项式并且对于 $x\geq 0$ 有 $P(x)>0$ (即 $r>0$). 这是因为, 在此情形下 P 已经有了正的系数, 令 $m=0$ 即可. 类似地, 要证明的结论在 P 是常数多项式 $P(x)=c>0$ 时也成立, 这是平凡的.

对于一般的情形, 我们注意到, 若两个多项式有非负的系数, 则它们的乘积也有非负的系数. 因此若要证明的结论对于两个多项式成立, 则它对于它们的乘积也成立. 于是上面的例子表明, 问题对于任何如下形式的多项式 P 已经解决了:

$$P(x)=c(x+r_1)(x+r_2)(x+r_k)(x^2-b_1x+c_1)(x^2-b_2x+c_2)\cdots(x^2-b_lx+c_l),$$

其中 $c,r_1,\cdots,r_k>0$ 并且 $x^2-b_ix+c_i$ 是没有实根的二次多项式. 事实上, 结论对于任何满足题目假设而具有这个形式的多项式 P 都成立. 代数基本定理表明, 任何 n 次复系数多项式 $P(x)$ 都可以分解成一个常数与 n 个线性因子 $x-s_i$ 的乘积, 其中 s_i 是 P 的根 (若 s_i 是 P 的多重根, 则该因子可以重复出现多次). 由题目假设, $P(x)$ 的首项系数 c 一定是正的, 因此 $c>0$. $P(x)$ 的实根一定是负的, 所以它们可以被取为 $-r_i$. 由复共轭根定理 (定理 11.5), P 的复根一定以复共轭对的形式出现, 因此每一对放在一起就给出了没有实根的二次多项式因子.

47 设 p 是素数并且设 $f(x)$ 是 d 次整系数多项式, 满足:

(a) $f(0)=0$, $f(1)=1$;

(b) 对于每个整数 $n\geq 0$, $f(n)$ 同余于 0 或 1 模 p.

证明 $d\geq p-1$.

解 我们使用反证法, 假设 $d \le p-2$. 由于 $f(x)$ 是 d 次多项式, 它被在 $0,1,\cdots,p-2$ 处的值唯一确定. 由 Lagrange 插值公式, 我们可以写: 对于任何 x,

$$f(x)=\sum_{k=0}^{p-2} f(k)\frac{x(x-1)\cdots(x-k+1)(x-k-1)\cdots(x-p+2)}{k!(-1)^{p-k}(p-k-2)!}.$$

考虑 $f(p-1)$, 我们有

$$f(p-1)=\sum_{k=0}^{p-2} f(k)\frac{(p-1)\cdots(p-k)}{(-1)^{p-k}k!}=\sum_{k=0}^{p-2} f(k)(-1)^{p-k}\binom{p-1}{k}.$$

现在我们断言: 对于 $0\le k\le p-1$, 我们有

$$\binom{p-1}{k}\equiv(-1)^k \pmod p.$$

我们使用归纳法来证明这个结论. 对于 $k=0$, 上式显然成立, 因为 $\binom{p-1}{0}=1=(-1)^0 \pmod p$. 现在假设 $1\le m\le p-1$ 且 $\binom{p-1}{m-1}\equiv(-1)^{m-1} \pmod p$. 那么由 Pascal 恒等式, 我们有

$$\binom{p-1}{m}=\binom{p}{m}-\binom{p-1}{m-1}.$$

因为当 $1\le m\le p-1$ 时 $\binom{p}{m}$ 可以被 p 整除, 所以 $\binom{p-1}{m}\equiv 0-\binom{p-1}{m-1}\equiv(-1)^m \pmod p$, 这就完成了对断言的证明.

将这个结论代入 $f(p-1)$ 的表达式, 我们得到

$$f(p-1)\equiv(-1)^p\sum_{k=0}^{p-2} f(k) \pmod p.$$

显然, 若 p 是奇数, 这就推出

$$f(0)+f(1)+\cdots+f(p-1)\equiv 0 \pmod p,$$

并且我们可以快速地验证这对于 $p=2$ 也成立. 于是这个结果对于所有次数小于或等于 $p-2$ 的整系数多项式成立. 现在我们来证明这个结果与题目中给出的条件矛盾, 从而完成证明.

事实上, 由条件 (b), 我们有 $f(0)+f(1)+\cdots+f(p-1)=j$, 其中 j 是满足 $f(n)\equiv 1 \pmod p$ 的元素 $n\in\{0,1,\cdots,p-1\}$ 的个数. 但是条件 (a) 表明 $1\le j\le p-1$, 这给出

$$f(0)+f(1)+\cdots+f(p-1)\not\equiv 0 \pmod p.$$

我们得出矛盾, 题目得证.

48 证明: 对于任何满足 $xyz \ge 1$ 的正实数 x, y, z,

$$\frac{x^5 - x^2}{x^5 + y^2 + z^2} + \frac{y^5 - y^2}{y^5 + z^2 + x^2} + \frac{z^5 - z^2}{z^5 + x^2 + y^2} \ge 0.$$

解 对于 $\frac{1}{\sqrt{x}}, y, z$ 和 $\sqrt{x^5}, y, z$ 使用 Cauchy–Schwarz 不等式:

$$\begin{aligned}
\left(x^2 + y^2 + z^2\right)^2 &= \left(\frac{1}{\sqrt{x}}\sqrt{x^5} + y \cdot y + z \cdot z\right)^2 \\
&\le \left(\frac{1}{x} + y^2 + z^2\right)\left(x^5 + y^2 + z^2\right) \\
&\le (yz + y^2 + z^2)(x^5 + y^2 + z^2),
\end{aligned}$$

这推出

$$\frac{x^5 - x^2}{x^5 + y^2 + z^2} = 1 - \frac{x^2 + y^2 + z^2}{x^5 + y^2 + z^2} \ge 1 - \frac{yz + y^2 + z^2}{x^2 + y^2 + z^2} = \frac{x^2 - yz}{x^2 + y^2 + z^2}.$$

类似地,

$$\frac{y^5 - y^2}{y^5 + z^2 + x^2} \ge \frac{y^2 - zx}{x^2 + y^2 + z^2}$$

且

$$\frac{z^5 - z^2}{z^5 + x^2 + y^2} \ge \frac{z^2 - xy}{x^2 + y^2 + z^2}.$$

因此,

$$\begin{aligned}
&\frac{x^5 - x^2}{x^5 + y^2 + z^2} + \frac{y^5 - y^2}{y^5 + z^2 + x^2} + \frac{z^5 - z^2}{z^5 + x^2 + y^2} \\
\ge\ &\frac{x^2 - yz}{x^2 + y^2 + z^2} + \frac{y^2 - zx}{x^2 + y^2 + z^2} + \frac{z^2 - xy}{x^2 + y^2 + z^2} \\
=\ &\frac{\left(x^2 + y^2 + z^2\right) - (yz + zx + xy)}{x^2 + y^2 + z^2} \ge 0.
\end{aligned}$$

最后的不等式显然是正确的, 因为

$$x^2 + y^2 + z^2 - (yz + zx + xy) = \frac{1}{2}[(x - y)^2 + (y - z)^2 + (z - x)^2] \ge 0.$$

于是题目得证.

49 对于满足 $ab + bc + ca = 0$ 的所有实数三元组 (a, b, c), 求满足等式

$$P(a - b) + P(b - c) + P(c - a) = 2P(a + b + c)$$

的所有实系数多项式 $P(x)$.

解 令 $P(x)=a_nx^n+a_{n-1}x^{n-1}+\cdots+a_1x+a_0$. 对于每个 $r\in\mathbb{R}$, 三元组 $(a,b,c)=(6r,3r,-2r)$ 满足已知条件 $ab+bc+ca=0$. 将这个三元组代入题目中的等式, 我们有: 对于所有 r, $P(3r)+P(5r)+P(-8r)=2P(7r)$. 将所有的项移到等式的一边, 我们考察 a_i 项的系数, 得到下面的等式: 对于所有 $i=0,1,2,\cdots,n$,

$$F(i)=(3^i+5^i+(-8)^i-2\cdot 7^i)a_i=0.$$

假设 $a_i\neq 0$, 那么我们有 $\frac{F_i}{a_i}=G(i)=3^i+5^i+(-8)^i-2\cdot 7^i=0$. 然而当 i 是奇数时 $G(i)$ 是负值, 当 $i=0$ 或 i 是大于等于 6 的偶数时 $G(i)$ 是正值. 因此 $G(i)=0$ 只有当 $i=2,i=4$ 时才能得到满足. 那么 $P(x)=a_2x^2+a_4x^4$, 其中 a_2 和 a_4 为实数. 我们将这个解代入题目中的等式, 可以看出, 显然所有这个形式的 $P(x)$ 都满足题目条件.

50 对于所有实数 a,b,c, 求使得不等式

$$|ab(a^2-b^2)+bc(b^2-c^2)+ca(c^2-a^2)|\leq M(a^2+b^2+c^2)^2$$

成立的最小值 M.

解 考虑多项式

$$P(t)=tb(t^2-b^2)+bc(b^2-c^2)+ct(c^2-t^2).$$

显然 $P(b)=P(c)=P(-b-c)=0$. 注意到它的首项系数是 $b-c$, 我们有

$$P(t)=(b-c)(t-b)(t-c)(t+b+c).$$

题目中的不等式的左边即为 $|P(a)|$. 那么我们只需求满足

$$|P(a)|=|(b-c)(a-b)(a-c)(a+b+c)|\leq M\cdot(a^2+b^2+c^2)^2$$

的最小值 M. 不失一般性, 假设 $a\leq b\leq c$. 由算术平均–几何平均不等式,

$$|(a-b)(b-c)|=(b-a)(c-b)\leq\frac{(c-a)^2}{4},$$

等号成立当且仅当 $b-a=c-b$, 即 $2b=a+c$. 此外, 我们有

$$\left(\frac{(c-b)+(b-a)}{2}\right)^2\leq\frac{(c-b)^2+(b-a)^2}{2}.$$

这等价于

$$3(c-a)^2\leq 2\cdot[(b-a)^2+(c-b)^2+(c-a)^2].$$

将这两个关系式合在一起, 我们有

$$\begin{aligned}
&|(b-c)(a-b)(a-c)(a+b+c)| \\
\leq\ & \frac{1}{4}|(c-a)^3(a+b+c)| \\
=\ & \frac{1}{4}\sqrt{(c-a)^6(a+b+c)^2} \\
\leq\ & \frac{1}{4}\sqrt{\left(\frac{2\cdot[(b-a)^2+(c-b)^2+(c-a)^2]}{3}\right)^3\cdot(a+b+c)^2} \\
=\ & \frac{\sqrt{2}}{2}\left(\sqrt[4]{\left(\frac{(b-a)^2+(c-b)^2+(c-a)^2}{3}\right)^3\cdot(a+b+c)^2}\right)^2.
\end{aligned}$$

应用加权的算术平均–几何平均不等式, 我们得到

$$\begin{aligned}
&\frac{\sqrt{2}}{2}\left(\sqrt[4]{\left(\frac{(b-a)^2+(c-b)^2+(c-a)^2}{3}\right)^3\cdot(a+b+c)^2}\right)^2 \\
\leq\ & \frac{\sqrt{2}}{2}\left(\frac{(b-a)^2+(c-b)^2+(c-a)^2+(a+b+c)^2}{4}\right)^2 \\
=\ & \frac{9\sqrt{2}}{32}(a^2+b^2+c^2)^2.
\end{aligned}$$

不等式当 $M=\frac{9}{32}\sqrt{2}$ 时成立, 并且等号成立当且仅当 $2b=a+c$ 且

$$\frac{(b-a)^2+(c-b)^2+(c-a)^2}{3}=(a+b+c)^2.$$

将 $b=\frac{a+c}{2}$ 代入上式, 我们得到

$$2(c-a)^2=9(a+c)^2.$$

再次使用 $b=\frac{a+c}{2}$, 它等价于

$$(c-a)^2=18b^2.$$

令 $b=1$, 我们推出 $a=1-\frac{3}{2}\sqrt{2}$, $c=1+\frac{3}{2}\sqrt{2}$. 因此 $M=\frac{9}{32}\sqrt{2}$ 是满足不等式的最小常数并且等号当 $a:b:c=1-\frac{3}{2}\sqrt{2}:1:1+\frac{3}{2}\sqrt{2}$ 时成立. 值得注意的是, 最大值出现在当 $a\neq b\neq c$ 时.

51 四个实数 p,q,r,s 满足

$$p+q+r+s=9 \quad 和 \quad p^2+q^2+r^2+s^2=21.$$

证明: 存在 (p,q,r,s) 的一个排列 (a,b,c,d) 使得

$$ab-cd\geq 2.$$

解 不失一般性, 假设 $p \geq q \geq r \geq s$. 将第一个方程平方, 减去第二个方程, 再除以 2, 我们得到

$$pq + pr + ps + qr + qs + rs = 30.$$

从而 $pq + rs \geq 10$. 做代换 $p + q = x$, 我们有

$$x^2 + (x-9)^2 \geq 41 \Leftrightarrow (x-4)(x-5) \geq 0.$$

因为由假设 $x \geq r + s$, 所以我们有 $x \geq 5$ 并且

$$25 \leq x^2 = 21 - r^2 - s^2 + 2pq \leq 21 + 2(pq - rs),$$

由此题目得证.

52 求满足下列条件的所有二次整系数首一多项式 $P(x)$: 存在整系数多项式 $Q(x)$ 使得多项式 $P(x)Q(x)$ 的所有系数或者是 $+1$ 或者是 -1.

解 首先, 我们看出 P 的形式为 $P(x) = x^2 + ax \pm 1$, 其中 a 是某个整数, 这是因为 $P(x)Q(x)$ 的常数项是 ± 1. 令 $P(x)Q(x) = x^n + a_{n-1}x^{n-1} + \cdots + a_1 x + a_0$, 由题目中的条件, 这里 $a_i \in \{-1, 1\}$.

然后, 观察到: 若 z 是一个复数并且 $|z| \geq 2$, 则 z 不是 $P(x)Q(x)$ 的根. 我们可以用三角不等式以及逆三角不等式 ($|a-b| \geq ||a| - |b|| \geq |a| - |b|$, 其中 a 和 b 是复数) 来证明. 我们有

$$\begin{aligned}
|P(z)Q(z)| &= |z^n + a_{n-1}z^{n-1} + \cdots + a_1 z + a_0| \\
&\geq |z^n| - |a_{n-1}z^{n-1} + a_{n-2}z^{n-2} + \cdots + a_1 z + a_0| \\
&\geq |z|^n - (|z|^{n-1} + |z|^{n-2} + \cdots + 1) \\
&= |z|^n - \frac{|z|^n - 1}{|z| - 1} \geq |z|^n - (|z|^n - 1) = 1 > 0.
\end{aligned}$$

现在, 若 $P(x) = x^2 + ax + 1$, 注意到这时不可能有 $|a| \geq 3$. 如若不然, 那么由于它的判别式非负, $P(x)$ 将会有两个实根, 而这些根也会是 $P(x)Q(x)$ 的根. 于是 $P(x)$ 的一个根的模将会是

$$\frac{|a| + \sqrt{a^2 - 4}}{2} \geq \frac{3 + \sqrt{3^2 - 4}}{2} > 2,$$

这与刚刚证明的结论矛盾. 类似地, 若 $P(x) = x^2 + ax - 1$, 这时不可能有 $|a| \geq 2$, 如若不然, $P(x)$ 的一个根的模将会是

$$\frac{|a| + \sqrt{a^2 + 4}}{2} \geq \frac{2 + \sqrt{2^2 + 4}}{2} > 2,$$

矛盾.

最终, 我们得出

$$P(x)=x^2\pm 1,\ x^2\pm x\pm 1,\ x^2+2x+1,\ x^2-2x+1.$$

通过简单的验证, 我们可以得到对应的 $Q(x)$ 分别为

$$Q(x)=x+1,\ 1,\ x-1,\ x+1.$$

53 设 a,b,c 是正实数并且满足

$$\min(a+b,b+c,c+a)>\sqrt{2} \quad 和 \quad a^2+b^2+c^2=3.$$

证明

$$\frac{a}{(b+c-a)^2}+\frac{b}{(c+a-b)^2}+\frac{c}{(a+b-c)^2}\geq\frac{3}{(abc)^2}.$$

解 为了消去方程中的 min 函数, 不失一般性, 假设 $a\geq b\geq c$. 于是我们有 $b+c>\sqrt{2}$.

由 Cauchy–Schwarz 不等式, 我们有

$$(b^2+c^2)(1^2+1^2)\geq(b+c)^2>2,$$

这推出 $b^2+c^2>1$. 从而

$$a^2=3-(b^2+c^2)<2,$$

由此得到 $a<\sqrt{2}<b+c$. 那么我们有 $b+c-a>0$, 类似地, $c+a-b>0$, $a+b-c>0$. 换言之, a,b,c 满足三角不等式. 由 Hölder 不等式, 我们有

$$\sum_{cyc}\frac{a}{(b+c-a)^2}\sum_{cyc}a^2(b+c-a)\sum_{cyc}a^3(b+c-a)\geq\left(\sum_{cyc}a^2\right)^3=27.$$

由 Schur 不等式, 我们有

$$\sum_{cyc}a^2(b+c-a)\leq 3abc$$

和

$$\sum_{cyc}a^3(b+c-a)\leq abc(a+b+c).$$

最终, 将上面这些不等式合在一起, 并且注意到由 Cauchy–Schwarz 不等式,

$$(a+b+c)^2\leq(a^2+b^2+c^2)(1^2+1^2+1^2)=9,$$

从而推出 $a+b+c\le 3$, 我们有

$$\sum_{cyc}\frac{a}{(b+c-a)^2}\ge\frac{9}{(abc)^2(a+b+c)}\ge\frac{3}{(abc)^2},$$

题目得证.

54 设 $a_1,b_1,a_2,b_2,\cdots,a_n,b_n$ 是非负实数. 证明

$$\sum_{i,j=1}^{n}\min(a_ia_j,b_ib_j)\le\sum_{i,j=1}^{n}\min(a_ib_j,a_jb_i).$$

解 我们先证明一个引理:

引理 设 $r_1,\cdots,r_n$ 是非负实数, 并且设 $x_1,x_2,\cdots,x_n$ 是实数, 则下面的不等式成立:

$$\sum_{1\le i,j\le n}x_ix_j\min(r_i,r_j)\ge 0.$$

证明 不失一般性, 假设 $r_1\le r_2\le\cdots\le r_n$. 那么要证明的不等式化为

$$\sum_{i=1}^{n}r_ix_i^2+2\sum_{i=1}^{n-1}r_ix_i\sum_{j=i+1}^{n}x_j\ge 0.$$

令 $s_i=\sum_{j=i}^{n}x_j$. 注意到 $x_i=s_i-s_{i+1}$, 上面的不等式等价于

$$r_1s_1^2+(r_2-r_1)s_2^2+\cdots+(r_n-r_{n-1})s_n^2\ge 0,$$

这显然成立, 从而引理得证.

令

$$r_i=\frac{\max(a_i,b_i)}{\min(a_i,b_i)}-1.$$

若 r_i 的分母为 0, 我们可以令 r_i 为任何非负实数. 此外, 令

$$x_i=\operatorname{sgn}(a_i-b_i)\min(a_i,b_i).$$

解题的关键是洞察到下面的恒等式, 它容易证明, 但是很难找出:

$$\min(a_ib_j,a_jb_i)-\min(a_ia_j,b_ib_j)=x_ix_j\min(r_i,r_j).$$

注意到若我们将 a_i 和 b_i 的值调换, 上式的两边都会变号. 因此我们假设 $a_i\ge b_i$ 且 $a_j\ge b_j$, 这给出两种情形.

在第一种情形中, 不等式 $a_i \geq b_i$ 和 $a_j \geq b_j$ 至少有一个变成等式. 容易验证, 在这种情形要证明的不等式显然成立. 那么现在考虑相反的另一种情形. 我们有

$$\begin{aligned}
x_i x_j \min(r_i, r_j) &= b_i b_j \min\left(\frac{a_i}{b_i} - 1, \frac{a_j}{b_j} - 1\right) \\
&= b_i b_j \left(\min\left(\frac{a_i}{b_i}, \frac{a_j}{b_j}\right) - 1\right) \\
&= \min(a_i b_j, a_j b_i) - b_i b_j \\
&= \min(a_i b_j, a_j b_i) - \min(a_i a_j, b_i b_j).
\end{aligned}$$

于是要证明的不等式等价于

$$\begin{aligned}
&\sum_{1 \leq i,j \leq n} \min(a_i b_j, a_j b_i) - \sum_{1 \leq i,j \leq n} \min(a_i a_j, b_i b_j) \\
= &\sum_{1 \leq i,j \leq n} x_i x_j \min(r_i r_j) \geq 0,
\end{aligned}$$

由我们的引理, 这是正确的.

在图书 *Mathematical Reflections: The First Two Years* 中, Titu Andreescu 和 Gabriel Dospinescu 所写的文章 "On Some Elementary Inequalities" 讨论了相关的问题, 本题的解答中用到的引理的一个改良版可以用于证明题目中不等式的一个更强的版本.

◎ 编辑手记

这是一本由美国著名奥数教练写给天才少年的试题集.

心理学上有著名的弗林效应:过去一个世纪以来,人的平均智商在以每十年2至3分的速度增长.而且,这个分数还在持续攀升中.难怪有人感慨,这一代的孩子长大了,跟我们大概不属于同一个物种.我们是人类1.0,他们就是人类2.0.

所以要想给这些人编点题做并不是件容易的事.

当今社会是一个资讯泛滥的社会,各种信息铺天盖地.数学题目也是如此,用题海早已不足以形容,但多和好并不等价.一位中国现代著名诗人曾自谦说自己:诗多,好的少.借用以形容数学题是恰当的.

本书题目经过作者精心挑选和命制,既经典又优美.而且加以Richard Stong博士和Mircea Becheanu博士的修正及完善臻于完美.举一例说明:

在本书刚开始的第2章"让我们来做因式分解"中有如下一段:

我们最后来看下面这个有用的代数恒等式

$$a^3+b^3+c^3-3abc=(a+b+c)(a^2+b^2+c^2-ab-bc-ca)$$

当然,我们原则上可以简单地将等式右边展开来证明它.然而,假设我们被要求对表达式 $a^3+b^3+c^3-3abc$ 因式分解.那么为此,考虑根为 a,b,c 的多项式 $P(x)$:

$$\begin{aligned}P(x)&=(x-a)(x-b)(x-c)\\&=x^3-(a+b+c)x^2+(ab+bc+ca)x-abc.\end{aligned}$$

由于 a,b,c 是根,注意到

$$P(a)=P(b)=P(c)=0$$

给出了下面三个方程:

$$\begin{aligned}&a^3-(a+b+c)a^2+(ab+bc+ca)a-abc=0,\\&b^3-(a+b+c)b^2+(ab+bc+ca)b-abc=0,\\&c^3-(a+b+c)c^2+(ab+bc+ca)c-abc=0.\end{aligned}$$

现在将这三个式子相加并把 $a^3+b^3+c^3-3abc$ 分离在等式的一侧,我们得到

$$\begin{aligned}&a^3+b^3+c^3-3abc\\&=(a+b+c)(a^2+b^2+c^2)-(ab+bc+ca)(a+b+c)\\&=(a+b+c)(a^2+b^2+c^2-ab-bc-ca).\end{aligned}$$

我们注意到

$$\begin{aligned}&a^2+b^2+c^2-ab-bc-ca\\&=\frac{1}{2}[(a-b)^2+(b-c)^2+(c-a)^2]\geqslant 0,\end{aligned}$$

其等号成立当且仅当 $a=b=c$.因此

$$a^3+b^3+c^3=3abc$$

当且仅当 $a=b=c$ 或 $a+b+c=0$.本书的前篇《105个代数问题:来自AwesomeMath夏季课程》有一个小节,其中的大量问题都是用这个恒等式解决的.

其实这个恒等式在中国早被人们所熟知,比如下例:

题目1 求出不定方程

$$x^3+y^3+z^3-3xyz=0 \quad ①$$

的全部整数解.

解 设 (x_1,y_1,z_1) 是 ① 的一组整数解,则由 ① 得

$$\begin{aligned}&x_1^3+y_1^3+z_1^3-3x_1y_1z_1\\&=(x_1+y_1+z_1)(x_1^2+y_1^2+z_1^2-x_1y_1-x_1z_1-y_1z_1)=0,\end{aligned}$$

故得

$$x_1+y_1+z_1=0 \quad ②$$

或

$$x_1^2+y_1^2+z_1^2-x_1y_1-x_1z_1-y_1z_1=0. \quad ③$$

由式③得

$$(x_1-y_1)^2+(x_1-z_1)^2+(y_1-z_1)^2=0,$$

即

$$x_1=y_1=z_1.$$

所以,设

$$x=y=z=\mu \quad ⑤$$

或

$$x=\nu, y=\omega, z=-\nu-\omega \quad ⑥$$

或

$$x=\nu, y=-\nu-\omega, z=\omega \quad ⑦$$

或

$$x=-\nu-\omega, y=\nu, z=\omega, \quad ⑧$$

则任给整数 μ,ν,ω 都得出①的整数解 (x,y,z). 故⑤⑥⑦⑧给出了①的全部整数解.(出自柯召,孙琦《初等数论 100 例》,上海教育出版社,1980 年版,第 26 题.)

近年这个恒等式又被广泛地应用于各级各类考试中,如:

题目 2 (复旦大学自主招生试题)设 x_1,x_2,x_3 是方程 $x^3+x+2=0$ 的三个根,则行列式 $\begin{vmatrix} x_1 & x_2 & x_3 \\ x_2 & x_3 & x_1 \\ x_3 & x_1 & x_2 \end{vmatrix}=(\quad)$.

A. -4　　B. -1　　C. 0　　D. 2

解 由三次方程的 Vieta 定理有

$$x_1+x_2+x_3=0,$$
$$x_1x_2+x_2x_3+x_3x_1=1,$$
$$x_1x_2x_3=-2.$$

由行列式定义

$$D=3x_1x_2x_3-(x_1^3+x_2^3+x_3^3)$$

故选 C.

题目 3 (美国数学邀请赛试题)已知 r,s,t 为方程 $8x^3+1001x+2008=0$ 的三个根,求 $(r+s)^3+(s+t)^3+(t+r)^3$.

解 利用公式

$$x^3+y^3+z^3-3xyz$$
$$=(x+y+z)(x^2+y^2+z^2-xy-yz-zx),$$

令

$$x=r+s,y=s+t,z=t+r,$$

由 Vieta 定理

$$r+s+t=0,$$

故

$$x+y+z=0,$$

所以

$$x^3+y^3+z^3=3xyz=3(-t)(-r)(-s)=-3rst=3\times\frac{2008}{8}=753.$$

题目 4 (2013 年清华大学保送生试题)已知 $abc=-1,\frac{a^2}{c}+\frac{b}{c^2}=1,a^2b+b^2c+c^2a=t$,求 $ab^5+bc^5+ca^5$ 的值.

解法 1 由 $abc=-1$,得

$$b=-\frac{1}{ac},$$

再由

$$\frac{a^2}{c}+\frac{b}{c^2}=1,$$

得

$$a^2c+b=c^2.$$

结合 $abc=-1$,我们可以对称地得到轮换式

$$b^2a+c=a^2,c^2b+a=b^2,$$

即

$$\frac{b^2}{a}+\frac{c}{a^2}=1,\frac{c^2}{b}+\frac{a}{b^2}=1.$$

于是

$$a^5c=a^3(a^2c)=a^3c^2-a^3b,$$

同理可得

$$b^5a=b^3a^2-b^3c,c^5b=c^3b^2-c^3a.$$

因此

$$ab^5+bc^5+ca^5=b^3a^2-b^3c+c^3b^2-c^3a+a^3c^2-a^3b$$
$$=(b^3a^2-ac^3)+(a^3c^2-cb^3)+(c^3b^2-ba^3)$$

$$=(abc)^2\left(\frac{b}{c^2}-\frac{c}{ab^2}+\frac{a}{b^2}-\frac{b}{ca^2}+\frac{c}{a^2}-\frac{a}{bc^2}\right)$$

$$=\frac{b}{c^2}+\frac{c^2}{b}+\frac{a}{b^2}+\frac{b^2}{a}+\frac{c}{a^2}+\frac{a^2}{c}=3.$$

解法 2 由 $abc=-1$ 得

$$b=-\frac{1}{ac},$$

代入

$$\frac{a^2}{c}+\frac{b}{c^2}=1,$$

整理得

$$a^3c^2=ac^3+1,$$

从而

$$ab^5+bc^5+ca^5=-\frac{1}{a^4c^5}-\frac{c^4}{a}+ca^5=\frac{a^9c^6-1-a^3c^9}{a^4c^5}$$

$$=\frac{(ac^3+1)^3-1-a^3c^9}{a^4c^5}=\frac{3(a^2c^6+ac^3)}{a^4c^5}$$

$$=\frac{3(ac^3+1)}{a^3c^2}=3.$$

这两个解法技巧性都比较强,但下面这个解法就比较容易接受.

解法 3 由 $abc=-1$,可设

$$a=-\frac{y}{x},b=-\frac{z}{y},c=-\frac{x}{z},$$

代入$\frac{a^2}{c}+\frac{b}{c^2}=1$,得

$$x^3y+y^3z+z^3x=0,$$

从而

$$ab^5+bc^5+ca^5=\frac{z^5}{xy^4}+\frac{x^5}{yz^4}+\frac{y^5}{zx^4}$$

$$=\frac{z^9x^3+x^9y^3+y^9x^3}{x^4y^4z^4}$$

$$=\frac{3(x^3y)(y^3z)(z^3x)}{x^4y^4z^4}$$

$$=\frac{3x^4y^4z^4}{x^4y^4z^4}=3$$

(利用若 $a+b+c=0$,则 $a^3+b^3+c^3=3abc$).

题目 5 (2008 年上海交通大学保送生试题)若函数 $f(x)$ 满足

$$f(x+y)=f(x)+f(y)+xy(x+y), \qquad ①$$

$$f'(0)=1,$$

求函数 $f(x)$ 的解析式.

解 因为

$$xy(x+y)=(-x)(-y)(x+y),$$

注意到

$$-x-y+(x+y)=0,$$

故

$$(-x)^3+(-y)^3+(x+y)^3=3xy(x+y).$$

由

$$\begin{aligned}
&f(x+y)=f(x)+f(y)+xy(x+y)\\
\Rightarrow &f(x+y)=f(x)+f(y)+\frac{1}{3}[(x+y)^3-x^3-y^3]\\
\Rightarrow &f(x+y)-\frac{1}{3}(x+y)^3=f(x)-\frac{1}{3}x^3+f(y)-\frac{1}{3}y^3,
\end{aligned}$$

令 $g(x)=f(x)-\frac{1}{3}x^3$,则式 ① 化为

$$g(x+y)=g(x)+g(y). \qquad ②$$

由于 $f'(0)=1$,则 $f(x)$ 在 $x=0$ 处连续. 由此可知式 ② 是一个 Cauchy 方程,其解为 $g(x)=ax$(其中 $a=g(1)$). 所以

$$f(x)=\frac{1}{3}x^3+ax,$$

那么

$$f'(x)=x^2+a.$$

再由 $f'(0)=1$,知 $a=1$. 所以

$$f(x)=\frac{1}{3}x^3+x.$$

注 Cauchy 方程 $g(x+y)=g(x)+g(y)$ 中,不一定非要求 $g(x)$ 连续,其实 $g(x)$ 只要单调或在某一点处连续均可以得到 Cauchy 方程的解为 $g(x)=ax$,其中 $a=g(1)$.

这个恒等式甚至还引起了数学史工作者的注意,如林开亮博士就提出了猜想:

已知

$$\begin{aligned}
&x^3+y^3+z^3-3xyz\\
&=(x+y+z)\left[\frac{1}{2}((x-y)^2+(x-z)^2+(y-z)^2)\right],
\end{aligned}$$

问:$x^4+y^4+z^4+w^4-4xyzw$ 可否分解为 $\sum\limits_{i\times j}(x_i-x_j)^2$ 与某因子的乘积,乃至

更一般地,

$$x_1^n+\cdots+x_n^n-nx_1\cdots x_n,$$

如果回答是,那么具体表达式又如何?

注 $n=2$ 的情况

$$x^2+y^2-2xy=(x-y)^2\cdot 1$$

即使是在被充分挖掘了的园地中,本书作者还是能提出新的应用.

在本书的第14页就给出了一个精彩应用:

证明对于任何正整数 m 和 n,数 $8m^6+27m^3n^3+27n^6$ 都是合数.

解 看到有两项可以被3整除,并且有很多立方,我们想起了恒等式

$$x^3+y^3+z^3-3xyz$$
$$=(x+y+z)(x^2+y^2+z^2-xy-yz-zx).$$

我们试着用某种方式重写这个表达式,使得可以用上这个因式分解.将前两项写成立方的形式并将 $27m^3n^3$ 拆开,我们有

$$8m^6+27m^3n^3+27n^6$$
$$=(2m^2)^3+(3n^2)^3-27m^3n^3+54m^3n^3$$
$$=(2m^2)^3+(3n^2)^3+(-3mn)^3-3(2m^2)(3n^2)(-3mn).$$

现在,这个式子就形如 $x^3+y^3+z^3-3xyz$ 了,那么我们就可以使用上面提到的恒等式,这里 $x=2m^2,y=3n^2,z=-3mn$.这给出了

$$(2m^2)^3+(3n^2)^3+(-3mn)^3-3(2m^2)(3n^2)(-3mn)$$
$$=(2m^2+3n^2-3mn)(4m^4+9n^4+9m^2n^2-6m^2n^2+9mn^3+6m^3n).$$

因此,$2m^2+3n^2-3mn$ 总是 $8m^6+27m^3n^3+27n^6$ 的一个因子.为了完成证明,我们使用 m 和 n 都是正整数这一事实,现在只需要证明 $1<2m^2+3n^2-3mn<8m^6+27m^3n^3+27n^6$,这保证了乘积不会因为等于1乘以一个素数而成为素数.事实上,因为 $3mn>0$,我们有

$$2m^2+3n^2-3mn<2m^2+3n^2<8m^6+27m^3n^3+27n^6.$$

另一方面,

$$2m^2+3n^2-3mn=2(m-n)^2+n^2+mn>1.$$

于是我们得到 $8m^6+27m^3n^3+27n^6$ 是合数.

不仅如此,在本书的186页还给出了另一个新应用:

设 k 是整数并且设

$$n=\sqrt[3]{k+\sqrt{k^2-1}}+\sqrt[3]{k-\sqrt{k^2-1}}+1.$$

证明:n^3-3n^2 是整数.

解 令 $a=\sqrt[3]{k+\sqrt{k^2-1}}$ 且 $b=\sqrt[3]{k-\sqrt{k^2-1}}$,那么 $n=a+b+1$. 这等价于 $a+b+(1-n)=0$. 现在,回想 $x+y+z=0$ 推出 $x^3+y^3+z^3=3xyz$,这已在第 2 章的理论部分证明过.

令 $x=a,y=b,z=1-n$,我们有

$$a^3+b^3+(1-n)^3=3ab(1-n).$$

然而

$$ab=\sqrt[3]{(k+\sqrt{k^2-1})(k-\sqrt{k^2-1})}=\sqrt[3]{1}=1$$

并且

$$a^3+b^3=k+\sqrt{k^2-1}+k-\sqrt{k^2-1}=2k.$$

于是前面的关系式就等价于

$$2k-(n-1)^3=-3(n-1),$$

整理后得到

$$n^3-3n^2=2k-2.$$

在首届全国数学奥林匹克命题比赛中,北京大学的张筑生教授所提供的试题获唯一的一个一等奖. 题目为:空间中有 1989 个点,其中任何三点不共线. 把它们分成点数互不相同的 30 组,在任何三个不同的组中各取一点为顶点作三角形. 要使这种三角形的总数最大,各组的点数应为多少?

解 当把这 1989 个点分成 30 组,每组点数分别为 $n_1<n_2<\cdots<n_{30}$ 时,顶点分别在三个组的三角形的总数为

$$S=\sum_{1\leqslant i<j<k\leqslant 30}n_in_jn_k. \qquad ①$$

1. $n_{i+1}-n_i\leqslant 2,i=1,2,\cdots,29$. 若不然,设有 i_0 使 $n_{i_0+1}-n_{i_0}\geqslant 3$,不妨设 $i_0=1$. 我们将 ① 改写为

$$S=n_1n_2\sum_{i=3}^{30}n_i+(n_1+n_2)\sum_{3<j<k<30}n_jn_k+\sum_{3<i<j<k<30}n_in_jn_k. \qquad ②$$

令 $n'_1=n_1+1,n'_2=n_2-1$,则 $n'_1+n'_2=n_1+n_2,n'_1n'_2>n_1n_2$. 当 n'_1,n'_2 代替 n_1,n_2 而 $n_3,\cdots,n_{30}$ 不动时,S 值变大,矛盾.

2. 使 $n_{i+1}-n_i=2$ 的 i 值不多于 1 个. 若有 $1\leqslant i_0<j_0\leqslant 29$,使 $n_{i_0+1}-n_{i_0}=2,n_{j_0+1}-n_{j_0}=2$,则当用 $n'_{i_0}=n_{i_0+1}+1,n'_{j_0+1}=n_{j_0+1}-1$ 代替 n_{i_0},n_{j_0+1} 而其余 n_k 不动时,容易看出 S 值变大,此不可能.

3. 使 $n_{i+1}-n_i=2$ 的 i 值恰有一个. 若对所有 $1\leqslant i\leqslant 29$,均有 $n_{i+1}-n_i=1$,

则 30 组的点数可分别为 $m-14, m-13, \cdots, m, m+1, \cdots, m+15$. 这时

$$(m-14)+\cdots+m+(m+1)+\cdots+(m+15)=30m+15,$$

即点的总数是 5 的倍数,不可能是 1989.

4. 设第 i_0 个差 $n_{i_0+1}-n_{i_0}=2$,而其余的差均为 1,于是可设

$$n_i=m+j-1, j=1,\cdots,i_0,$$
$$n_j=m+j, j=i_0+1,\cdots,30$$

因而有

$$\sum_{j=1}^{i_0}(m+j-1)+\sum_{j=i_0+1}^{30}(m+j)=1989,$$

$$30m+\sum_{j=1}^{30}j-i_0=1989,$$

$$30m-i_0=1524.$$

可见,$m=51, i_0=6$,即 30 组点的数目分别为

$$51,52,\cdots,56,58,59,\cdots,82.$$

这个试题的核心是处理 $S=\sum_{1\leqslant i<j<k\leqslant 30} n_i n_j n_k$,对于它的一种特殊情况的一般性结论在本书中有所体现.

计算 $\sum_{1\leqslant i<j<k\leqslant n} ijk$.

解 令

$$S_1=\sum_{i=1}^{n} i, S_2=\sum_{1\leqslant i<j\leqslant n} ij, S_3=\sum_{1\leqslant i<j<k\leqslant n} ijk.$$

再令

$$P_1=\sum_{i=1}^{n} i, P_2=\sum_{i=1}^{n} i^2, P_3=\sum_{i=1}^{n} i^3.$$

我们熟知

$$S_1=P_1=\frac{n(n+1)}{2}, P_2=\frac{n(n+1)(2n+1)}{6}, P_3=\left(\frac{n(n+1)}{2}\right)^2.$$

我们可以使用 Newton 恒等式来解出题目中欲求的量 S_3. 首先,我们有

$$S_2=\frac{1}{2}(P_1^2-P_2)=\frac{1}{2}\left(\frac{n^2(n+1)^2}{4}-\frac{n(n+1)(2n+1)}{6}\right)$$
$$=\frac{n(n^2-1)(3n+2)}{24}.$$

现在,我们就可以用已经知道的表达式来表示出欲求的量 S_3:

$$
\begin{aligned}
S_3 &= \frac{1}{3}(P_3 - P_1^3 + 3P_1S_2) \\
&= \frac{1}{3}\left(\frac{n^2(n+1)^2}{4} - \frac{n^3(n+1)^3}{8}\right. \\
&\quad \left. + 3\left(\frac{n(n+1)}{2}\right)\left(\frac{n(n^2-1)(3n+2)}{24}\right)\right) \\
&= \frac{1}{48}(n+1)^2n^2(n-1)(n-2).
\end{aligned}
$$

本书作者试图用奥数的手段挖掘天才少年,这是一个可行的方案.

曾经,美国的一个天才儿童军团借此取得了辉煌的战果. SMPY(Study of Mathematically Precocious Youth),大体可以翻译成"关于数学能力早熟青少年的研究",是美国心理学家朱利安·斯坦利 1971 年在约翰·霍普金斯大学启动的一个超常儿童研究项目.

这个机构在45年的时间里追踪了美国约5000名在全国排名1%的超常儿童的职业和成就(这些孩子基本上都在青春期早期就考上了大学),这也是美国历史上持续时间最长的一次对超常儿童的纵向调查,调查内容包括他们从小到大在学校各个年级的表现、大学的录取率、硕博士学位的获得率、科研专利的获得率、论文发表数量、进入职场后的年收入水平,等等. 结果发现当年占据金字塔尖 1% 的孩子都成了一流科学家、世界 500 强的 CEO、联邦法官、亿万富翁. 其中最著名的人物如数学家陶哲轩、脸书创始人扎克伯格、谷歌联合创始人谢尔盖·布林. 一点不夸张地说,这些人塑造了我们今天的世界.

斯坦利的研究有两点与众不同之处. 第一,他没有使用 IQ 测试,而是用 SAT 的数学考试来选拔具有数学天赋的超常儿童. 也就是说,数学能力比智商更能预测一个人在科学技术领域的成就. 第二,他们的研究还表明了空间能力的重要性 —— 空间能力是创造力与创新的试金石. 那么数学和语言能力不怎么突出,但是空间能力出色的孩子往往更可能成为工程师、建筑师和医生.

本书的优秀译者已在另外一本书中介绍了,这里就不多说了.

刘培杰

2018 年 8 月 15 日

于哈工大

刘培杰数学工作室

已出版(即将出版)图书目录——初等数学

书　　名	出版时间	定　价	编号
新编中学数学解题方法全书(高中版)上卷(第 2 版)	2018－08	58.00	951
新编中学数学解题方法全书(高中版)中卷(第 2 版)	2018－08	68.00	952
新编中学数学解题方法全书(高中版)下卷(一)(第 2 版)	2018－08	58.00	953
新编中学数学解题方法全书(高中版)下卷(二)(第 2 版)	2018－08	58.00	954
新编中学数学解题方法全书(高中版)下卷(三)(第 2 版)	2018－08	68.00	955
新编中学数学解题方法全书(初中版)上卷	2008－01	28.00	29
新编中学数学解题方法全书(初中版)中卷	2010－07	38.00	75
新编中学数学解题方法全书(高考复习卷)	2010－01	48.00	67
新编中学数学解题方法全书(高考真题卷)	2010－01	38.00	62
新编中学数学解题方法全书(高考精华卷)	2011－03	68.00	118
新编平面解析几何解题方法全书(专题讲座卷)	2010－01	18.00	61
新编中学数学解题方法全书(自主招生卷)	2013－08	88.00	261
数学奥林匹克与数学文化(第一辑)	2006－05	48.00	4
数学奥林匹克与数学文化(第二辑)(竞赛卷)	2008－01	48.00	19
数学奥林匹克与数学文化(第二辑)(文化卷)	2008－07	58.00	36′
数学奥林匹克与数学文化(第三辑)(竞赛卷)	2010－01	48.00	59
数学奥林匹克与数学文化(第四辑)(竞赛卷)	2011－08	58.00	87
数学奥林匹克与数学文化(第五辑)	2015－06	98.00	370
世界著名平面几何经典著作钩沉——几何作图专题卷(共 3 卷)	2022－01	198.00	1460
世界著名平面几何经典著作钩沉(民国平面几何老课本)	2011－03	38.00	113
世界著名平面几何经典著作钩沉(建国初期平面三角老课本)	2015－08	38.00	507
世界著名解析几何经典著作钩沉——平面解析几何卷	2014－01	38.00	264
世界著名数论经典著作钩沉(算术卷)	2012－01	28.00	125
世界著名数学经典著作钩沉——立体几何卷	2011－02	28.00	88
世界著名三角学经典著作钩沉(平面三角卷Ⅰ)	2010－06	28.00	69
世界著名三角学经典著作钩沉(平面三角卷Ⅱ)	2011－01	38.00	78
世界著名初等数论经典著作钩沉(理论和实用算术卷)	2011－07	38.00	126
世界著名几何经典著作钩沉(解析几何卷)	2022－10	68.00	1564
发展你的空间想象力(第 3 版)	2021－01	98.00	1464
空间想象力进阶	2019－05	68.00	1062
走向国际数学奥林匹克的平面几何试题诠释. 第 1 卷	2019－07	88.00	1043
走向国际数学奥林匹克的平面几何试题诠释. 第 2 卷	2019－09	78.00	1044
走向国际数学奥林匹克的平面几何试题诠释. 第 3 卷	2019－03	78.00	1045
走向国际数学奥林匹克的平面几何试题诠释. 第 4 卷	2019－09	98.00	1046
平面几何证明方法全书	2007－08	35.00	1
平面几何证明方法全书习题解答(第 2 版)	2006－12	18.00	10
平面几何天天练上卷・基础篇(直线型)	2013－01	58.00	208
平面几何天天练中卷・基础篇(涉及圆)	2013－01	28.00	234
平面几何天天练下卷・提高篇	2013－01	58.00	237
平面几何专题研究	2013－07	98.00	258
平面几何解题之道. 第 1 卷	2022－05	38.00	1494
几何学习题集	2020－10	48.00	1217
通过解题学习代数几何	2021－04	88.00	1301
圆锥曲线的奥秘	2022－06	88.00	1541

刘培杰数学工作室

已出版(即将出版)图书目录——初等数学

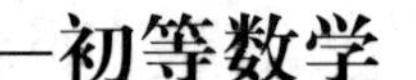

书　　名	出版时间	定　价	编号
最新世界各国数学奥林匹克中的平面几何试题	2007－09	38.00	14
数学竞赛平面几何典型题及新颖解	2010－07	48.00	74
初等数学复习及研究(平面几何)	2008－09	68.00	38
初等数学复习及研究(立体几何)	2010－06	38.00	71
初等数学复习及研究(平面几何)习题解答	2009－01	58.00	42
几何学教程(平面几何卷)	2011－03	68.00	90
几何学教程(立体几何卷)	2011－07	68.00	130
几何变换与几何证题	2010－06	88.00	70
计算方法与几何证题	2011－06	28.00	129
立体几何技巧与方法(第2版)	2022－10	168.00	1572
几何瑰宝——平面几何500名题暨1500条定理(上、下)	2021－07	168.00	1358
三角形的解法与应用	2012－07	18.00	183
近代的三角形几何学	2012－07	48.00	184
一般折线几何学	2015－08	48.00	503
三角形的五心	2009－06	28.00	51
三角形的六心及其应用	2015－10	68.00	542
三角形趣谈	2012－08	28.00	212
解三角形	2014－01	28.00	265
探秘三角形:一次数学旅行	2021－10	68.00	1387
三角学专门教程	2014－09	28.00	387
图天下几何新题试卷.初中(第2版)	2017－11	58.00	855
圆锥曲线习题集(上册)	2013－06	68.00	255
圆锥曲线习题集(中册)	2015－01	78.00	434
圆锥曲线习题集(下册·第1卷)	2016－10	78.00	683
圆锥曲线习题集(下册·第2卷)	2018－01	98.00	853
圆锥曲线习题集(下册·第3卷)	2019－10	128.00	1113
圆锥曲线的思想方法	2021－08	48.00	1379
圆锥曲线的八个主要问题	2021－10	48.00	1415
论九点圆	2015－05	88.00	645
近代欧氏几何学	2012－03	48.00	162
罗巴切夫斯基几何学及几何基础概要	2012－07	28.00	188
罗巴切夫斯基几何学初步	2015－06	28.00	474
用三角、解析几何、复数、向量计算解数学竞赛几何题	2015－03	48.00	455
用解析法研究圆锥曲线的几何理论	2022－05	48.00	1495
美国中学几何教程	2015－04	88.00	458
三线坐标与三角形特征点	2015－04	98.00	460
坐标几何学基础.第1卷,笛卡儿坐标	2021－08	48.00	1398
坐标几何学基础.第2卷,三线坐标	2021－09	28.00	1399
平面解析几何方法与研究(第1卷)	2015－05	18.00	471
平面解析几何方法与研究(第2卷)	2015－06	18.00	472
平面解析几何方法与研究(第3卷)	2015－07	18.00	473
解析几何研究	2015－01	38.00	425
解析几何学教程.上	2016－01	38.00	574
解析几何学教程.下	2016－01	38.00	575
几何学基础	2016－01	58.00	581
初等几何研究	2015－02	58.00	444
十九和二十世纪欧氏几何学中的片段	2017－01	58.00	696
平面几何中考.高考.奥数一本通	2017－07	28.00	820
几何学简史	2017－08	28.00	833
四面体	2018－01	48.00	880
平面几何证明方法思路	2018－12	68.00	913
折纸中的几何练习	2022－09	48.00	1559
中学新几何学(英文)	2022－10	98.00	1562
线性代数与几何	2023－04	68.00	1633

刘培杰数学工作室
已出版(即将出版)图书目录——初等数学

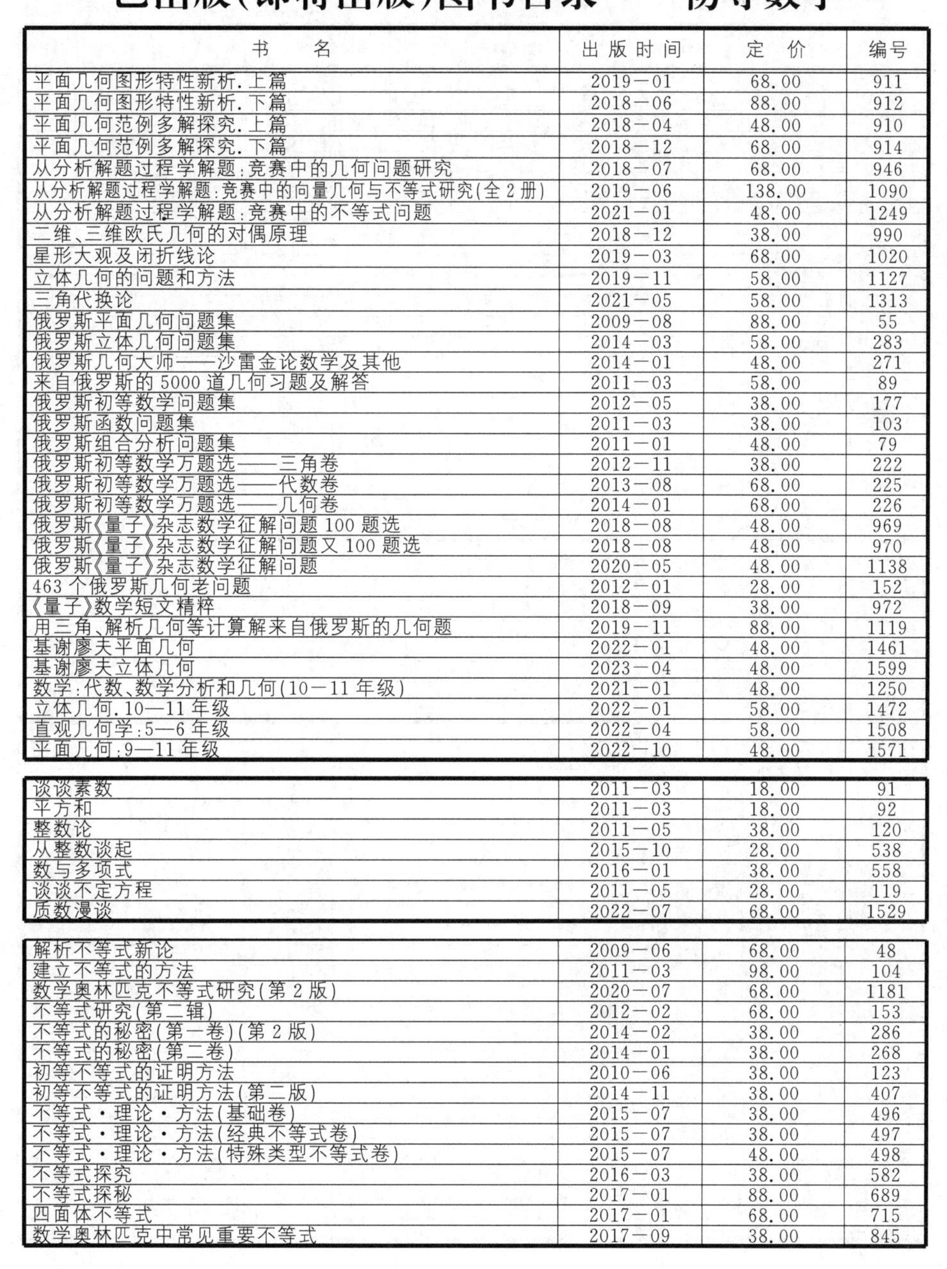

书　　名	出版时间	定　价	编号
平面几何图形特性新析.上篇	2019—01	68.00	911
平面几何图形特性新析.下篇	2018—06	88.00	912
平面几何范例多解探究.上篇	2018—04	48.00	910
平面几何范例多解探究.下篇	2018—12	68.00	914
从分析解题过程学解题:竞赛中的几何问题研究	2018—07	68.00	946
从分析解题过程学解题:竞赛中的向量几何与不等式研究(全2册)	2019—06	138.00	1090
从分析解题过程学解题:竞赛中的不等式问题	2021—01	48.00	1249
二维、三维欧氏几何的对偶原理	2018—12	38.00	990
星形大观及闭折线论	2019—03	68.00	1020
立体几何的问题和方法	2019—11	58.00	1127
三角代换论	2021—05	58.00	1313
俄罗斯平面几何问题集	2009—08	88.00	55
俄罗斯立体几何问题集	2014—03	58.00	283
俄罗斯几何大师——沙雷金论数学及其他	2014—01	48.00	271
来自俄罗斯的5000道几何习题及解答	2011—03	58.00	89
俄罗斯初等数学问题集	2012—05	38.00	177
俄罗斯函数问题集	2011—03	38.00	103
俄罗斯组合分析问题集	2011—01	48.00	79
俄罗斯初等数学万题选——三角卷	2012—11	38.00	222
俄罗斯初等数学万题选——代数卷	2013—08	68.00	225
俄罗斯初等数学万题选——几何卷	2014—01	68.00	226
俄罗斯《量子》杂志数学征解问题100题选	2018—08	48.00	969
俄罗斯《量子》杂志数学征解问题又100题选	2018—08	48.00	970
俄罗斯《量子》杂志数学征解问题	2020—05	48.00	1138
463个俄罗斯几何老问题	2012—01	28.00	152
《量子》数学短文精粹	2018—09	38.00	972
用三角、解析几何等计算解来自俄罗斯的几何题	2019—11	88.00	1119
基谢廖夫平面几何	2022—01	48.00	1461
基谢廖夫立体几何	2023—04	48.00	1599
数学:代数、数学分析和几何(10—11年级)	2021—01	48.00	1250
立体几何.10—11年级	2022—01	58.00	1472
直观几何学:5—6年级	2022—04	58.00	1508
平面几何:9—11年级	2022—10	48.00	1571
谈谈素数	2011—03	18.00	91
平方和	2011—03	18.00	92
整数论	2011—05	38.00	120
从整数谈起	2015—10	28.00	538
数与多项式	2016—01	38.00	558
谈谈不定方程	2011—05	28.00	119
质数漫谈	2022—07	68.00	1529
解析不等式新论	2009—06	68.00	48
建立不等式的方法	2011—03	98.00	104
数学奥林匹克不等式研究(第2版)	2020—07	68.00	1181
不等式研究(第二辑)	2012—02	68.00	153
不等式的秘密(第一卷)(第2版)	2014—02	38.00	286
不等式的秘密(第二卷)	2014—01	38.00	268
初等不等式的证明方法	2010—06	38.00	123
初等不等式的证明方法(第二版)	2014—11	38.00	407
不等式·理论·方法(基础卷)	2015—07	38.00	496
不等式·理论·方法(经典不等式卷)	2015—07	38.00	497
不等式·理论·方法(特殊类型不等式卷)	2015—07	48.00	498
不等式探究	2016—03	38.00	582
不等式探秘	2017—01	88.00	689
四面体不等式	2017—01	68.00	715
数学奥林匹克中常见重要不等式	2017—09	38.00	845

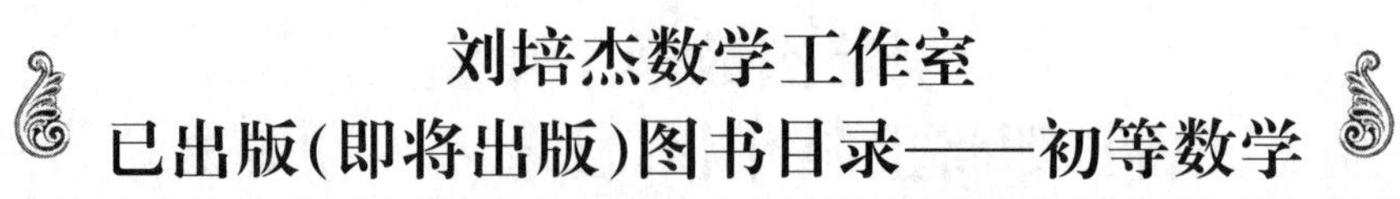

刘培杰数学工作室
已出版(即将出版)图书目录——初等数学

书　　名	出版时间	定　价	编号
三正弦不等式	2018—09	98.00	974
函数方程与不等式:解法与稳定性结果	2019—04	68.00	1058
数学不等式.第1卷,对称多项式不等式	2022—05	78.00	1455
数学不等式.第2卷,对称有理不等式与对称无理不等式	2022—05	88.00	1456
数学不等式.第3卷,循环不等式与非循环不等式	2022—05	88.00	1457
数学不等式.第4卷,Jensen不等式的扩展与加细	2022—05	88.00	1458
数学不等式.第5卷,创建不等式与解不等式的其他方法	2022—05	88.00	1459
同余理论	2012—05	38.00	163
[x]与{x}	2015—04	48.00	476
极值与最值.上卷	2015—06	28.00	486
极值与最值.中卷	2015—06	38.00	487
极值与最值.下卷	2015—06	28.00	488
整数的性质	2012—11	38.00	192
完全平方数及其应用	2015—08	78.00	506
多项式理论	2015—10	88.00	541
奇数、偶数、奇偶分析法	2018—01	98.00	876
不定方程及其应用.上	2018—12	58.00	992
不定方程及其应用.中	2019—01	78.00	993
不定方程及其应用.下	2019—02	98.00	994
Nesbitt不等式加强式的研究	2022—06	128.00	1527
最值定理与分析不等式	2023—02	78.00	1567
一类积分不等式	2023—02	88.00	1579
邦费罗尼不等式及概率应用	2023—05	58.00	1637
历届美国中学生数学竞赛试题及解答(第一卷)1950—1954	2014—07	18.00	277
历届美国中学生数学竞赛试题及解答(第二卷)1955—1959	2014—04	18.00	278
历届美国中学生数学竞赛试题及解答(第三卷)1960—1964	2014—06	18.00	279
历届美国中学生数学竞赛试题及解答(第四卷)1965—1969	2014—04	28.00	280
历届美国中学生数学竞赛试题及解答(第五卷)1970—1972	2014—06	18.00	281
历届美国中学生数学竞赛试题及解答(第六卷)1973—1980	2017—07	18.00	768
历届美国中学生数学竞赛试题及解答(第七卷)1981—1986	2015—01	18.00	424
历届美国中学生数学竞赛试题及解答(第八卷)1987—1990	2017—05	18.00	769
历届中国数学奥林匹克试题集(第3版)	2021—10	58.00	1440
历届加拿大数学奥林匹克试题集	2012—08	38.00	215
历届美国数学奥林匹克试题集:1972～2019	2020—04	88.00	1135
历届波兰数学竞赛试题集.第1卷,1949～1963	2015—03	18.00	453
历届波兰数学竞赛试题集.第2卷,1964～1976	2015—03	18.00	454
历届巴尔干数学奥林匹克试题集	2015—05	38.00	466
保加利亚数学奥林匹克	2014—10	38.00	393
圣彼得堡数学奥林匹克试题集	2015—01	38.00	429
匈牙利奥林匹克数学竞赛题解.第1卷	2016—05	28.00	593
匈牙利奥林匹克数学竞赛题解.第2卷	2016—05	28.00	594
历届美国数学邀请赛试题集(第2版)	2017—10	78.00	851
普林斯顿大学数学竞赛	2016—06	38.00	669
亚太地区数学奥林匹克竞赛题	2015—07	18.00	492
日本历届(初级)广中杯数学竞赛试题及解答.第1卷(2000～2007)	2016—05	28.00	641
日本历届(初级)广中杯数学竞赛试题及解答.第2卷(2008～2015)	2016—05	38.00	642
越南数学奥林匹克题选:1962—2009	2021—07	48.00	1370
360个数学竞赛问题	2016—08	58.00	677
奥数最佳实战题.上卷	2017—06	38.00	760
奥数最佳实战题.下卷	2017—05	58.00	761
哈尔滨市早期中学数学竞赛试题汇编	2016—07	28.00	672
全国高中数学联赛试题及解答:1981—2019(第4版)	2020—07	138.00	1176
2022年全国高中数学联合竞赛模拟题集	2022—06	30.00	1521

刘培杰数学工作室

已出版(即将出版)图书目录——初等数学

书　　名	出版时间	定　价	编号
20 世纪 50 年代全国部分城市数学竞赛试题汇编	2017—07	28.00	797
国内外数学竞赛题及精解:2018～2019	2020—08	45.00	1192
国内外数学竞赛题及精解:2019～2020	2021—11	58.00	1439
许康华竞赛优学精选集.第一辑	2018—08	68.00	949
天问叶班数学问题征解 100 题.Ⅰ,2016—2018	2019—05	88.00	1075
天问叶班数学问题征解 100 题.Ⅱ,2017—2019	2020—07	98.00	1177
美国初中数学竞赛:AMC8 准备(共 6 卷)	2019—07	138.00	1089
美国高中数学竞赛:AMC10 准备(共 6 卷)	2019—08	158.00	1105
王连笑教你怎样学数学:高考选择题解题策略与客观题实用训练	2014—01	48.00	262
王连笑教你怎样学数学:高考数学高层次讲座	2015—02	48.00	432
高考数学的理论与实践	2009—08	38.00	53
高考数学核心题型解题方法与技巧	2010—01	28.00	86
高考思维新平台	2014—03	38.00	259
高考数学压轴题解题诀窍(上)(第 2 版)	2018—01	58.00	874
高考数学压轴题解题诀窍(下)(第 2 版)	2018—01	48.00	875
北京市五区文科数学三年高考模拟题详解:2013～2015	2015—08	48.00	500
北京市五区理科数学三年高考模拟题详解:2013～2015	2015—09	68.00	505
向量法巧解数学高考题	2009—08	28.00	54
高中数学课堂教学的实践与反思	2021—11	48.00	791
数学高考参考	2016—01	78.00	589
新课程标准高考数学解答题各种题型解法指导	2020—08	78.00	1196
全国及各省市高考数学试题审题要津与解法研究	2015—02	48.00	450
高中数学章节起始课的教学研究与案例设计	2019—05	28.00	1064
新课标高考数学——五年试题分章详解(2007～2011)(上、下)	2011—10	78.00	140,141
全国中考数学压轴题审题要津与解法研究	2013—04	78.00	248
新编全国及各省市中考数学压轴题审题要津与解法研究	2014—05	58.00	342
全国及各省市 5 年中考数学压轴题审题要津与解法研究(2015 版)	2015—04	58.00	462
中考数学专题总复习	2007—04	28.00	6
中考数学较难题常考题型解题方法与技巧	2016—09	48.00	681
中考数学难题常考题型解题方法与技巧	2016—09	48.00	682
中考数学中档题常考题型解题方法与技巧	2017—08	68.00	835
中考数学选择填空压轴好题妙解 365	2017—05	38.00	759
中考数学:三类重点考题的解法例析与习题	2020—04	48.00	1140
中小学数学的历史文化	2019—11	48.00	1124
初中平面几何百题多思创新解	2020—01	58.00	1125
初中数学中考备考	2020—01	58.00	1126
高考数学之九章演义	2019—08	68.00	1044
高考数学之难题谈笑间	2022—06	68.00	1519
化学可以这样学:高中化学知识方法智慧感悟疑难辨析	2019—07	58.00	1103
如何成为学习高手	2019—09	58.00	1107
高考数学:经典真题分类解析	2020—04	78.00	1134
高考数学解答题破解策略	2020—11	58.00	1221
从分析解题过程学解题:高考压轴题与竞赛题之关系探究	2020—08	88.00	1179
教学新思考:单元整体视角下的初中数学教学设计	2021—03	58.00	1278
思维再拓展:2020 年经典几何题的多解探究与思考	即将出版		1279
中考数学小压轴汇编初讲	2017—07	48.00	788
中考数学大压轴专题微言	2017—09	48.00	846
怎么解中考平面几何探索题	2019—06	48.00	1093
北京中考数学压轴题解题方法突破(第 8 版)	2022—11	78.00	1577
助你高考成功的数学解题智慧:知识是智慧的基础	2016—01	58.00	596
助你高考成功的数学解题智慧:错误是智慧的试金石	2016—04	58.00	643
助你高考成功的数学解题智慧:方法是智慧的推手	2016—04	68.00	657
高考数学奇思妙解	2016—04	38.00	610
高考数学解题策略	2016—05	48.00	670
数学解题泄天机(第 2 版)	2017—10	48.00	850

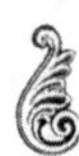
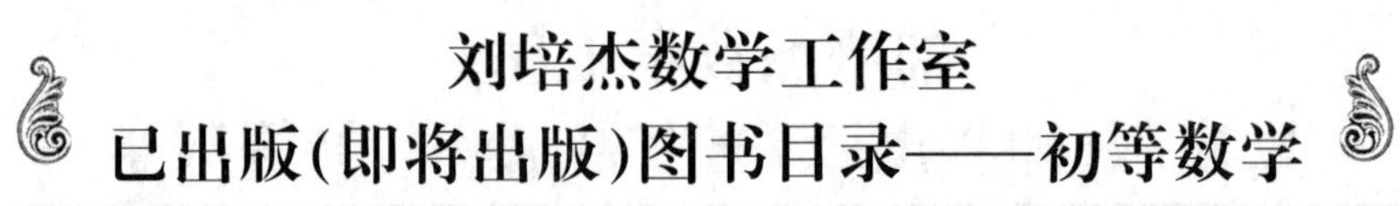

书　　名	出版时间	定　价	编号
高考物理压轴题全解	2017－04	58.00	746
高中物理经典问题 25 讲	2017－05	28.00	764
高中物理教学讲义	2018－01	48.00	871
高中物理教学讲义:全模块	2022－03	98.00	1492
高中物理答疑解惑 65 篇	2021－11	48.00	1462
中学物理基础问题解析	2020－08	48.00	1183
初中数学、高中数学脱节知识补缺教材	2017－06	48.00	766
高考数学小题抢分必练	2017－10	48.00	834
高考数学核心素养解读	2017－09	38.00	839
高考数学客观题解题方法和技巧	2017－10	38.00	847
十年高考数学精品试题审题要津与解法研究	2021－10	98.00	1427
中国历届高考数学试题及解答.1949－1979	2018－01	38.00	877
历届中国高考数学试题及解答.第二卷,1980—1989	2018－10	28.00	975
历届中国高考数学试题及解答.第三卷,1990—1999	2018－10	48.00	976
数学文化与高考研究	2018－03	48.00	882
跟我学解高中数学题	2018－07	58.00	926
中学数学研究的方法及案例	2018－05	58.00	869
高考数学抢分技能	2018－07	68.00	934
高一新生常用数学方法和重要数学思想提升教材	2018－06	38.00	921
2018 年高考数学真题研究	2019－01	68.00	1000
2019 年高考数学真题研究	2020－05	88.00	1137
高考数学全国卷六道解答题常考题型解题诀窍:理科(全 2 册)	2019－07	78.00	1101
高考数学全国卷 16 道选择、填空题常考题型解题诀窍.理科	2018－09	88.00	971
高考数学全国卷 16 道选择、填空题常考题型解题诀窍.文科	2020－01	88.00	1123
高中数学一题多解	2019－06	58.00	1087
历届中国高考数学试题及解答:1917－1999	2021－08	98.00	1371
2000～2003 年全国及各省市高考数学试题及解答	2022－05	88.00	1499
2004 年全国及各省市高考数学试题及解答	2022－07	78.00	1500
突破高原:高中数学解题思维探究	2021－08	48.00	1375
高考数学中的“取值范围”	2021－10	48.00	1429
新课程标准高中数学各种题型解法大全.必修一分册	2021－06	58.00	1315
新课程标准高中数学各种题型解法大全.必修二分册	2022－01	68.00	1471
高中数学各种题型解法大全.选择性必修一分册	2022－06	68.00	1525
高中数学各种题型解法大全.选择性必修二分册	2023－01	58.00	1600
高中数学各种题型解法大全.选择性必修三分册	2023－04	48.00	1643
历届全国初中数学竞赛经典试题详解	2023－04	88.00	1624
新编 640 个世界著名数学智力趣题	2014－01	88.00	242
500 个最新世界著名数学智力趣题	2008－06	48.00	3
400 个最新世界著名数学最值问题	2008－09	48.00	36
500 个世界著名数学征解问题	2009－06	48.00	52
400 个中国最佳初等数学征解老问题	2010－01	48.00	60
500 个俄罗斯数学经典老题	2011－01	28.00	81
1000 个国外中学物理好题	2012－04	48.00	174
300 个日本高考数学题	2012－05	38.00	142
700 个早期日本高考数学试题	2017－02	88.00	752
500 个前苏联早期高考数学试题及解答	2012－05	28.00	185
546 个早期俄罗斯大学生数学竞赛题	2014－03	38.00	285
548 个来自美苏的数学好问题	2014－11	28.00	396
20 所苏联著名大学早期入学试题	2015－02	18.00	452
161 道德国工科大学生必做的微分方程习题	2015－05	28.00	469
500 个德国工科大学生必做的高数习题	2015－06	28.00	478
360 个数学竞赛问题	2016－08	58.00	677
200 个趣味数学故事	2018－02	48.00	857
470 个数学奥林匹克中的最值问题	2018－10	88.00	985
德国讲义日本考题.微积分卷	2015－04	48.00	456
德国讲义日本考题.微分方程卷	2015－04	38.00	457
二十世纪中叶中、英、美、日、法、俄高考数学试题精选	2017－06	38.00	783

刘培杰数学工作室

已出版(即将出版)图书目录——初等数学

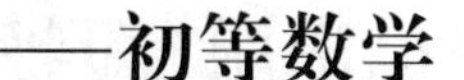

书　名	出版时间	定　价	编号
中国初等数学研究　2009 卷(第 1 辑)	2009—05	20.00	45
中国初等数学研究　2010 卷(第 2 辑)	2010—05	30.00	68
中国初等数学研究　2011 卷(第 3 辑)	2011—07	60.00	127
中国初等数学研究　2012 卷(第 4 辑)	2012—07	48.00	190
中国初等数学研究　2014 卷(第 5 辑)	2014—02	48.00	288
中国初等数学研究　2015 卷(第 6 辑)	2015—06	68.00	493
中国初等数学研究　2016 卷(第 7 辑)	2016—04	68.00	609
中国初等数学研究　2017 卷(第 8 辑)	2017—01	98.00	712
初等数学研究在中国.第 1 辑	2019—03	158.00	1024
初等数学研究在中国.第 2 辑	2019—10	158.00	1116
初等数学研究在中国.第 3 辑	2021—05	158.00	1306
初等数学研究在中国.第 4 辑	2022—06	158.00	1520
几何变换(Ⅰ)	2014—07	28.00	353
几何变换(Ⅱ)	2015—06	28.00	354
几何变换(Ⅲ)	2015—01	38.00	355
几何变换(Ⅳ)	2015—12	38.00	356
初等数论难题集(第一卷)	2009—05	68.00	44
初等数论难题集(第二卷)(上、下)	2011—02	128.00	82,83
数论概貌	2011—03	18.00	93
代数数论(第二版)	2013—08	58.00	94
代数多项式	2014—06	38.00	289
初等数论的知识与问题	2011—02	28.00	95
超越数论基础	2011—03	28.00	96
数论初等教程	2011—03	28.00	97
数论基础	2011—03	18.00	98
数论基础与维诺格拉多夫	2014—03	18.00	292
解析数论基础	2012—08	28.00	216
解析数论基础(第二版)	2014—01	48.00	287
解析数论问题集(第二版)(原版引进)	2014—05	88.00	343
解析数论问题集(第二版)(中译本)	2016—04	88.00	607
解析数论基础(潘承洞,潘承彪著)	2016—07	98.00	673
解析数论导引	2016—07	58.00	674
数论入门	2011—03	38.00	99
代数数论入门	2015—03	38.00	448
数论开篇	2012—07	28.00	194
解析数论引论	2011—03	48.00	100
Barban Davenport Halberstam 均值和	2009—01	40.00	33
基础数论	2011—03	28.00	101
初等数论 100 例	2011—05	18.00	122
初等数论经典例题	2012—07	18.00	204
最新世界各国数学奥林匹克中的初等数论试题(上、下)	2012—01	138.00	144,145
初等数论(Ⅰ)	2012—01	18.00	156
初等数论(Ⅱ)	2012—01	18.00	157
初等数论(Ⅲ)	2012—01	28.00	158

刘培杰数学工作室
已出版(即将出版)图书目录——初等数学

书　　名	出版时间	定　价	编号
平面几何与数论中未解决的新老问题	2013－01	68.00	229
代数数论简史	2014－11	28.00	408
代数数论	2015－09	88.00	532
代数、数论及分析习题集	2016－11	98.00	695
数论导引提要及习题解答	2016－01	48.00	559
素数定理的初等证明.第2版	2016－09	48.00	686
数论中的模函数与狄利克雷级数(第二版)	2017－11	78.00	837
数论:数学导引	2018－01	68.00	849
范氏大代数	2019－02	98.00	1016
解析数学讲义.第一卷,导来式及微分、积分、级数	2019－04	88.00	1021
解析数学讲义.第二卷,关于几何的应用	2019－04	68.00	1022
解析数学讲义.第三卷,解析函数论	2019－04	78.00	1023
分析·组合·数论纵横谈	2019－04	58.00	1039
Hall 代数:民国时期的中学数学课本:英文	2019－08	88.00	1106
基谢廖夫初等代数	2022－07	38.00	1531
数学精神巡礼	2019－01	58.00	731
数学眼光透视(第2版)	2017－06	78.00	732
数学思想领悟(第2版)	2018－01	68.00	733
数学方法溯源(第2版)	2018－08	68.00	734
数学解题引论	2017－05	58.00	735
数学史话览胜(第2版)	2017－01	48.00	736
数学应用展观(第2版)	2017－08	68.00	737
数学建模尝试	2018－04	48.00	738
数学竞赛采风	2018－01	68.00	739
数学测评探营	2019－05	58.00	740
数学技能操握	2018－03	48.00	741
数学欣赏拾趣	2018－02	48.00	742
从毕达哥拉斯到怀尔斯	2007－10	48.00	9
从迪利克雷到维斯卡尔迪	2008－01	48.00	21
从哥德巴赫到陈景润	2008－05	98.00	35
从庞加莱到佩雷尔曼	2011－08	138.00	136
博弈论精粹	2008－03	58.00	30
博弈论精粹.第二版(精装)	2015－01	88.00	461
数学 我爱你	2008－01	28.00	20
精神的圣徒　别样的人生——60位中国数学家成长的历程	2008－09	48.00	39
数学史概论	2009－06	78.00	50
数学史概论(精装)	2013－03	158.00	272
数学史选讲	2016－01	48.00	544
斐波那契数列	2010－02	28.00	65
数学拼盘和斐波那契魔方	2010－07	38.00	72
斐波那契数列欣赏(第2版)	2018－08	58.00	948
Fibonacci 数列中的明珠	2018－06	58.00	928
数学的创造	2011－02	48.00	85
数学美与创造力	2016－01	48.00	595
数海拾贝	2016－01	48.00	590
数学中的美(第2版)	2019－04	68.00	1057
数论中的美学	2014－12	38.00	351

刘培杰数学工作室

已出版(即将出版)图书目录——初等数学

书　　名	出版时间	定　价	编号
数学王者　科学巨人——高斯	2015－01	28.00	428
振兴祖国数学的圆梦之旅:中国初等数学研究史话	2015－06	98.00	490
二十世纪中国数学史料研究	2015－10	48.00	536
数字谜、数阵图与棋盘覆盖	2016－01	58.00	298
时间的形状	2016－01	38.00	556
数学发现的艺术:数学探索中的合情推理	2016－07	58.00	671
活跃在数学中的参数	2016－07	48.00	675
数海趣史	2021－05	98.00	1314
数学解题——靠数学思想给力(上)	2011－07	38.00	131
数学解题——靠数学思想给力(中)	2011－07	48.00	132
数学解题——靠数学思想给力(下)	2011－07	38.00	133
我怎样解题	2013－01	48.00	227
数学解题中的物理方法	2011－06	28.00	114
数学解题的特殊方法	2011－06	48.00	115
中学数学计算技巧(第2版)	2020－10	48.00	1220
中学数学证明方法	2012－01	58.00	117
数学趣题巧解	2012－03	28.00	128
高中数学教学通鉴	2015－05	58.00	479
和高中生漫谈:数学与哲学的故事	2014－08	28.00	369
算术问题集	2017－03	38.00	789
张教授讲数学	2018－07	38.00	933
陈永明实话实说数学教学	2020－04	68.00	1132
中学数学学科知识与教学能力	2020－06	58.00	1155
怎样把课讲好:大罕数学教学随笔	2022－03	58.00	1484
中国高考评价体系下高考数学探秘	2022－03	48.00	1487
自主招生考试中的参数方程问题	2015－01	28.00	435
自主招生考试中的极坐标问题	2015－04	28.00	463
近年全国重点大学自主招生数学试题全解及研究.华约卷	2015－02	38.00	441
近年全国重点大学自主招生数学试题全解及研究.北约卷	2016－05	38.00	619
自主招生数学解证宝典	2015－09	48.00	535
中国科学技术大学创新班数学真题解析	2022－03	48.00	1488
中国科学技术大学创新班物理真题解析	2022－03	58.00	1489
格点和面积	2012－07	18.00	191
射影几何趣谈	2012－04	28.00	175
斯潘纳尔引理——从一道加拿大数学奥林匹克试题谈起	2014－01	28.00	228
李普希兹条件——从几道近年高考数学试题谈起	2012－10	18.00	221
拉格朗日中值定理——从一道北京高考试题的解法谈起	2015－10	18.00	197
闵科夫斯基定理——从一道清华大学自主招生试题谈起	2014－01	28.00	198
哈尔测度——从一道冬令营试题的背景谈起	2012－08	28.00	202
切比雪夫逼近问题——从一道中国台北数学奥林匹克试题谈起	2013－04	38.00	238
伯恩斯坦多项式与贝齐尔曲面——从一道全国高中数学联赛试题谈起	2013－03	38.00	236
卡塔兰猜想——从一道普特南竞赛试题谈起	2013－06	18.00	256
麦卡锡函数和阿克曼函数——从一道前南斯拉夫数学奥林匹克试题谈起	2012－08	18.00	201
贝蒂定理与拉姆贝克莫斯尔定理——从一个拣石子游戏谈起	2012－08	18.00	217
皮亚诺曲线和豪斯道夫分球定理——从无限集谈起	2012－08	18.00	211
平面凸图形与凸多面体	2012－10	28.00	218
斯坦因豪斯问题——从一道二十五省市自治区中学数学竞赛试题谈起	2012－07	18.00	196

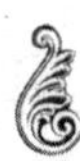
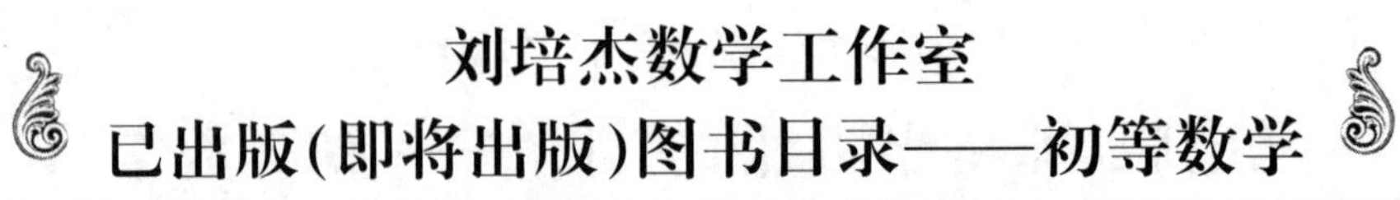

刘培杰数学工作室
已出版(即将出版)图书目录——初等数学

书　名	出版时间	定　价	编号
纽结理论中的亚历山大多项式与琼斯多项式——从一道北京市高一数学竞赛试题谈起	2012－07	28.00	195
原则与策略——从波利亚"解题表"谈起	2013－04	38.00	244
转化与化归——从三大尺规作图不能问题谈起	2012－08	28.00	214
代数几何中的贝祖定理(第一版)——从一道 IMO 试题的解法谈起	2013－08	18.00	193
成功连贯理论与约当块理论——从一道比利时数学竞赛试题谈起	2012－04	18.00	180
素数判定与大数分解	2014－08	18.00	199
置换多项式及其应用	2012－10	18.00	220
椭圆函数与模函数——从一道美国加州大学洛杉矶分校(UCLA)博士资格考题谈起	2012－10	28.00	219
差分方程的拉格朗日方法——从一道 2011 年全国高考理科试题的解法谈起	2012－08	28.00	200
力学在几何中的一些应用	2013－01	38.00	240
从根式解到伽罗华理论	2020－01	48.00	1121
康托洛维奇不等式——从一道全国高中联赛试题谈起	2013－03	28.00	337
西格尔引理——从一道第 18 届 IMO 试题的解法谈起	即将出版		
罗斯定理——从一道前苏联数学竞赛试题谈起	即将出版		
拉克斯定理和阿廷定理——从一道 IMO 试题的解法谈起	2014－01	58.00	246
毕卡大定理——从一道美国大学数学竞赛试题谈起	2014－07	18.00	350
贝齐尔曲线——从一道全国高中联赛试题谈起	即将出版		
拉格朗日乘子定理——从一道 2005 年全国高中联赛试题的高等数学解法谈起	2015－05	28.00	480
雅可比定理——从一道日本数学奥林匹克试题谈起	2013－04	48.00	249
李天岩－约克定理——从一道波兰数学竞赛试题谈起	2014－06	28.00	349
受控理论与初等不等式:从一道 IMO 试题的解法谈起	2023－03	48.00	1601
布劳维不动点定理——从一道前苏联数学奥林匹克试题谈起	2014－01	38.00	273
伯恩赛德定理——从一道英国数学奥林匹克试题谈起	即将出版		
布查特－莫斯特定理——从一道上海市初中竞赛试题谈起	即将出版		
数论中的同余数问题——从一道普特南竞赛试题谈起	即将出版		
范·德蒙行列式——从一道美国数学奥林匹克试题谈起	即将出版		
中国剩余定理:总数法构建中国历史年表	2015－01	28.00	430
牛顿程序与方程求根——从一道全国高考试题解法谈起	即将出版		
库默尔定理——从一道 IMO 预选试题谈起	即将出版		
卢丁定理——从一道冬令营试题的解法谈起	即将出版		
沃斯滕霍姆定理——从一道 IMO 预选试题谈起	即将出版		
卡尔松不等式——从一道莫斯科数学奥林匹克试题谈起	即将出版		
信息论中的香农熵——从一道近年高考压轴题谈起	即将出版		
约当不等式——从一道希望杯竞赛试题谈起	即将出版		
拉比诺维奇定理	即将出版		
刘维尔定理——从一道《美国数学月刊》征解问题的解法谈起	即将出版		
卡塔兰恒等式与级数求和——从一道 IMO 试题的解法谈起	即将出版		
勒让德猜想与素数分布——从一道爱尔兰竞赛试题谈起	即将出版		
天平称重与信息论——从一道基辅市数学奥林匹克试题谈起	即将出版		
哈密尔顿－凯莱定理:从一道高中数学联赛试题的解法谈起	2014－09	18.00	376
艾思特曼定理——从一道 CMO 试题的解法谈起	即将出版		

刘培杰数学工作室
已出版(即将出版)图书目录——初等数学

书　　名	出版时间	定　价	编号
阿贝尔恒等式与经典不等式及应用	2018－06	98.00	923
迪利克雷除数问题	2018－07	48.00	930
幻方、幻立方与拉丁方	2019－08	48.00	1092
帕斯卡三角形	2014－03	18.00	294
蒲丰投针问题——从2009年清华大学的一道自主招生试题谈起	2014－01	38.00	295
斯图姆定理——从一道“华约”自主招生试题的解法谈起	2014－01	18.00	296
许瓦兹引理——从一道加利福尼亚大学伯克利分校数学系博士生试题谈起	2014－08	18.00	297
拉姆塞定理——从王诗宬院士的一个问题谈起	2016－04	48.00	299
坐标法	2013－12	28.00	332
数论三角形	2014－04	38.00	341
毕克定理	2014－07	18.00	352
数林掠影	2014－09	48.00	389
我们周围的概率	2014－10	38.00	390
凸函数最值定理:从一道华约自主招生题的解法谈起	2014－10	28.00	391
易学与数学奥林匹克	2014－10	38.00	392
生物数学趣谈	2015－01	18.00	409
反演	2015－01	28.00	420
因式分解与圆锥曲线	2015－01	18.00	426
轨迹	2015－01	28.00	427
面积原理:从常庚哲命的一道CMO试题的积分解法谈起	2015－01	48.00	431
形形色色的不动点定理:从一道28届IMO试题谈起	2015－01	38.00	439
柯西函数方程:从一道上海交大自主招生的试题谈起	2015－02	28.00	440
三角恒等式	2015－02	28.00	442
无理性判定:从一道2014年“北约”自主招生试题谈起	2015－01	38.00	443
数学归纳法	2015－03	18.00	451
极端原理与解题	2015－04	28.00	464
法雷级数	2014－08	18.00	367
摆线族	2015－01	38.00	438
函数方程及其解法	2015－05	38.00	470
含参数的方程和不等式	2012－09	28.00	213
希尔伯特第十问题	2016－01	38.00	543
无穷小量的求和	2016－01	28.00	545
切比雪夫多项式:从一道清华大学金秋营试题谈起	2016－01	38.00	583
泽肯多夫定理	2016－03	38.00	599
代数等式证题法	2016－01	28.00	600
三角等式证题法	2016－01	28.00	601
吴大任教授藏书中的一个因式分解公式:从一道美国数学邀请赛试题的解法谈起	2016－06	28.00	656
易卦——类万物的数学模型	2017－08	68.00	838
“不可思议”的数与数系可持续发展	2018－01	38.00	878
最短线	2018－01	38.00	879
数学在天文、地理、光学、机械力学中的一些应用	2023－03	88.00	1576
从阿基米德三角形谈起	2023－01	28.00	1578
幻方和魔方(第一卷)	2012－05	68.00	173
尘封的经典——初等数学经典文献选读(第一卷)	2012－07	48.00	205
尘封的经典——初等数学经典文献选读(第二卷)	2012－07	38.00	206
初级方程式论	2011－03	28.00	106
初等数学研究(Ⅰ)	2008－09	68.00	37
初等数学研究(Ⅱ)(上、下)	2009－05	118.00	46,47
初等数学专题研究	2022－10	68.00	1568

刘培杰数学工作室
已出版(即将出版)图书目录——初等数学

书　名	出版时间	定　价	编号
趣味初等方程妙题集锦	2014—09	48.00	388
趣味初等数论选美与欣赏	2015—02	48.00	445
耕读笔记(上卷):一位农民数学爱好者的初数探索	2015—04	28.00	459
耕读笔记(中卷):一位农民数学爱好者的初数探索	2015—05	28.00	483
耕读笔记(下卷):一位农民数学爱好者的初数探索	2015—05	28.00	484
几何不等式研究与欣赏.上卷	2016—01	88.00	547
几何不等式研究与欣赏.下卷	2016—01	48.00	552
初等数列研究与欣赏·上	2016—01	48.00	570
初等数列研究与欣赏·下	2016—01	48.00	571
趣味初等函数研究与欣赏.上	2016—09	48.00	684
趣味初等函数研究与欣赏.下	2018—09	48.00	685
三角不等式研究与欣赏	2020—10	68.00	1197
新编平面解析几何解题方法研究与欣赏	2021—10	78.00	1426
火柴游戏(第2版)	2022—05	38.00	1493
智力解谜.第1卷	2017—07	38.00	613
智力解谜.第2卷	2017—07	38.00	614
故事智力	2016—07	48.00	615
名人们喜欢的智力问题	2020—01	48.00	616
数学大师的发现、创造与失误	2018—01	48.00	617
异曲同工	2018—09	48.00	618
数学的味道	2018—01	58.00	798
数学千字文	2018—10	68.00	977
数贝偶拾——高考数学题研究	2014—04	28.00	274
数贝偶拾——初等数学研究	2014—04	38.00	275
数贝偶拾——奥数题研究	2014—04	48.00	276
钱昌本教你快乐学数学(上)	2011—12	48.00	155
钱昌本教你快乐学数学(下)	2012—03	58.00	171
集合、函数与方程	2014—01	28.00	300
数列与不等式	2014—01	38.00	301
三角与平面向量	2014—01	28.00	302
平面解析几何	2014—01	38.00	303
立体几何与组合	2014—01	28.00	304
极限与导数、数学归纳法	2014—01	38.00	305
趣味数学	2014—03	28.00	306
教材教法	2014—04	68.00	307
自主招生	2014—05	58.00	308
高考压轴题(上)	2015—01	48.00	309
高考压轴题(下)	2014—10	68.00	310
从费马到怀尔斯——费马大定理的历史	2013—10	198.00	Ⅰ
从庞加莱到佩雷尔曼——庞加莱猜想的历史	2013—10	298.00	Ⅱ
从切比雪夫到爱尔特希(上)——素数定理的初等证明	2013—07	48.00	Ⅲ
从切比雪夫到爱尔特希(下)——素数定理100年	2012—12	98.00	Ⅲ
从高斯到盖尔方特——二次域的高斯猜想	2013—10	198.00	Ⅳ
从库默尔到朗兰兹——朗兰兹猜想的历史	2014—01	98.00	Ⅴ
从比勃巴赫到德布朗斯——比勃巴赫猜想的历史	2014—02	298.00	Ⅵ
从麦比乌斯到陈省身——麦比乌斯变换与麦比乌斯带	2014—02	298.00	Ⅶ
从布尔到豪斯道夫——布尔方程与格论漫谈	2013—10	198.00	Ⅷ
从开普勒到阿诺德——三体问题的历史	2014—05	298.00	Ⅸ
从华林到华罗庚——华林问题的历史	2013—10	298.00	Ⅹ

刘培杰数学工作室
已出版(即将出版)图书目录——初等数学

书　　名	出版时间	定　价	编号
美国高中数学竞赛五十讲.第1卷(英文)	2014—08	28.00	357
美国高中数学竞赛五十讲.第2卷(英文)	2014—08	28.00	358
美国高中数学竞赛五十讲.第3卷(英文)	2014—09	28.00	359
美国高中数学竞赛五十讲.第4卷(英文)	2014—09	28.00	360
美国高中数学竞赛五十讲.第5卷(英文)	2014—10	28.00	361
美国高中数学竞赛五十讲.第6卷(英文)	2014—11	28.00	362
美国高中数学竞赛五十讲.第7卷(英文)	2014—12	28.00	363
美国高中数学竞赛五十讲.第8卷(英文)	2015—01	28.00	364
美国高中数学竞赛五十讲.第9卷(英文)	2015—01	28.00	365
美国高中数学竞赛五十讲.第10卷(英文)	2015—02	38.00	366
三角函数(第2版)	2017—04	38.00	626
不等式	2014—01	38.00	312
数列	2014—01	38.00	313
方程(第2版)	2017—04	38.00	624
排列和组合	2014—01	28.00	315
极限与导数(第2版)	2016—04	38.00	635
向量(第2版)	2018—08	58.00	627
复数及其应用	2014—08	28.00	318
函数	2014—01	38.00	319
集合	2020—01	48.00	320
直线与平面	2014—01	28.00	321
立体几何(第2版)	2016—04	38.00	629
解三角形	即将出版		323
直线与圆(第2版)	2016—11	38.00	631
圆锥曲线(第2版)	2016—09	48.00	632
解题通法(一)	2014—07	38.00	326
解题通法(二)	2014—07	38.00	327
解题通法(三)	2014—05	38.00	328
概率与统计	2014—01	28.00	329
信息迁移与算法	即将出版		330
IMO 50年.第1卷(1959—1963)	2014—11	28.00	377
IMO 50年.第2卷(1964—1968)	2014—11	28.00	378
IMO 50年.第3卷(1969—1973)	2014—09	28.00	379
IMO 50年.第4卷(1974—1978)	2016—04	38.00	380
IMO 50年.第5卷(1979—1984)	2015—04	38.00	381
IMO 50年.第6卷(1985—1989)	2015—04	58.00	382
IMO 50年.第7卷(1990—1994)	2016—01	48.00	383
IMO 50年.第8卷(1995—1999)	2016—06	38.00	384
IMO 50年.第9卷(2000—2004)	2015—04	58.00	385
IMO 50年.第10卷(2005—2009)	2016—01	48.00	386
IMO 50年.第11卷(2010—2015)	2017—03	48.00	646

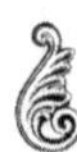

刘培杰数学工作室

已出版(即将出版)图书目录——初等数学

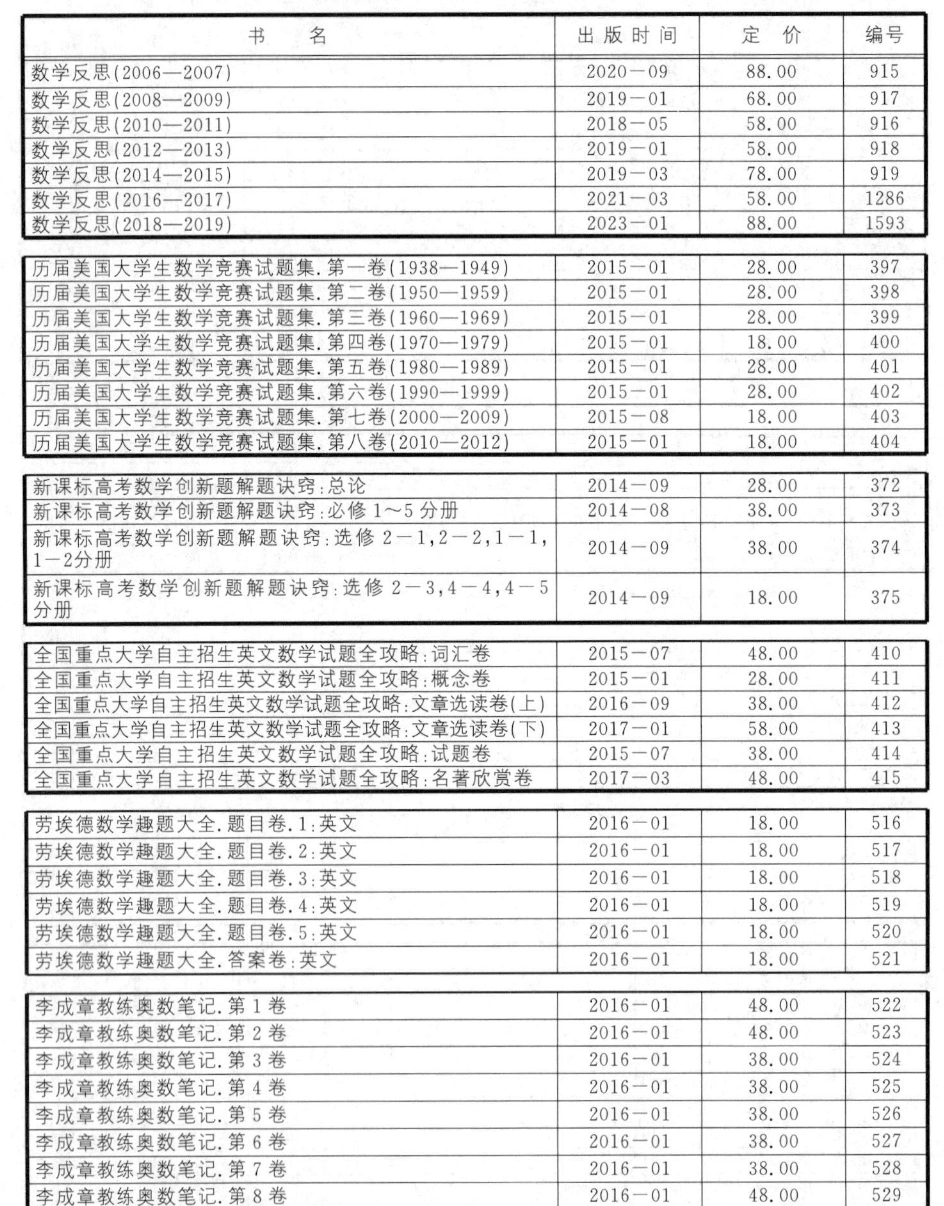

书　名	出版时间	定　价	编号
数学反思(2006—2007)	2020－09	88.00	915
数学反思(2008—2009)	2019－01	68.00	917
数学反思(2010—2011)	2018－05	58.00	916
数学反思(2012—2013)	2019－01	58.00	918
数学反思(2014—2015)	2019－03	78.00	919
数学反思(2016—2017)	2021－03	58.00	1286
数学反思(2018—2019)	2023－01	88.00	1593
历届美国大学生数学竞赛试题集.第一卷(1938—1949)	2015－01	28.00	397
历届美国大学生数学竞赛试题集.第二卷(1950—1959)	2015－01	28.00	398
历届美国大学生数学竞赛试题集.第三卷(1960—1969)	2015－01	28.00	399
历届美国大学生数学竞赛试题集.第四卷(1970—1979)	2015－01	18.00	400
历届美国大学生数学竞赛试题集.第五卷(1980—1989)	2015－01	28.00	401
历届美国大学生数学竞赛试题集.第六卷(1990—1999)	2015－01	28.00	402
历届美国大学生数学竞赛试题集.第七卷(2000—2009)	2015－08	18.00	403
历届美国大学生数学竞赛试题集.第八卷(2010—2012)	2015－01	18.00	404
新课标高考数学创新题解题诀窍:总论	2014－09	28.00	372
新课标高考数学创新题解题诀窍:必修1～5分册	2014－08	38.00	373
新课标高考数学创新题解题诀窍:选修2－1,2－2,1－1,1－2分册	2014－09	38.00	374
新课标高考数学创新题解题诀窍:选修2－3,4－4,4－5分册	2014－09	18.00	375
全国重点大学自主招生英文数学试题全攻略:词汇卷	2015－07	48.00	410
全国重点大学自主招生英文数学试题全攻略:概念卷	2015－01	28.00	411
全国重点大学自主招生英文数学试题全攻略:文章选读卷(上)	2016－09	38.00	412
全国重点大学自主招生英文数学试题全攻略:文章选读卷(下)	2017－01	58.00	413
全国重点大学自主招生英文数学试题全攻略:试题卷	2015－07	38.00	414
全国重点大学自主招生英文数学试题全攻略:名著欣赏卷	2017－03	48.00	415
劳埃德数学趣题大全.题目卷.1:英文	2016－01	18.00	516
劳埃德数学趣题大全.题目卷.2:英文	2016－01	18.00	517
劳埃德数学趣题大全.题目卷.3:英文	2016－01	18.00	518
劳埃德数学趣题大全.题目卷.4:英文	2016－01	18.00	519
劳埃德数学趣题大全.题目卷.5:英文	2016－01	18.00	520
劳埃德数学趣题大全.答案卷:英文	2016－01	18.00	521
李成章教练奥数笔记.第1卷	2016－01	48.00	522
李成章教练奥数笔记.第2卷	2016－01	48.00	523
李成章教练奥数笔记.第3卷	2016－01	38.00	524
李成章教练奥数笔记.第4卷	2016－01	38.00	525
李成章教练奥数笔记.第5卷	2016－01	38.00	526
李成章教练奥数笔记.第6卷	2016－01	38.00	527
李成章教练奥数笔记.第7卷	2016－01	38.00	528
李成章教练奥数笔记.第8卷	2016－01	48.00	529
李成章教练奥数笔记.第9卷	2016－01	28.00	530

刘培杰数学工作室

已出版(即将出版)图书目录——初等数学

书 名	出版时间	定 价	编号
第19～23届"希望杯"全国数学邀请赛试题审题要津详细评注(初一版)	2014—03	28.00	333
第19～23届"希望杯"全国数学邀请赛试题审题要津详细评注(初二、初三版)	2014—03	38.00	334
第19～23届"希望杯"全国数学邀请赛试题审题要津详细评注(高一版)	2014—03	28.00	335
第19～23届"希望杯"全国数学邀请赛试题审题要津详细评注(高二版)	2014—03	38.00	336
第19～25届"希望杯"全国数学邀请赛试题审题要津详细评注(初一版)	2015—01	38.00	416
第19～25届"希望杯"全国数学邀请赛试题审题要津详细评注(初二、初三版)	2015—01	58.00	417
第19～25届"希望杯"全国数学邀请赛试题审题要津详细评注(高一版)	2015—01	48.00	418
第19～25届"希望杯"全国数学邀请赛试题审题要津详细评注(高二版)	2015—01	48.00	419
物理奥林匹克竞赛大题典——力学卷	2014—11	48.00	405
物理奥林匹克竞赛大题典——热学卷	2014—04	28.00	339
物理奥林匹克竞赛大题典——电磁学卷	2015—07	48.00	406
物理奥林匹克竞赛大题典——光学与近代物理卷	2014—06	28.00	345
历届中国东南地区数学奥林匹克试题集(2004～2012)	2014—06	18.00	346
历届中国西部地区数学奥林匹克试题集(2001～2012)	2014—07	18.00	347
历届中国女子数学奥林匹克试题集(2002～2012)	2014—08	18.00	348
数学奥林匹克在中国	2014—06	98.00	344
数学奥林匹克问题集	2014—01	38.00	267
数学奥林匹克不等式散论	2010—06	38.00	124
数学奥林匹克不等式欣赏	2011—09	38.00	138
数学奥林匹克超级题库(初中卷上)	2010—01	58.00	66
数学奥林匹克不等式证明方法和技巧(上、下)	2011—08	158.00	134,135
他们学什么:原民主德国中学数学课本	2016—09	38.00	658
他们学什么:英国中学数学课本	2016—09	38.00	659
他们学什么:法国中学数学课本.1	2016—09	38.00	660
他们学什么:法国中学数学课本.2	2016—09	28.00	661
他们学什么:法国中学数学课本.3	2016—09	38.00	662
他们学什么:苏联中学数学课本	2016—09	28.00	679
高中数学题典——集合与简易逻辑·函数	2016—07	48.00	647
高中数学题典——导数	2016—07	48.00	648
高中数学题典——三角函数·平面向量	2016—07	48.00	649
高中数学题典——数列	2016—07	58.00	650
高中数学题典——不等式·推理与证明	2016—07	38.00	651
高中数学题典——立体几何	2016—07	48.00	652
高中数学题典——平面解析几何	2016—07	78.00	653
高中数学题典——计数原理·统计·概率·复数	2016—07	48.00	654
高中数学题典——算法·平面几何·初等数论·组合数学·其他	2016—07	68.00	655

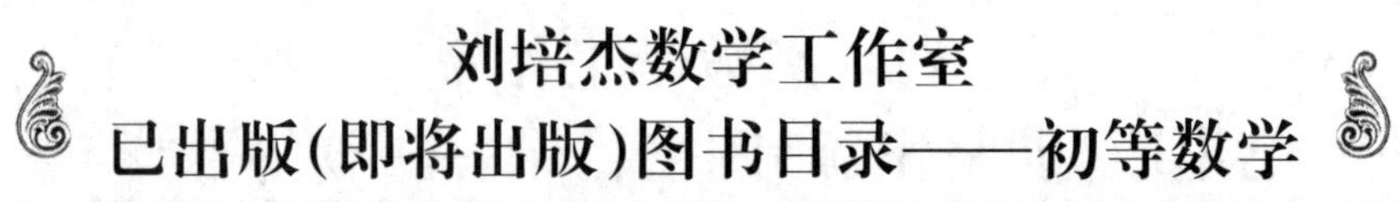

刘培杰数学工作室
已出版(即将出版)图书目录——初等数学

书　　名	出版时间	定　价	编号
台湾地区奥林匹克数学竞赛试题.小学一年级	2017－03	38.00	722
台湾地区奥林匹克数学竞赛试题.小学二年级	2017－03	38.00	723
台湾地区奥林匹克数学竞赛试题.小学三年级	2017－03	38.00	724
台湾地区奥林匹克数学竞赛试题.小学四年级	2017－03	38.00	725
台湾地区奥林匹克数学竞赛试题.小学五年级	2017－03	38.00	726
台湾地区奥林匹克数学竞赛试题.小学六年级	2017－03	38.00	727
台湾地区奥林匹克数学竞赛试题.初中一年级	2017－03	38.00	728
台湾地区奥林匹克数学竞赛试题.初中二年级	2017－03	38.00	729
台湾地区奥林匹克数学竞赛试题.初中三年级	2017－03	28.00	730
不等式证题法	2017－04	28.00	747
平面几何培优教程	2019－08	88.00	748
奥数鼎级培优教程.高一分册	2018－09	88.00	749
奥数鼎级培优教程.高二分册.上	2018－04	68.00	750
奥数鼎级培优教程.高二分册.下	2018－04	68.00	751
高中数学竞赛冲刺宝典	2019－04	68.00	883
初中尖子生数学超级题典.实数	2017－07	58.00	792
初中尖子生数学超级题典.式、方程与不等式	2017－08	58.00	793
初中尖子生数学超级题典.圆、面积	2017－08	38.00	794
初中尖子生数学超级题典.函数、逻辑推理	2017－08	48.00	795
初中尖子生数学超级题典.角、线段、三角形与多边形	2017－07	58.00	796
数学王子——高斯	2018－01	48.00	858
坎坷奇星——阿贝尔	2018－01	48.00	859
闪烁奇星——伽罗瓦	2018－01	58.00	860
无穷统帅——康托尔	2018－01	48.00	861
科学公主——柯瓦列夫斯卡娅	2018－01	48.00	862
抽象代数之母——埃米·诺特	2018－01	48.00	863
电脑先驱——图灵	2018－01	58.00	864
昔日神童——维纳	2018－01	48.00	865
数坛怪侠——爱尔特希	2018－01	68.00	866
传奇数学家徐利治	2019－09	88.00	1110
当代世界中的数学.数学思想与数学基础	2019－01	38.00	892
当代世界中的数学.数学问题	2019－01	38.00	893
当代世界中的数学.应用数学与数学应用	2019－01	38.00	894
当代世界中的数学.数学王国的新疆域(一)	2019－01	38.00	895
当代世界中的数学.数学王国的新疆域(二)	2019－01	38.00	896
当代世界中的数学.数林撷英(一)	2019－01	38.00	897
当代世界中的数学.数林撷英(二)	2019－01	48.00	898
当代世界中的数学.数学之路	2019－01	38.00	899

刘培杰数学工作室

已出版(即将出版)图书目录——初等数学

书　　名	出版时间	定　价	编号
105 个代数问题:来自 AwesomeMath 夏季课程	2019－02	58.00	956
106 个几何问题:来自 AwesomeMath 夏季课程	2020－07	58.00	957
107 个几何问题:来自 AwesomeMath 全年课程	2020－07	58.00	958
108 个代数问题:来自 AwesomeMath 全年课程	2019－01	68.00	959
109 个不等式:来自 AwesomeMath 夏季课程	2019－04	58.00	960
国际数学奥林匹克中的 110 个几何问题	即将出版		961
111 个代数和数论问题	2019－05	58.00	962
112 个组合问题:来自 AwesomeMath 夏季课程	2019－05	58.00	963
113 个几何不等式:来自 AwesomeMath 夏季课程	2020－08	58.00	964
114 个指数和对数问题:来自 AwesomeMath 夏季课程	2019－09	48.00	965
115 个三角问题:来自 AwesomeMath 夏季课程	2019－09	58.00	966
116 个代数不等式:来自 AwesomeMath 全年课程	2019－04	58.00	967
117 个多项式问题:来自 AwesomeMath 夏季课程	2021－09	58.00	1409
118 个数学竞赛不等式	2022－08	78.00	1526
紫色彗星国际数学竞赛试题	2019－02	58.00	999
数学竞赛中的数学:为数学爱好者、父母、教师和教练准备的丰富资源.第一部	2020－04	58.00	1141
数学竞赛中的数学:为数学爱好者、父母、教师和教练准备的丰富资源.第二部	2020－07	48.00	1142
和与积	2020－10	38.00	1219
数论:概念和问题	2020－12	68.00	1257
初等数学问题研究	2021－03	48.00	1270
数学奥林匹克中的欧几里得几何	2021－10	68.00	1413
数学奥林匹克题解新编	2022－01	58.00	1430
图论入门	2022－09	58.00	1554
澳大利亚中学数学竞赛试题及解答(初级卷)1978～1984	2019－02	28.00	1002
澳大利亚中学数学竞赛试题及解答(初级卷)1985～1991	2019－02	28.00	1003
澳大利亚中学数学竞赛试题及解答(初级卷)1992～1998	2019－02	28.00	1004
澳大利亚中学数学竞赛试题及解答(初级卷)1999～2005	2019－02	28.00	1005
澳大利亚中学数学竞赛试题及解答(中级卷)1978～1984	2019－03	28.00	1006
澳大利亚中学数学竞赛试题及解答(中级卷)1985～1991	2019－03	28.00	1007
澳大利亚中学数学竞赛试题及解答(中级卷)1992～1998	2019－03	28.00	1008
澳大利亚中学数学竞赛试题及解答(中级卷)1999～2005	2019－03	28.00	1009
澳大利亚中学数学竞赛试题及解答(高级卷)1978～1984	2019－05	28.00	1010
澳大利亚中学数学竞赛试题及解答(高级卷)1985～1991	2019－05	28.00	1011
澳大利亚中学数学竞赛试题及解答(高级卷)1992～1998	2019－05	28.00	1012
澳大利亚中学数学竞赛试题及解答(高级卷)1999～2005	2019－05	28.00	1013
天才中小学生智力测验题.第一卷	2019－03	38.00	1026
天才中小学生智力测验题.第二卷	2019－03	38.00	1027
天才中小学生智力测验题.第三卷	2019－03	38.00	1028
天才中小学生智力测验题.第四卷	2019－03	38.00	1029
天才中小学生智力测验题.第五卷	2019－03	38.00	1030
天才中小学生智力测验题.第六卷	2019－03	38.00	1031
天才中小学生智力测验题.第七卷	2019－03	38.00	1032
天才中小学生智力测验题.第八卷	2019－03	38.00	1033
天才中小学生智力测验题.第九卷	2019－03	38.00	1034
天才中小学生智力测验题.第十卷	2019－03	38.00	1035
天才中小学生智力测验题.第十一卷	2019－03	38.00	1036
天才中小学生智力测验题.第十二卷	2019－03	38.00	1037
天才中小学生智力测验题.第十三卷	2019－03	38.00	1038

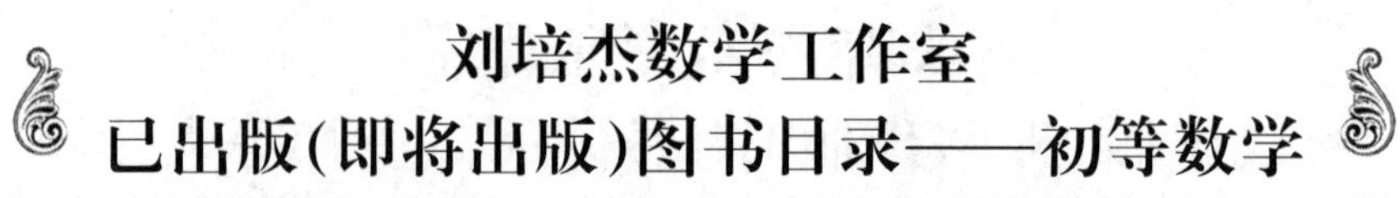

刘培杰数学工作室
已出版(即将出版)图书目录——初等数学

书　名	出版时间	定　价	编号
重点大学自主招生数学备考全书:函数	2020—05	48.00	1047
重点大学自主招生数学备考全书:导数	2020—08	48.00	1048
重点大学自主招生数学备考全书:数列与不等式	2019—10	78.00	1049
重点大学自主招生数学备考全书:三角函数与平面向量	2020—08	68.00	1050
重点大学自主招生数学备考全书:平面解析几何	2020—07	58.00	1051
重点大学自主招生数学备考全书:立体几何与平面几何	2019—08	48.00	1052
重点大学自主招生数学备考全书:排列组合·概率统计·复数	2019—09	48.00	1053
重点大学自主招生数学备考全书:初等数论与组合数学	2019—08	48.00	1054
重点大学自主招生数学备考全书:重点大学自主招生真题.上	2019—04	68.00	1055
重点大学自主招生数学备考全书:重点大学自主招生真题.下	2019—04	58.00	1056
高中数学竞赛培训教程:平面几何问题的求解方法与策略.上	2018—05	68.00	906
高中数学竞赛培训教程:平面几何问题的求解方法与策略.下	2018—06	78.00	907
高中数学竞赛培训教程:整除与同余以及不定方程	2018—01	88.00	908
高中数学竞赛培训教程:组合计数与组合极值	2018—04	48.00	909
高中数学竞赛培训教程:初等代数	2019—04	78.00	1042
高中数学讲座:数学竞赛基础教程(第一册)	2019—06	48.00	1094
高中数学讲座:数学竞赛基础教程(第二册)	即将出版		1095
高中数学讲座:数学竞赛基础教程(第三册)	即将出版		1096
高中数学讲座:数学竞赛基础教程(第四册)	即将出版		1097
新编中学数学解题方法 1000 招丛书.实数(初中版)	2022—05	58.00	1291
新编中学数学解题方法 1000 招丛书.式(初中版)	2022—05	48.00	1292
新编中学数学解题方法 1000 招丛书.方程与不等式(初中版)	2021—04	58.00	1293
新编中学数学解题方法 1000 招丛书.函数(初中版)	2022—05	38.00	1294
新编中学数学解题方法 1000 招丛书.角(初中版)	2022—05	48.00	1295
新编中学数学解题方法 1000 招丛书.线段(初中版)	2022—05	48.00	1296
新编中学数学解题方法 1000 招丛书.三角形与多边形(初中版)	2021—04	48.00	1297
新编中学数学解题方法 1000 招丛书.圆(初中版)	2022—05	48.00	1298
新编中学数学解题方法 1000 招丛书.面积(初中版)	2021—07	28.00	1299
新编中学数学解题方法 1000 招丛书.逻辑推理(初中版)	2022—06	48.00	1300
高中数学题典精编.第一辑.函数	2022—01	58.00	1444
高中数学题典精编.第一辑.导数	2022—01	68.00	1445
高中数学题典精编.第一辑.三角函数·平面向量	2022—01	68.00	1446
高中数学题典精编.第一辑.数列	2022—01	58.00	1447
高中数学题典精编.第一辑.不等式·推理与证明	2022—01	58.00	1448
高中数学题典精编.第一辑.立体几何	2022—01	58.00	1449
高中数学题典精编.第一辑.平面解析几何	2022—01	68.00	1450
高中数学题典精编.第一辑.统计·概率·平面几何	2022—01	58.00	1451
高中数学题典精编.第一辑.初等数论·组合数学·数学文化·解题方法	2022—01	58.00	1452
历届全国初中数学竞赛试题分类解析.初等代数	2022—09	98.00	1555
历届全国初中数学竞赛试题分类解析.初等数论	2022—09	48.00	1556
历届全国初中数学竞赛试题分类解析.平面几何	2022—09	38.00	1557
历届全国初中数学竞赛试题分类解析.组合	2022—09	38.00	1558

联系地址:哈尔滨市南岗区复华四道街 10 号　**哈尔滨工业大学出版社刘培杰数学工作室**

网　　址:http://lpj.hit.edu.cn/

邮　　编:150006

联系电话:0451—86281378　　13904613167

E-mail:lpj1378@163.com